HÁGASE EL AGUA

HÁGASE EL AGUA

LA SOLUCIÓN DE ISRAEL PARA UN MUNDO HAMBRIENTO DE AGUA

Seth M. Siegel

NAGRELA
editores

Título original: *Let There Be Water. Israel's Solution for a Water Starved World*
© Seth M. Siegel, 2023
Para contactar con Seth en Twitter: @SethMSiegel
© Segunda edición española, Nagrela Editores, S. L., 2023
© Tercera edición española, Nagrela Editores, S.L., 2024
    Francisco Gervás, 8
    28108 Alcobendas (Madrid)
    Tel.: 91 662 63 02

    Consejo Editorial:
    Samuel Bengio
    David Jiménez Blanco
    José Ignacio Jiménez Blanco
    Susan Guenun
    Rubén Lerner

© de la traducción, Elena Frescó
Diseño de cubierta: David Curtis
Fotografías de cubierta: cultivos, © rsooll/Shutterstock; desierto, © Fedor Selivanov/Shutterstock; cielo, © tratong/Shutterstock

Maquetación: Arca Edinet S. L.
Impreso en Madrid

ISBN: 978-84-943790-4-8
Depósito Legal: M-14252-2017

Semuel ibn Nagrella (en hebreo Sh'muel ha-Levi ben Yosef han-Nagid; Mérida, Badajoz, 993-1055) fue un poeta y filósofo sefardí que llegó a ser visir de Granada y general de sus ejércitos. Llamado por sus contemporáneos Ha-Naguid, *El Príncipe*, protegió incansablemente la ciencia judía y las escuelas talmúdicas, y emprendió una ambiciosa tarea erudita y literaria, especialmente centrada en el talmudismo y la gramática.

Hágase el agua es la excepcional historia de Israel, un relato de cómo un desierto aislado se transformó en un hogar floreciente y acogedor en virtud de la creatividad, la innovación y la tecnología revolucionaria.

Seth Siegel ha hecho algo extraordinario. Su escritura sobre la lucha amarga contra la escasez del agua trae la esperanza en un futuro próspero y más prometedor.

Este extraordinario trabajo será leído con especial interés por todos aquellos que luchan contra la escasez de agua y otros desafíos aparentemente insalvables.

SHIMON PERES
Noveno presidente del Estado de Israel
Premio Nobel de la Paz 1994

ÍNDICE

Estimado compañero activista del agua,

Ahora ya no hay ninguna duda de que los patrones históricos del agua se han interrumpido. La nueva normalidad es esperar sequías e inundaciones donde eso rara vez o nunca había sido una preocupación. En mi libro, *Hágase el agua: La solución de Israel ante un mundo hambriento de agua*, analizo la escasez de agua en este paisaje hídrico transformado.

Si bien dejaré el tema de las inundaciones para otros, la buena noticia es que la escasez de agua no tiene por qué conducir a una crisis. Como ha demostrado Israel, con una política inteligente y el uso de tecnología asequible, incluso los lugares muy secos con poblaciones en rápido crecimiento pueden tener economías y sectores agrícolas sólidos.

Keren Kayemet Le-Israel (KKL) ha jugado un papel vital en la planificación e implementación de la infraestructura hídrica nacional, regional y local de Israel, incluso desde antes de la fundación del Estado. Es inimaginable pensar que Israel podría haber logrado el éxito que tiene en el agua sin el KKL.

Pero el hecho de que existan soluciones para la escasez de agua no significa que todos, en todas partes, adopten estos nuevos enfoques. La norma en la mayoría de los países y regiones es hacer lo menos posible hasta que el desastre se acerca. Por lo tanto, está en manos de los activistas del agua como usted y como yo instar a nuestros líderes a que comiencen a abordar la escasez de agua mientras todavía es una preocupación o un problema, pero aún no es un desafío insuperable.

Por supuesto, hay muchas formas de abordar la escasez de agua, y no todo lo que ha hecho Israel es relevante y aplicable en todas partes. Pero lo que todos pueden aprender de Israel, y del KKL, es la importancia de elevar los problemas del agua tanto en la conciencia popular como en la acción del gobierno.

Espero que el ejemplo y el modelo israelíes les sean útiles en sus esfuerzos y que resulten en asegurar un futuro más seguro para los miles de millones de personas de nuestra tierra.

Seth M. Siegel

PRÓLOGO

Seth Siegel ha escrito un libro impactante e inspirador acerca de un tema tan universal como urgente. Un tema que nos toca a todos por igual, ligado al presente y al futuro de la especie humana.

Hacer un uso adecuado de los recursos hídricos es un reto que no se va a ir. Y ha llegado la hora de ponerlo en el centro de nuestras conversaciones nacionales en materia de política pública.

A medida que la población del planeta aumenta y nuestras sociedades alcanzan nuevas conquistas en materia de política social y desarrollo, se hace más urgente encontrar un equilibrio sostenible entre la garantía del acceso al agua y su conservación con visión de futuro.

Quienes afirman que el agua es vida, más que caer en un lugar común, nos recuerdan una realidad que debe movernos a la acción. El agua juega un papel central en la economía, en el desarrollo de nuestras sociedades y en la forma en que vemos el mundo. Es esencial para la producción de alimentos, la generación de energía y el desarrollo urbano.

Más simple todavía, aunque más perentorio: el agua es indispensable para la supervivencia de la humanidad y de todos los seres vivos. Nadie puede prever hasta qué punto llegarían las consecuencias de un escenario de escasez. Pero no cabe duda de que serían catastróficas.

En buena hora llega *Hágase el agua*. Israel tiene experiencias valiosas que contar. Su gestión innovadora del agua lo ha convertido en un referente mundial, asegurándole un futuro dinámico y vital.

Lejos de ser un milagro, sus impresionantes ejecutorias en esta materia son el producto de un trabajo juicioso, dedicado e innovador que Siegel describe con detalle.

Este libro es el fruto de un trabajo meticuloso, analítico y sustentado que aporta conceptos claves que bien pueden ser aplicados en cualquier lugar del mundo.

Mientras que más de la mitad del territorio de Israel es desértico, Colombia tiene una disponibilidad hídrica que supera cinco veces el promedio mundial y es dos veces y media superior al promedio de América Latina.

Poseemos, además, la mitad de los páramos del mundo, que son verdaderas fábricas de agua.

Es un privilegio, no hay duda, pero también una responsabilidad enorme con nuestros ciudadanos y con el mundo. Por eso, a iniciativas como la limitación de páramos, los planes de ordenamiento y un criterio de desarrollo sostenible transversal a todas nuestras políticas de gobierno, les hemos sumado unos compromisos muy serios a nivel internacional.

Los Objetivos de Desarrollo Sostenible, el Acuerdo de París, los estándares de la OCDE... Todos ellos son guías y elementos estratégicos en una hoja de ruta orientada a hacer la mejor gestión posible de nuestros recursos naturales.

Además, después de más de medio siglo de confrontación, Colombia alcanzó el que es, sin duda, el principal legado que como país, como individuos —y yo, como gobernante—, les podemos dejar a las futuras generaciones: la paz.

Los colombianos nos estamos reconciliando entre nosotros pero también estamos haciendo la paz con un medioambiente que —por cuenta de la destrucción de bosques y ríos, y la contaminación de fuentes de agua— padeció los rigores del conflicto.

No faltará quien diga que Siegel es un alarmista. Nada más alejado de la realidad. La suya es una voz necesaria y oportuna. La voz que nos invita a gestionar los recursos hídricos de la mejor manera, garantizando que todos nuestros ciudadanos tengan acceso a ellos.

Escrito con un ritmo apasionante, sin pretensiones ni dramatismos, pero con un profundo sentido de su realidad y su tiempo, *Hágase el agua* deja un mensaje claro: no hay tiempo que perder en la búsqueda de soluciones que garanticen la provisión de agua alrededor del mundo.

Repensar las prácticas en materia de agricultura, sacar el mayor provecho de la tecnología y ser agentes de cambio desde nuestros propios hábitos diarios es posible. Y es más que necesario. Es un asunto de supervivencia.

Uno de los aspectos más interesantes de la obra de Siegel es la forma en que este libro ha generado una movilización global a través del movimiento Let There Be Water —que es el título original de este libro, en inglés—.

El agua es fuerza. Los cuerpos humanos, nuestro planeta, somos mayoritariamente agua. El agua nos une y nos invita a sacar lo mejor de nosotros mismos.

El agua es vida. Que haya vida, y que haya más textos inspiradores como este de Siegel, recordándonos siempre el inmenso aporte que colectiva e individualmente podemos hacer para el bienestar de nuestros pueblos y de las próximas generaciones.

JUAN MANUEL SANTOS
Presidente de Colombia
Premio Nobel de la Paz 2016

CRONOLOGÍA

1920. Se establece el Mandato Británico de Palestina, que abarcaba los actuales territorios de Israel, Cisjordania, y Gaza.

1937. Fundación de Mekorot, que crece y se transforma en la empresa nacional de agua de Israel.

1938. Se transporta agua en tuberías al valle de Jezreel, al sur de Nazaret. Este proyecto de infraestructura de agua a gran escala es el primero en la Tierra de Israel en tiempos modernos.

Mayo de 1939. Se publica el Libro Blanco británico, que limitaba marcadamente la inmigración judía a Palestina. Los funcionarios del Mandato británico de Palestina presentan la primera de varias reclamaciones para que se restringiera el crecimiento poblacional debido a los escasos recursos hídricos.

Julio de 1939. En respuesta al Libro Blanco, los sionistas desarrollan un plan nacional de agua, demostrando una gran sofisticación en la planificación y el manejo integrado de los recursos hídricos.

1947. Mediante perforaciones profundas se encuentra agua en el desierto del Néguev, fuente de riego para las nuevas colonias agrícolas del desierto.

14 de mayo de 1948. Concluye el Mandato británico de Palestina. Se proclama el Estado de Israel.

Julio de 1995. Inauguración del acueducto Yarkón-Néguev, que transporta agua desde el centro de Israel hasta las colonias agrícolas del sur del desierto.

Agosto de 1959. Promulgación de una ley integral del agua que confiere al Gobierno israelí el control sobre todas las fuentes de agua y su utilización. Se crea un organismo regulador muy poderoso, la Comisión del Agua de Israel.

1 y 2 de junio de 1964. El presidente Lyndon Johnson se reúne con el primer ministro Levi Eshkol durante la primera visita de Estado israelí a los Estados Unidos y conversan largamente sobre la desalinización.

10 de junio de 1964. Se inaugura el Acueducto Nacional, con el cual se crea un sistema nacional de agua.

1966. Por primera vez se ofrecen equipos de riego por goteo para la venta.

1969. Abre la planta de tratamiento de aguas residuales Shafdan.

1989. Se inaugura una tubería para el transporte de agua tratada desde las instalaciones de Shafdan a las colonias agrícolas del Néguev.

1995. Se establece la Autoridad Palestina del Agua como parte del Acuerdo de Oslo II entre Israel y la Autoridad Nacional Palestina.

2000. El uso de los inodoros de doble descarga es obligatorio en todas las nuevas instalaciones de Israel.

2005-2016. Se construyen cinco grandes plantas desalinizadoras en las costas del Mediterráneo, que suministran la mayor parte del agua potable de Israel.

2006. Se crea la Autoridad del Agua de Israel, sucesor tecnócrata y apolítico de la Comisión del Agua de Israel, y se le otorgan amplias facultades.

2010. El agua se comienza a cobrar al coste real en todo Israel. Se establecen empresas municipales de agua y se quita el control del agua y del alcantarillado de las manos de los alcaldes.

Octubre de 2013. El Gobierno israelí declara que el suministro del agua es independiente de las condiciones meteorológicas.

Diciembre de 2013. Israel, Jordania y la Autoridad Nacional Palestina anuncian el Proyecto Mar Rojo-Mar Muerto.

Marzo de 2014. Se anuncia un acuerdo de cooperación sobre recursos hídricos entre Israel y California.

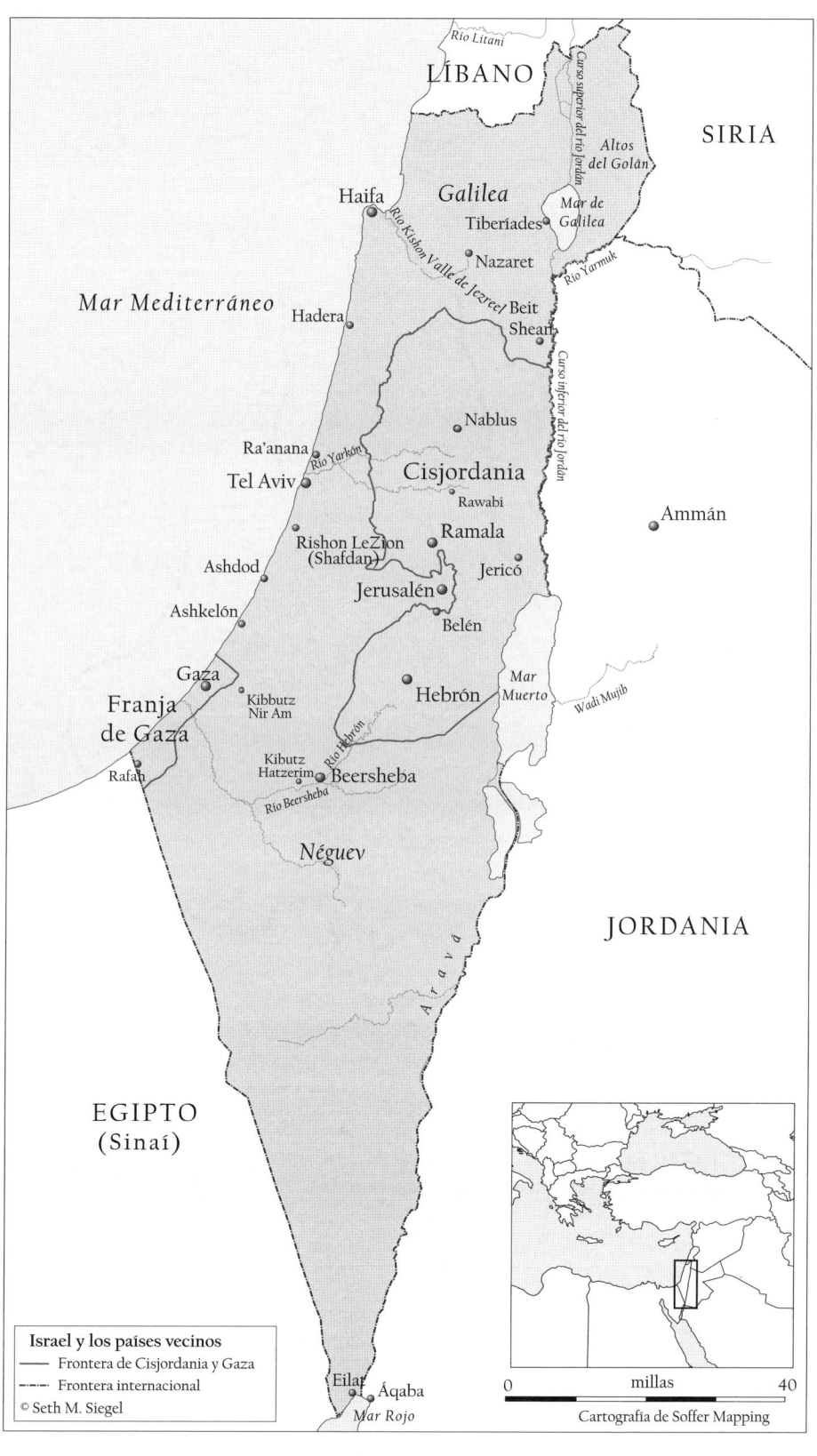

LÍBANO

SIRIA

Río Litani

Curso superior del río Jordán

Altos del Golán

Haifa

Galilea

Mar de Galilea

Tiberíades

Nazaret

Mar Mediterráneo

Río Kishon *Valle de Jezreel*

Beit Shean

Río Yarmuk

Hadera

Nablus

Curso inferior del río Jordán

Ra'anana

Río Yarkón

Cisjordania

Tel Aviv

Rawabi

Ammán

Rishon LeZion (Shafdan)

Ramala

Jericó

Ashdod

Jerusalén

Ashkelón

Belén

Mar Muerto

Gaza

Wadi Mujib

Franja de Gaza

Kibbutz Nir Am

Hebrón

Kibutz Hatzerim

Río Hebrón

Rafah

Beersheba

Río Beersheba

Néguev

JORDANIA

A
r
a
v
á

EGIPTO
(Sinaí)

Eilat

Áqaba

Mar Rojo

Israel y los países vecinos

——— Frontera de Cisjordania y Gaza

–·–·–· Frontera internacional

© Seth M. Siegel

0 — millas — 40

Cartografía de Soffer Mapping

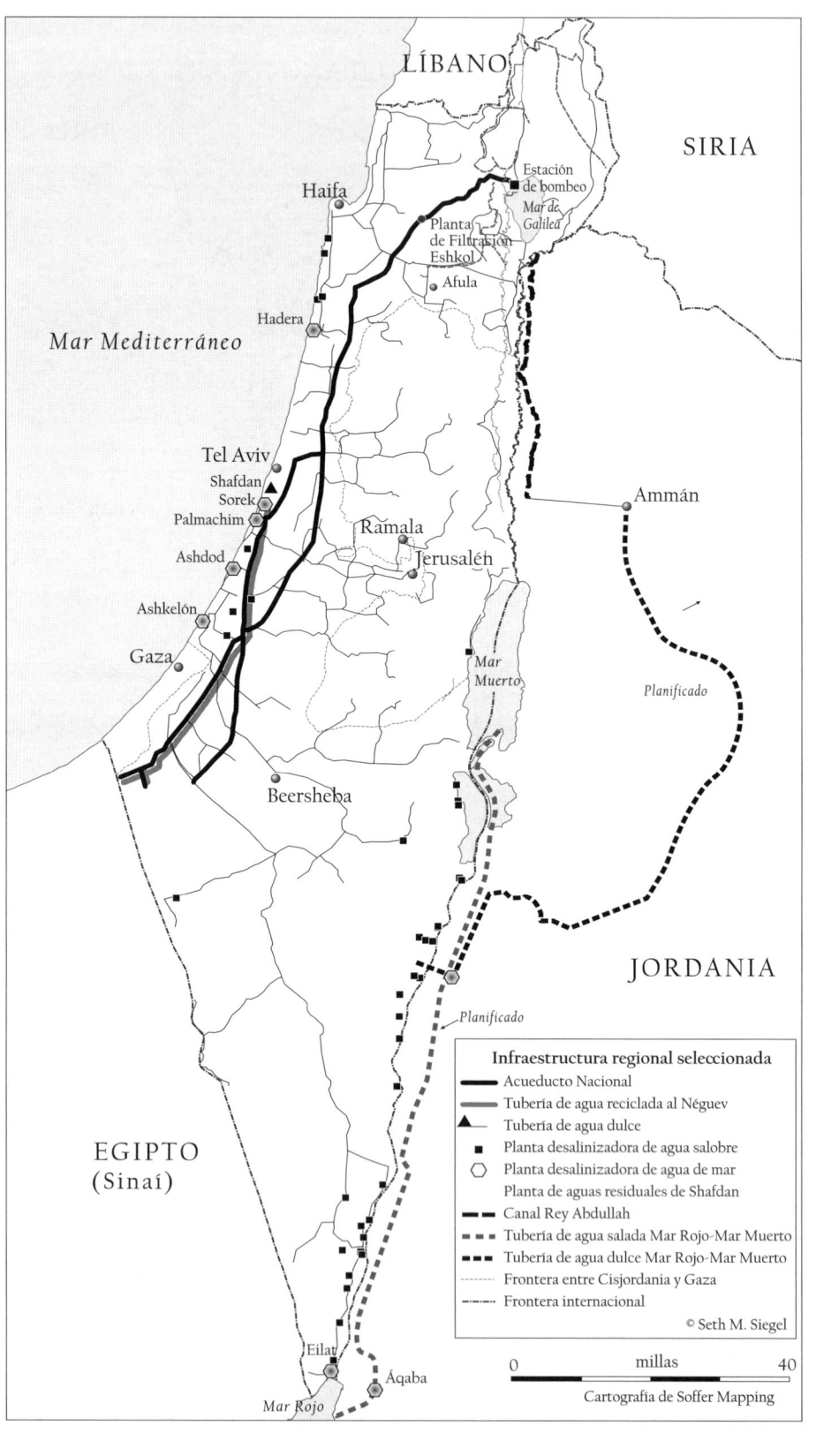

LÍBANO

SIRIA

Haifa

Estación
de bombeo
*Mar de
Galilea*

Planta
de Filtración
Eshkol

Afula

Hadera

Mar Mediterráneo

Ammán

Tel Aviv
Shafdan
Sorek
Palmachim

Ashdod

Ramala

Jerusaléh

Ashkelón

Gaza

*Mar
Muerto*

Planificado

Beersheba

JORDANIA

Planificado

Infraestructura regional seleccionada

— Acueducto Nacional
— Tubería de agua reciclada al Néguev
▲ Tubería de agua dulce
■ Planta desalinizadora de agua salobre
⬡ Planta desalinizadora de agua de mar
Planta de aguas residuales de Shafdan
- - - Canal Rey Abdullah
- - - Tubería de agua salada Mar Rojo-Mar Muerto
▪▪▪ Tubería de agua dulce Mar Rojo-Mar Muerto
········ Frontera entre Cisjordania y Gaza
·-·-·-· Frontera internacional

© Seth M. Siegel

EGIPTO
(Sinaí)

0   millas   40

Eilat
Áqaba

Mar Rojo

Cartografía de Soffer Mapping

Para Rachel Ringler, esposa, mejor amiga e inspiración

Como el rostro se refleja en el agua,
así el hombre se mira a sí mismo en los demás.

Proverbios 27, 19

INTRODUCCIÓN

SE AVECINA UNA CRISIS MUNDIAL DEL AGUA

> No van a extrañar el agua hasta que se
> seque el pozo.
>
> BOB MARLEY

A pesar de su nombre, no existen operaciones encubiertas en el Consejo Nacional de Inteligencia. Es un organismo del Gobierno de los Estados Unidos, sobrio y discreto, más parecido a un club de profesores universitarios o a un centro de estudios que a la agencia de espías que su nombre sugiere. El Consejo genera informes —algunos de los cuales son extremadamente confidenciales— que incluyen información proveniente de otros organismos de inteligencia y que ayudan a los funcionarios del Gobierno y a los políticos a tener una visión a largo plazo de los problemas futuros[1]. Por eso, resultó extraño que esta organización conservadora emitiera un informe confidencial, que luego desclasificaría parcialmente, con la provocadora conclusión de que el mundo estaba entrando en una prolongada crisis hídrica[2].

La crisis ya comienza a sentirse. No nos sorprende saber que hay una sequía en un lugar, que en otro un acuífero es sobreexplotado o que sobreviene un conflicto social en un país en el que nadie piensa demasiado ni muy seguido. Pero si el informe de inteligencia es correcto, en poco tiempo el problema comenzará a acelerarse. En gran medida, no se trata de «si» va a ocurrir, sino de «cuándo». El documento predice que, en menos de una década, países que resultan importantes para la seguridad de los Estados Unidos y del mundo correrán el riesgo de padecer un «colapso del Estado». Las únicas preguntas que plantea el informe son cuál será la gravedad de los disturbios y con qué rapidez se harán sentir.

Es posible que la escasez de agua no se dé en todos lados, pero en el corto plazo no quedará nadie sin padecerla. El 20 por ciento de la población mundial —aproximadamente 1500 millones de personas— serán las primeras víctimas de esta crisis; 600 millones ya han comenzado a sufrir la escasez[3]. Además, se transformará el 60 por ciento de la superficie de la Tierra. Para comenzar, el agotamiento de las fuentes de agua supondrá un riesgo tanto para los mercados de alimentos de los Estados Unidos como para los mundiales, y ello producirá una subida en los precios de los comestibles en todo el mundo[4].

Debido a que la extracción y generación de energía requieren un consumo intensivo de agua, el informe de inteligencia anticipa que «los problemas relacionados con el agua obstaculizarán» su producción[5]. Esto ya comenzó a vislumbrarse en Brasil, motor económico de América del Sur[6]. El informe continúa: «La capacidad de los principales países para producir alimentos y generar energía» transformará el mundo tal como lo conocemos hoy, «pondrá en riesgo a los mercados globales de alimentos y restringirá el crecimiento económico»[7]. Con menos energía disponible, se frenará el crecimiento económico. La combinación de aumento en el precio de los alimentos con un más lento crecimiento económico constituye una fórmula probada como disparador de conflictos sociales[8].

La crisis del agua no es un problema que afecta al «mundo en desarrollo», reservado a organizaciones de asistencia internacional ubicadas en sitios remotos. Importantes socios comerciales de los Estados Unidos y potencias económicas mundiales como China e India comenzaron a experimentar la escasez en el suministro de agua, lo cual podría causar un impacto significativo en la economía y la estabilidad política de estos países. Y el futuro del agua dentro de los Estados Unidos —con mayor inmediatez en los estados del oeste— también constituye un punto de inflexión. La escasez de agua se está transformando en una crisis en estado avanzado que, directa o indirectamente, afectará a casi todos los habitantes de los Estados Unidos, sea por el lugar donde viven, por el precio que pagan por los alimentos o por cómo se ganan la vida.

El valle de San Joaquín, en California, es el centro de la agricultura de calidad. Allí se producen más uvas, naranjas, melocotones, verduras, almendras y pistachos que en ningún otro lugar de los Estados Unidos. Sin embargo, algunos sectores se están quedando sin agua y el valle entero padece cada vez mayor escasez[9]. Ya no se puede garantizar la abundante producción de California. Por ende, los precios de estos productos se incrementaron y se aplicaron restricciones más severas sobre el consumo de agua que afecta al estilo de vida californiano, que en otros tiempos parecía ilimitado.

California no es el único estado que sufre un peligro inminente. Desde el final de la Segunda Guerra Mundial, el enorme depósito natural subterráneo denominado Acuífero de las Altas Llanuras constituyó un factor clave para el desarrollo de la agricultura en ocho estados de esa región de planicies elevadas. Los cultivos básicos que allí se producen, como trigo, maíz, soja y cebada, sirven como forraje para el ganado vacuno y aviar de los Estados Unidos, y los granos se utilizan para fabricar alimentos. Dichos cultivos también representan una importante industria de exportación para el país. El acuífero que les suministra agua fue explotado tan excesiva y sostenidamente que ciertos sectores ya se secaron[10].

A pesar de que el agua del Acuífero de las Altas Llanuras es un recurso renovable, miles de años de precipitaciones y nevadas fueron necesarios para llenar gran parte de lo que se agotó con el inicio de la sobreexplotación a partir de los años 50[11]. Peor aún, en vez de ponerle freno al ritmo de agotamiento, solo en los primeros años de este siglo el volumen total de agua disminuyó en una cantidad igual a un tercio de las extracciones del siglo xx[12]. Esto incidirá en el bienestar económico y la calidad de vida de millones de estadounidenses, y no solamente de los agricultores de Colorado, Nebraska, Kansas, Texas y otros estados en donde la pérdida de agua se acelera.

En poco tiempo la cota de agua del lago Mead será demasiado baja para continuar explotándolo. Esto afectará a la generación de energía hidroeléctrica limpia para los estados del sudoeste[13]. Al igual que en California, muchas comunidades de Arizona y Nevada ya han impuesto restricciones al consumo de agua debido a que el crecimiento de la población ha superado las reservas disponibles, a pesar de que se aplican elevados impuestos por el suministro local[14].

La sequía no es la única amenaza para el futuro del agua en los Estados Unidos. También la contaminación limita los recursos disponibles. Para dar solamente un ejemplo, la fuente más grande de agua dulce de Florida —las vertientes y el Acuífero de Manatee— fue contaminada por vertidos agrícolas y deberá someterse a costosos tratamientos para seguir siendo segura para el consumo[15].

Las crisis relacionadas con el agua y la infraestructura casi siempre se pueden evitar, y mediante la acción precisa de los gobiernos estatales, empresarios y gestores municipales, también es posible controlar los factores que las causan. Algunos países mantendrán un suministro de agua continuo a pesar de sufrir las consecuencias de que el mundo que los rodea ya no lo tenga. Pero no hay dudas de que muchas naciones desoirán la señal de alarma, y no solamente la típica lista de países en desarrollo con dificultades en cuanto a recursos e infraestructura. Los problemas relacionados con el agua son sinónimo de las malas gestiones de gobierno, y proliferan las malas gestiones.

Existen varias tendencias macro —cinco de las cuales destacamos aquí— que fueron las principales impulsoras de la inminente crisis del agua. Muchas de ellas se vienen gestando desde hace bastante tiempo, y no existe señal alguna respecto de su interrupción o desaceleración.

Población. La población del mundo continúa con un marcado crecimiento. La caída de las tasas de natalidad en varios países ha dado mucho que hablar, pero no se equipara con la mayor expectativa de vida en gran parte del planeta, incluso comparándola con la que había hace solo algunas décadas. La población del mundo ya supera los 7000 millones de personas y no se prevé una estabilización hasta 2050, cuando llegue a 9500 millones[16]. Aun considerando exiguo el consumo de alimentos y de agua para higiene de esos 2500 millones de habitantes adicionales, ciertamente será un desafío conseguir, purificar y proveer ese mayor volumen de agua para que satisfagan sus necesidades básicas[17].

Clase media en ascenso. La población del mundo no solo crece, sino que aumenta su riqueza. Cientos de millones de personas que vivían en la pobreza lograron pasar a la clase media, tendencia que en gran medida va a continuar. En el año 2000 había 1400 millones de personas de clase media en el mundo, cifra que aumentó a 1800 millones en 2009. Se prevé que para el año 2020 la clase media llegue a 3500 millones[18]. Buenas noticias para la humanidad, pero malas para el suministro global de agua.

Las duchas diarias, las piscinas en los jardines de las casas y el césped del que disfrutarán estas personas más prósperas constituirán un estrés aún mayor, pero el impacto más significativo para el abastecimiento de agua lo producirán los hábitos alimenticios característicos del estilo de vida de la clase media. Las dietas de los pobres suelen basarse en verduras y granos, mientras que las de las clases medias, sobre todo en proteínas. Producir un kilogramo de carne consume diecisiete veces más agua de la que insume producir uno de maíz[19].

Sin embargo, pertenecer a la clase media no se circunscribe solo a los alimentos. La energía que se requiere para el funcionamiento de automóviles, aparatos de aire acondicionado, ordenadores y otros dispositivos que forman parte de la vida normal de la clase media utiliza cantidades de agua prácticamente inimaginables. Para la producción de cada litro de petróleo se necesitan varios litros de agua dulce, tanto si se produce en el país como en el exterior. Para la explotación del gas natural y el *fracking* se necesitan millones de litros por yacimiento. Dado que hoy Estados Unidos es uno de los principales productores de energía, este país consume miles de millones de litros por día solo en ese sector[20].

Cambio climático. Por el cambio climático aumentan las temperaturas de las superficies de lagos y ríos, lo cual acelera la evaporación[21]. Con temperaturas más elevadas se necesita más cantidad de agua para el riego de los cultivos. También se ha producido un cambio en los regímenes pluviales: aumenta el intervalo entre precipitaciones, así como también la intensidad con la que se producen. Intervalos más prolongados llevan al endurecimiento de la superficie del suelo. Cuando finalmente llueve, gran parte se filtra en desagües y ríos, o permanece en la superficie antes de evaporarse, pero de cualquier modo se pierde, porque no logra penetrar en la tierra[22].

Aguas contaminadas. La contaminación también reduce la cantidad de agua disponible. La producción de alimentos para tantas personas y de forrajes para tantos animales requiere de la creciente utilización de fertilizantes y pesticidas. Muchos de ellos llegan a acuíferos, lagos y ríos a causa del riego o de las lluvias. Las técnicas utilizadas para la extracción de energía como el *fracking* no solo emplean grandes cantidades de agua, sino que utilizan para el proceso aditivos químicos que, se presume, contaminan las reservas de agua potable de los alrededores. Más allá de la pertinencia o no de dicha presunción, lo cierto es que en todo el mundo se filtran productos químicos en las fuentes de agua. Algunos de estos compuestos industriales son carcinógenos[23]. Independientemente de la causa de la contaminación del agua, deshacer el daño perpetrado sobre los acuíferos y lagos afectados resulta muy costoso, y en algunos casos, imposible. Cuando las fuentes de agua se contaminan, se pierden, y a veces de forma permanente.

Pérdidas. Finalmente, como consecuencia de fugas, bocas de riego abiertas, hurtos y descuidos, se pierde a diario una asombrosa cantidad de agua en las ciudades del mundo. En Londres se pierde casi un 30 por ciento del agua y en Chicago, prácticamente un cuarto del total[24]. En algunos grandes centros urbanos de Oriente Medio y Asia, lo que se pierde por deficiencias en la infraestructura representa anualmente hasta el 60 por ciento del total del agua de red; valores de un 50 por ciento no son algo fuera de lo común[25]. Nueva York redujo el desperdicio de agua causado por las fugas; sin embargo, sigue perdiendo miles de millones de litros. Con una filtración difícil de reparar, se pierden al día más de 132 millones de litros de agua[26]. Estas pérdidas pueden ser invisibles, pero son enormes.

Es posible superar cada uno de estos desafíos (crecimiento poblacional, mayor riqueza, cambio climático, contaminación de las fuentes de agua, infraestructura deficiente y otros). Se necesita decisión, determinación, creatividad, personal capacitado y dinero. Si bien todos los países deberían comenzar a encarar estos desafíos, es prácticamente una certeza que no todos lo harán. Estos problemas, sin embargo, pueden enfrentarse e incluso resolverse.

La existencia de una mayor demanda y de recursos limitados no necesariamente impone una restricción al crecimiento económico ni causa inestabilidad política. La falta del suministro natural de agua o una caída en el volumen de las precipitaciones no será un factor determinante del destino de un país. Si se actúa con inteligencia, es posible que estos límites lo impulsen y creen nuevas oportunidades.

Un modelo para un mundo en crisis

El 60 por ciento del territorio de Israel es un desierto y el resto es semiárido. Desde su fundación, en 1948, la población del país se incrementó más de diez veces[27], una de las tasas de crecimiento más rápidas de la era posterior a la Segunda Guerra Mundial. Israel comenzó siendo pobre, pero ahora tiene una de las economías de mayor crecimiento del mundo[28]. El estilo de vida de clase media es el predominante. La tasa de precipitaciones anuales —que no era generosa ya en principio— se redujo a menos de la mitad[29]. Aun así, a pesar del clima complicado y el paisaje inclemente[30], Israel no solo no padece una crisis hídrica, sino que tiene excedente de agua. Incluso la exporta a algunos de sus vecinos[31].

Hágase el agua relata cómo un país pequeño desarrolló una mecánica sofisticada con relación al agua que comenzó mucho antes de su independencia. La planificación hídrica y las soluciones tecnológicas fueron vitales para el país en cada etapa de su desarrollo. Incluso antes de que Israel se transformara en una fuente generadora de agua, ya empleaba sus conocimientos en este terreno para construir relaciones en todo el mundo.

Otros países también se toman en serio los problemas relacionados con el agua y planifican de forma anticipada, especialmente Australia y Singapur. En los Estados Unidos, algunos estados como Nevada y Arizona hace ya mucho tiempo que planifican qué hacer ante la escasez, a pesar de que ambos constantemente se esfuerzan para ponerse al día con la demanda y con la amenaza que tienen por delante.

Por supuesto, no todo lo que hizo Israel con respecto al suministro de agua resulta relevante en cualquier lugar o para todos. Los países con grandes masas territoriales difieren en escala y topografía del pequeño Israel. Algunos no tienen desiertos ni gozan de prolongadas temporadas de lluvias o de abundante cantidad de ríos y lagos. A las economías de otros países no les es posible afrontar el gasto en infraestructura en el que incurre Israel. Aun así, parte de lo que se ha hecho allí puede contribuir a transformar la gestión gubernamental del agua en cada país. Al menos, el enfoque israelí respecto del agua y cómo se ha priorizado en la conciencia nacional servirán como inspiración para líderes y ciudadanos comprometidos de todo el mundo, más allá de la geografía donde habiten o de su nivel de riqueza.

Hubiera sido más sabio que el mundo planificara qué hacer ante la escasez y cómo conservar el agua desde hace décadas. Pero no es demasiado tarde para comenzar.

Aquí, la forma en que lo hizo Israel.

PARTE I

LA CREACIÓN DE UNA NACIÓN CENTRADA EN EL AGUA

1

UNA CULTURA RESPETUOSA CON EL AGUA

¡Lluvia, lluvia, deja de caer,
otro día puedes volver!

CANCIÓN INFANTIL ESTADOUNIDENSE

¡Lluvia, lluvia de los cielos!
Todo el día, gotas de agua.
Gota, gotita, gota, gotita.
¡Vamos a aplaudir!

CANCIÓN INFANTIL ISRAELÍ

Aya Mironi, que ahora tiene alrededor de treinta años, recuerda el momento del baño cuando era pequeña. Una vez que la había secado con la toalla y le había puesto el pijama, su mamá volvía a la bañera con un balde de plástico y lo llenaba con el agua que había quedado. La señora llevaba el balde fuera, al pequeño jardín trasero de la casa, y regaba las flores y otras plantas con el agua aún enjabonada. Volvía al baño, llenaba de nuevo el balde y repetía el procedimiento varias veces.

Si no supiera que esto ocurría en una comunidad de clase media alta de Israel, usted podría haber pensado que transcurría en una aldea pobre de un país en desarrollo. A pesar de que en la casa había agua corriente, la mamá de Aya trataba el agua como un bien preciado que no debía desperdiciarse. Con el tiempo, viendo a su madre realizar actos de conservación de agua una y otra vez, Aya y sus hermanos asimilaron la lección de que cada gota cuenta. Una vez que se incorpora, esta convicción es muy difícil de desaprender.

Aya también evoca constantes consejos en la escuela para ser cuidadosos con el agua. Había pósteres en cada aula que exhortaban a los pequeños a «no desperdiciar ni una gota». Aprendió, como todos los niños de su país, la copla de la canción infantil israelí que se encuentra al principio de este capítulo[1]. Es difícil imaginar que a un niño estadounidense se le enseñe a aplaudir de felicidad por un día lluvioso. En la canción infantil estadounidense, por supuesto, espantan a la lluvia para que «vuelva otro día».

La sabiduría de la conservación del agua no se limita a las canciones infantiles. Forma parte, en cambio, de un programa integrado que, de la misma manera que lo hacía la mamá de Aya, intenta inculcar en los niños en edad escolar la idea de que ahorrar agua es responsabilidad de todos y, a la vez, les proporciona herramientas prácticas para hacerlo. La madre de Aya puede haber sido diligente en el ahorro de agua, pero el programa escolar también capacita a los niños para que les enseñen a sus padres las mejores prácticas. A los alumnos israelíes les enseñan a ducharse y cepillarse los dientes como parte de las clases de higiene, al igual que a los alumnos de todas partes. En Israel, hay una característica adicional: se les enseña cómo minimizar el consumo de agua[2]. Ahorrar agua es tarea de todos —y también lo es el proceso educativo que conduce a ello—.

El pueblo de Israel no es fanático ni tiene una fijación con el ahorro de agua, pero existe una conciencia general sobre la necesidad de respetar este recurso y no considerarlo algo dado. Esta cultura de conciencia respecto del agua proviene en primer lugar del entorno, porque la mayor parte del país es un desierto, y el resto, tierra semiárida. Las sequías no son algo inusual. Sin embargo, el entorno físico no alcanza para explicar adecuadamente la exacerbada conciencia nacional sobre el agua y su naturaleza preciosa.

A pesar de que la mayoría de los judíos que hoy viven en Israel no son practicantes estrictos de su religión, la cultura y la tradición son fenómenos duraderos[3]. La cultura religiosa que guio al pueblo judío durante dos mil años, del exilio al renacimiento nacional, está colmada de veneración por el agua en forma de lluvia y de rocío.

Las plegarias de los judíos a través de los siglos y hasta el día de hoy incluyen una oración por la lluvia en ciertos momentos del año. Muchos recitan esta plegaria tres veces al día tanto en la Diáspora como en la Tierra de Israel. No rezan para que llueva en la comunidad donde están, sino que la costumbre es pedir que la lluvia caiga en la Tierra de Israel. Sin importar dónde se encuentren los judíos, en lugares húmedos o secos, durante dos mil años rezaron sus oraciones mirando hacia Jerusalén —y teniendo en mente el bienestar meteorológico de Tierra Santa—. Lo mismo que ocurrió con Aya y sus hermanos, con el tiempo, esta preocupación se enraizó y se transformó en parte de la cosmovisión de la comunidad judía mundial.

Además del libro de oraciones, también la Biblia hebrea orienta sobre cómo pensar en el agua. En una de sus escenas más famosas, durante el deambular de los Hijos de Israel, Moisés, en busca de agua fresca para beber, golpea una roca y surge de ella una «copiosa» cantidad[4]. Este episodio sugiere una sutil división de tareas: Dios les proporciona el alimento a los israelíes con porciones diarias de maná, pero es responsabilidad de Moisés —aun con guía divina— proveer el agua. La historia también nos recuerda que el agua se puede hallar en muchos lugares inusitados y es posible a veces extraerla con técnicas poco ortodoxas.

Todos los años, muy poco antes del Rosh Hashaná, el Año Nuevo judío, en todas las sinagogas del mundo se recitan las bendiciones y maldiciones de Moisés del Libro del Deuteronomio. La lluvia «en su estación» es una de esas bendiciones[5]. Una de las oraciones judías tal vez más conocidas, el Shema, extraída del Deuteronomio, establece como castigo por no cumplir los mandamientos de Dios que la lluvia no caerá y esa falta de lluvia hará «perecer» al desobediente[6].

Estas menciones del agua en episodios de las Escrituras no son casos aislados. Desde el punto de vista lingüístico, la Biblia hebrea es un documento «cargado de humedad». La palabra «rocío» se menciona treinta y cinco veces, «inundación» aparece en sesenta y una oportunidades, y «nube», en otras ciento treinta. En cuanto a la voz «agua», la encontramos en seiscientas ocasiones[7].

Por su parte, «lluvia» no solo figura casi cien veces en el libro sagrado judío, sino que hay en el idioma palabras específicas —que todavía se utilizan en el hebreo moderno— para designar la primera y la última lluvia del año. Si los esquimales tienen varios vocablos para designar la nieve debido a su presencia constante, los judíos de la Tierra Prometida parecerían tener varios para denominar a la lluvia debido a su escasez.

Los colonos sionistas eran extremadamente seculares, tal vez por esa razón no recurrían a la Biblia o al libro de oraciones con tanta frecuencia. Pero llegaron de tierras lluviosas, como Rusia y Polonia, y de otras regadas por ríos, como Egipto y el actual Irak, y tenían cierta familiaridad con la Biblia y la tradición judía. Por consiguiente, tuvieron una profunda conciencia del uso del agua, que surgía de las sostenidas costumbres que los rodeaban y se vinculaba con sus nuevas vidas en la Tierra de Israel.

LOS INGENIEROS HIDRÁULICOS VISTOS COMO HÉROES

Theodor Herzl era un abogado, periodista y escritor vienés que —a diferencia de muchos pioneros sionistas— sabía poco de las costumbres o tradiciones judías. Tuvo un despertar judío cuasi espiritual cuando presenció un gran brote de antisemitismo en la gentil París de 1894. A partir de esa experiencia, el visionario Herzl llegó a la conclusión de que en Europa la vida de los judíos estaba condenada porque los someterían a la asimilación, a la persecución o a ambas. Dedicó el resto de su corta existencia a la creación del movimiento político sionista moderno[8].

Mientras Herzl se dedicaba a construir el apoyo político para lograr un hogar judío, también escribió ensayos, obras de teatro y libros argumentando a favor del sionismo. Las dos composiciones más importantes fueron un breve tratado político, *The Jewish State*, en 1896 y una novela utópica del estilo de *Mirando atrás*, de

Edward Bellamy, éxito de ventas del momento. Herzl tituló su novela de 1902 *Altneuland*, o *La vieja nueva tierra*.

Como el movimiento sionista no tenía como centro las obras de carácter religioso, los discursos, escritos y diarios de Herzl asumieron para muchos ese rol. A sus trabajos se les otorgó un carácter de santidad secular y, por ende, se tradujeron a muchos idiomas. Cualquier sionista culto habría leído como mínimo esas dos obras. Cuando Herzl murió, a la edad de cuarenta y cuatro años, sus mensajes fueron tratados como guía e inspiración desde la tumba. Décadas más tarde, los israelíes seguían utilizando citas suyas y estos libros[9].

En noviembre de 1898 Herzl —que era muy hábil políticamente— organizó una reunión con el último emperador alemán, el káiser Guillermo II, a fin de alentarlo para que ayudara en la creación de un Estado judío en la Tierra de Israel. El káiser le dio razones para creer que sería un ardiente defensor, al elogiar el trabajo de los pioneros sionistas. Le dijo a Herzl que, por encima de todas las cosas, «el agua y la sombra (los árboles)» devolverían a la tierra su antigua gloria[10]. En su novela futurista *Altneuland*, publicada cuatro años más tarde, uno de los personajes principales dice sobre el asentamiento judío en Palestina: «Este país no necesita nada más que agua y sombra para tener un futuro brillante»[11].

Más adelante, uno de los protagonistas vaticina que los ingenieros hidráulicos serán los héroes de esa imaginaria patria judía[12]. Herzl fantasea con el futuro del agua en el país. A pesar de que en aquel entonces Palestina era un lugar con magros recursos hídricos y tierra cultivable, describe su destino con abundancia de agua y buena fortuna: «Cada gota que cayó del cielo fue empleada para el bien común. La leche y la miel fluyeron nuevamente en el antiguo hogar de los judíos. Palestina se transformó nuevamente en la Tierra Prometida»[13]. Las novelas utópicas ponen la vara muy alta, y Herzl llevó el proyecto sionista, especialmente respecto del agua, a ese nivel. Y lo mismo hicieron sus herederos políticos.

Más allá de los libros y las exhortaciones, el agua formó la conciencia colectiva de los pioneros sionistas también de otras maneras. En una de las canciones más perdurables de la comunidad sionista previa a la creación del Estado, los pioneros a menudo bailaban la *hora*, una danza en círculo, con una canción referida al agua —como lo siguen haciendo muchos hoy, aun lejos de Israel—. La canción *Mayim Mayim* (Agua, agua) probablemente le resulte familiar a cualquiera que haya asistido alguna vez a una fiesta de Bar o Bat Mitzvah o a un casamiento judío. Si bien la letra surge del libro de Isaías («Con alegría extraerás el agua de la fuente de la salvación»)[14], se musicalizó y se acompañó con una coreografía para celebrar que en una granja colectiva se descubrió agua en 1937, tras años de perforar y solo tener por resultado agujeros secos.

También se compusieron otras canciones y se hicieron coreografías de danzas típicas para celebrar hitos relacionados con el agua[15]. En los Estados Unidos es posible que la danza *hora* se reserve a las celebraciones judías; sin embargo, en Israel hasta hace poco tiempo compartir danzas folklóricas era una manera cotidiana de socialización y de ejercicio. Bailar al son de *Mayim Mayim* y de estas otras canciones sobre el agua constituía una experiencia cultural prácticamente universal tanto en la ciudad como en el campo.

El agua ha sido también un tema entre los principales escritores israelíes, tanto explícita como metafóricamente. En *Early in the Summer of 1970*, novela de A. B. Yehoshua, es el centro mismo de la obra. La sequedad es sinónimo de comunicación fallida, el desierto representa lo yermo y la muerte[16]. En *Mi querido Mijael*, novela de Amos Oz de 1968 sobre la vida en Jerusalén en la década de 1950, también se utiliza la lluvia para generar un impacto simbólico. Ella y la intimidad de los personajes van de la mano, mientras que la expectativa de la lluvia también se utiliza como recurso literario[17]. Más cerca en el tiempo, la novela distópica y futurista *Hidromanyah* del escritor israelí Assaf Gavron sobre la vida en el país en 2067 emplea el agua y la lluvia como elementos principales del argumento para describir lo que ocurre cuando la gente pierde el control de este recurso natural esencial[18].

Israel incluso rindió homenaje al agua en su moneda y en sus sellos. El billete de cinco nuevos séqueles (un poquito más que un dólar estadounidense), ahora fuera de circulación, tenía la imagen del primer ministro Levi Eshkol. En el reverso se homenajeaba al Acueducto Nacional, proyecto en el cual él desempeñó un papel clave. Igualmente, muchos sellos postales israelíes celebran temas relacionados con el agua que van desde innovaciones tecnológicas en la utilización del recurso o hitos de la infraestructura moderna hasta sistemas hídricos antiguos de la Tierra de Israel.

El agua pertenece a todo el pueblo

Ninguna otra decisión de los pioneros sionistas y del joven Estado de Israel tuvo mayor impacto sobre la cultura del agua en el país que la decisión de que esta fuera de todos. A diferencia de lo que ocurre en Estados Unidos, donde la propiedad del agua es privada, en Israel el Gobierno controla la propiedad y el consumo total de este recurso en beneficio de todo el pueblo. De este modo, la cantidad disponible se asigna según se considere más apropiado.

El control de los recursos hídricos de la nación se codificó en un conjunto de leyes que confirmaron la filosofía israelí de centralización en cuanto al uso del agua. Esta legislación fue esencial para el éxito que tuvo el país en la conservación de este vital elemento.

A mediados de los años 50 se promulgaron tres leyes en la Knéset, Parlamento israelí, que crearon las condiciones para la transformadora Ley de Recursos

Hídricos de 1959. La primera, de 1955, prohibió toda perforación de agua en cualquier punto del país, incluso por parte del dueño de la tierra, sin previa obtención de un permiso[19]. Los derechos a la propiedad privada quedaron subordinados al control del Gobierno.

La segunda ley, del mismo año, prohibió toda distribución, salvo que se realizara utilizando un medidor[20]. También obligó a las empresas de servicios de agua a instalar medidores individuales para cuantificar el volumen suministrado a cada casa o negocio[21]. Si bien, mediante esta recolección minuciosa de datos, Israel se adelantó décadas a la explosión de la tecnología de la información (y la infraestructura de medición demostraría ser de incalculable valor años más tarde), el Gobierno ejerció una vez más un papel intrusivo en el patrón de consumo de agua de los ciudadanos.

En 1957 la Knéset promulgó otra ley sobre recursos hídricos. El control de las aguas subterráneas ya se había establecido en la legislación sobre perforaciones hídricas en 1955; esta nueva norma hacía referencia al agua superficial, con una interpretación amplia. No solamente preveía que el agua de ríos y arroyos quedara bajo el control del Gobierno, sino que también lo hacía extensivo a la de lluvia. Hasta reclamaba la propiedad de las aguas residuales que provenían de los hogares israelíes[22]. La ley prohibía el desvío de cualquiera de estas formas de agua sin contar, en primer lugar, con un permiso del Gobierno[23]. También obligaba a los productores ganaderos a obtener una autorización antes de pastorear su ganado en su propia tierra si en el proceso los animales atravesaban un curso de agua[24]. Una vez más, se subordinaba el beneficio personal al control del Gobierno.

La centralización de la propiedad venía evolucionando y llegaría a la culminación lógica en la Ley de Recursos Hídricos de 1959. Esta le otorgó al Gobierno «la potestad general para controlar y restringir la actividad de los usuarios individuales del agua a fin de fomentar y proteger el bien común»[25]. Todos los recursos hídricos se convirtieron en propiedad pública y se sometieron al control del Estado[26]. La titularidad de la tierra no confería derecho alguno sobre los recursos hídricos superficiales, subterráneos o adyacentes a la tierra de la que se era dueño[27]. De ahí en adelante se permitiría el uso individual o privado según lo previsto por la normativa[28]. La Ley de Recursos Hídricos incluso planteaba como expectativa que los ciudadanos utilizaran el agua que recibían «eficientemente y con moderación»[29].

Si bien en las etapas iniciales del país, cuando el Gobierno tenía una inclinación decididamente socialista, resultaba comprensible que el pueblo aceptara el control ejercido por el Estado, se podía haber previsto una modificación o derogación de la Ley de Recursos Hídricos a medida que el país se alejaba de estos orígenes. Sin embargo, la propiedad del agua permanece en manos «del pueblo»

—y, por lo tanto, del Gobierno—. Incluso después de sucesivas privatizaciones de diversos activos e industrias estatales, no ha habido demanda alguna para que los recursos hídricos se transformaran en un bien de libre mercado. Israel tiene hoy una economía capitalista dinámica, pero mantiene una política hídrica controlada por el Estado y con planificación central.

Shimon Tal, que ejerció como comisionado de recursos hídricos desde 2000 hasta 2006, nos brinda una imagen clara de la autoridad absoluta del Estado sobre el agua en Israel: «Por supuesto, el Gobierno controla toda el agua del mar de Galilea (el lago de agua dulce más grande del país, también conocido como Tiberíades) y, por supuesto, también la totalidad de los acuíferos. Pero si usted coloca un balde en el techo de su casa al comienzo de la temporada de lluvias, usted es dueño de la casa y del balde, pero el agua que allí se acumula —al menos en teoría— es propiedad del Gobierno. Sin una autorización para recoger agua de lluvia, usted técnicamente estaría infringiendo la Ley de Recursos Hídricos. Una vez que la gota de agua toca el suelo o el balde, es propiedad del Estado»[30].

Si se lo compara con otros países donde el Estado es propietario del agua, el enfoque de Israel es más absolutista que el de muchos. En Francia, por ejemplo, los propietarios no gozan de derechos ilimitados para utilizar toda el agua subterránea de su propiedad en perjuicio de los demás. Pero la legislación hídrica francesa de 1964 establece que el propietario puede usar el agua libremente mientras no le impida a la comunidad el acceso razonable a esta[31]. Más aún, el Código Civil francés explícitamente establece que el agua de lluvia es de propiedad del titular de la tierra donde cae la gota[32].

Cualquiera que visite Israel podría suponer que una legislación y una política tan restrictivas resultaron impopulares, especialmente en un país que prácticamente fue testigo del derrumbe de los partidos socialistas y repudió las economías de ese signo. Pero ocurre lo contrario. Los israelíes en general creen que el enfoque colectivo en esta instancia es el secreto que tiene la nación para lograr el éxito en la conservación del agua.

El profesor Arnon Soffer es geógrafo político y fundador del Departamento de Geografía de la Universidad de Haifa. Estudia los sistemas hídricos de todo el mundo. Filosóficamente, es defensor del libre mercado y no le agrada la intromisión del Gobierno. Aun así, dice, Israel es «un país occidental y adoptamos la idea de individualismo. Sin embargo, existen algunas áreas en las cuales el enfoque kibutz (colectivo) cobra mucho sentido. Respecto del agua, la propiedad colectiva es una de las razones por las cuales somos capaces de ser una casa de campo en medio de una jungla»[33].

Los israelíes tuvieron que hacer concesiones en este punto. Cedieron la propiedad privada y el beneficio de la economía de mercado a cambio de un sistema que ofrece acceso universal a agua de alta calidad. Los ciudadanos le otorgan al Gobierno la potestad para administrarla, regularla, fijar su precio y asignarla en su nombre, convencidos de que el bien común será el mayor beneficiario.

Quizás el sistema hídrico de Israel constituya hoy en día el ejemplo más exitoso de socialismo práctico de todo el mundo.

2

El acueducto nacional

> El agua es para el país lo que la sangre para
> el ser humano.
>
> Primer ministro Levi Eshkol

No hubo otra crisis que pusiera más a prueba la causa sionista que el Libro Blanco británico de mayo de 1939, un decreto del Gobierno creado para obstruir la inmigración judía a Palestina —área que hoy comprende Israel, Cisjordania y la Franja de Gaza—[1]. Si bien en gran medida se logró el objetivo propuesto, el Libro Blanco tuvo un efecto no buscado: promovió nuevas ideas entre los sionistas sobre la administración del agua de la nación para lograr un beneficio mayor, y estas culminaron casi exactamente veinticinco años después, en junio de 1964, con el Acueducto Nacional de Israel.

El Acueducto Nacional fue una hazaña de la imaginación y la osadía que se valió de innovaciones en el campo de la ingeniería y contó con una diversidad de medios de financiación, incluso uno que generó disturbios y divisiones profundas que tardaron años en superarse. Pero la planificación y la construcción de la infraestructura nacional del agua también sirvieron para unificar a la nación mientras se daba en el país una verdadera transformación.

A partir de 1936 las autoridades británicas enfrentaron tres años de disturbios árabes en Palestina, territorio que habían dominado desde finales de la Primera Guerra Mundial. La razón ostensible de las revueltas y del derramamiento de sangre era la creciente inmigración judía, pero si los judíos fueron el blanco inicial de los árabes, pronto comenzaron a serlo la Policía y los militares británicos. Para 1939 los disturbios intermitentes parecían haber cesado; sin embargo, el Ministerio de Relaciones Exteriores de Gran Bretaña estaba preocupado por el resurgimiento de las revueltas.

Los gobernantes británicos estaban preocupados ante la posibilidad de que en breve se desatara la guerra en Europa y no querían tener que destinar tropas para mantener la calma en Palestina. También vigilaban a otras comunidades musulmanas potencialmente tranquilas en sus lejanas colonias y necesitaban asegurarse de que ninguna pudiera utilizar los disturbios de Palestina como pretexto para encarar sus propias rebeliones antibritánicas y a favor de la independencia, lo cual también demandaría recursos que tendrían que distraer de los esfuerzos de la guerra. Asegurarse de que no se repitiera la revuelta árabe de Palestina se transformó en uno de los principales objetivos del Ministerio de Relaciones Exteriores de Gran Bretaña[2].

Dichos temores imperiales se ensamblaron con la preocupación que los economistas británicos expresaron por primera vez a fines de los años 20 respecto a que la inmigración judía a Palestina no era sostenible y que pronto superaría los recursos hídricos disponibles tanto para la agricultura como para otros usos. Argumentaban que la superficie geográfica de Palestina no podría albergar a más de dos millones de personas. Con el crecimiento natural, su población, que en 1939 ascendía a un total de 834 000 habitantes, llegaría a ese límite en más o menos una generación, pero la cifra se alcanzaría todavía antes si la inmigración abierta seguía acrecentando las filas de los 150 000 judíos que ya vivían allí. El Gobierno del primer ministro Neville Chamberlain analizó los intereses contrapuestos del movimiento sionista, que buscaba promover la inmigración, y la frágil ecología, con recursos hídricos limitados, de una región que Gran Bretaña tenía la esperanza de gobernar durante mucho tiempo y propuso, en el Libro Blanco de 1939, una solución que esperaba que sirviera para aplacar a la población árabe local.

Según lo previsto por el decreto, la inmigración judía a Palestina se limitaría a 75 000 personas durante un período de cinco años, solamente 15 000 por año[3]. Considerando la emigración y las muertes naturales, la población judía probablemente se encontraría casi en los niveles vigentes en ese momento dentro de los cinco años posteriores. El esfuerzo sionista de construir un Estado judío moriría en la cuna.

Si bien el Libro Blanco recibió un análisis exhaustivo, tanto desde la perspectiva política como a partir de las consecuencias trágicas que trajo aparejadas a los judíos europeos en busca de refugio de los nazis en la Segunda Guerra Mundial, también constituye un punto de partida valioso para comprender el enfoque respecto del agua que tiene el Estado moderno de Israel. De inmediato los líderes sionistas se desesperaron por demostrar que los cálculos de los economistas británicos sobre la cantidad de agua disponible estaban equivocados. Sin embargo, por sus propios intereses, los líderes judíos tenían que estar seguros de que Palestina pudiera albergar muchos millones más que esos dos que habían determinado los británicos como población máxima.

A partir de la publicación del Libro Blanco, durante todos los años de la guerra y durante el período de posguerra hasta la declaración del Estado de Israel en mayo de 1948, los líderes sionistas desarrollaron una serie de planes que demostraban que la Tierra de Israel tenía un gran potencial hídrico, pero este solo podría aprovecharse implementando cambios sustanciales en la forma en la que se obtenía y empleaba el agua. Dichos planes no tuvieron efecto alguno para modificar las opiniones británicas o aumentar la cantidad de refugiados judíos a los que se les permitía inmigrar. Pero esta nueva forma de pensar y los planes que de ella surgieron lograron establecer los fundamentos filosóficos y prácticos de la administración hídrica israelí, que le ha permitido al país anticiparse en forma permanente, aunque no siempre perfecta, a sus necesidades de agua hasta nuestros días[4].

La superficie geográfica de Palestina alberga hoy más de doce millones de personas, aproximadamente ocho en Israel y otros cuatro divididos entre Cisjordania y Gaza. Además, Israel provee grandes volúmenes de sus propios recursos hídricos a los palestinos y al Reino de Jordania, e incluso todos los años realiza exportaciones de productos agrícolas que requieren grandes cantidades de agua, como pimientos, tomates, melones, entre otros, por millones de dólares. Que los economistas británicos estaban equivocados resulta obvio.

SIMCHA BLASS, EL HOMBRE DEL AGUA

Si el mundo fuera más justo, el nombre de Simcha Blass sería muy conocido en Israel y en el resto del planeta. Las plazas de los pueblos llevarían su nombre y las conferencias académicas harían un análisis retrospectivo del papel que desempeñó para cambiar el destino del agua en Israel. Hoy solo recordado por la historia, Blass fue el ideólogo que lideró y planificó el desarrollo hídrico de Israel, y posteriormente, la transformación de la agricultura mundial.

A comienzo de los años 30 Blass era un inmigrante recién llegado de Polonia que ya estaba haciéndose conocido como ingeniero hidráulico de un conocimiento, intuición y habilidades inusitados. Aín así, la vida de un experto en agua en el Yishuv, como se conocía a la comunidad judía en Palestina, era bastante básica: perforar para encontrar agua, bombearla a la superficie y transportarla a distancias cortas en tuberías de diámetro pequeño. Con la información de los economistas británicos o sin ella, quedaba claro que, en ausencia de cambios, el agua disponible no sería suficiente para satisfacer las necesidades de los potenciales inmigrantes judíos, especialmente después de febrero de 1933, cuando el surgimiento de Adolf Hitler y su régimen nazi generaron en los judíos europeos un interés aún más urgente en migrar a la Tierra de Israel.

Los millones de personas que, se esperaba, llegarían a Palestina —ya fuera por ideología sionista o simplemente en búsqueda de un puerto seguro durante la tormenta europea— necesitarían agua para la agricultura, la industria y el consumo residencial. El flujo del agua era tan importante como el de inmigrantes. Uno estaba unido al otro.

Si Blass era el ingeniero hidráulico más mentado del Yishuv, tenía un gran aliado en Levi Eshkol, quien había desempeñado diversas funciones importantes en la estructura política sionista anterior al Estado de Israel y era también asistente ejecutivo de confianza de David Ben Gurión, el líder político de la comunidad judía de Palestina. A pesar de sus múltiples responsabilidades, no había nada que lo entusiasmara más que lo relacionado con el agua[5]. Eshkol, quien terminaría convirtiéndose en el tercer primer ministro israelí y dirigiría al país durante la Guerra de los Seis Días en junio de 1967, seguramente no ha dejado mayor legado que la creación del marco político e institucional para el desarrollo de la principal infraestructura hídrica del país.

A partir de los años 20 el liderazgo sionista creó muchas organizaciones de este tipo, que servirían como instituciones previas al Estado[6]. Para la infraestructura hídrica, Eshkol se reunió con Blass y otros en 1935 a fin de planificar la creación de la empresa de servicios de agua —denominada Mekorot en el momento de su fundación, dos años después—[7]. La compañía era responsable de la exploración en busca de agua, así como de garantizar la disponibilidad del recurso para el creciente número de colonos y agricultores judíos de los territorios controlados por los británicos.

Incluso antes de la creación de Mekorot, en 1935, Eshkol le pidió a Blass que identificara nuevos recursos hídricos para el oeste del valle de Jezreel, distrito agrícola judío al sur de Nazaret y Baja Galilea que experimentaba un crecimiento rápido. Con el liderazgo de Blass se perforaron exitosamente varios pozos, donde se encontró agua que luego fue bombeada a las fincas de todo el valle. Los agricultores inmigrantes del valle de Jezreel pudieron expandirse y pronto se incorporaron nuevas explotaciones productoras[8].

Si bien hallar agua y ser capaces de transportarla resultó de suma importancia, el proyecto del valle de Jezreel logró algo mucho más relevante. Era la primera vez que se convocaba a Blass con el fin de crear un plan de desarrollo de recursos hídricos para fincas que se hallaban relativamente lejos de las fuentes de agua. En los años siguientes y en distancias mucho mayores, Blass iba a desarrollar planes de mayor envergadura y ejecutar proyectos que en su conjunto les permitirían a mayores zonas del país utilizar la tierra productivamente y generar más cantidad de alimentos para una nación que pronto iniciaría su crecimiento.

UN «PLAN DE FANTASÍA» CAMBIA EL MODO EN EL QUE SE ADMINISTRA EL AGUA

Cuando se publicó el Libro Blanco británico, en mayo de 1939, y a pesar del éxito de la exploración hídrica en el valle de Jezreel, gran parte del agua empleada por el Yishuv para actividades agrícolas y para los hogares provenía de pozos de escasa profundidad perforados en fincas y pueblos a lo largo de la costa del Mediterráneo. El agua era una cuestión fragmentada, manejada distrito por distrito casi sin aunar recursos entre ellos ni compartirlos con otros. Como se demostró en toda la región y en gran parte del mundo, las explotaciones agrícolas y los pueblos utilizaban el agua que tenían a disposición y bombeaban muy poca hacia aquellos lugares donde podría dársele un mejor uso.

En términos de volumen de agua disponible, los mayores recursos se encontraban en el extremo norte del país. Algunos asentamientos y fincas agrícolas se distribuían por esa zona, especialmente a lo largo de la frontera con Líbano y Siria; sin embargo, no era allí donde más se necesitaba el agua[9]. La masa de la población se concentraba en los alrededores de la nueva metrópolis de Israel, Tel Aviv, ubicada en el centro de la extensa costa del país. La vasta y abierta extensión del Néguev, en gran medida despoblada salvo por algunas tribus de beduinos nómadas, era desierto. Pero Ben Gurión proféticamente creía que el Néguev representaba la mejor esperanza para la agricultura del Estado emergente si se lograba encontrar agua para ese fin[10]. De cualquier modo, ni la zona de Tel Aviv ni la del desierto del Néguev tenían en ese momento suficiente cantidad de agua para sostener el crecimiento poblacional que Ben Gurión tenía en mente.

A Blass se le pidió que creara un «plan hídrico de fantasía» para presentarles a los británicos, con la esperanza de que cambiaran de opinión y aumentaran la cantidad de inmigrantes judíos. Inmediatamente se puso a trabajar. Pensó en desarrollar un gran proyecto de infraestructura que previera el transporte de agua desde el norte, donde la había en abundancia, hacia el centro, donde existía limitadamente, y el sur, que contaba con escasísimos recursos hídricos.

Para julio de 1939 Blass había completado el primer borrador —de los muchos que haría— del plan hídrico, diseño que continuaría revisando durante casi veinte años, incluso mucho tiempo después de que se estableciera el Estado de Israel y se levantaran todas las restricciones sobre la inmigración. Ese borrador evolucionaría en el plan maestro de agua de la nación, pero todos los elementos que se plasmaron décadas después —incluso el Acueducto Nacional— ya formaban parte del primer documento. De ahí en adelante, lo siguiente serían solo comentarios, elaboración y ejecución.

Blass propuso un proyecto de tres etapas para lograr la autosuficiencia nacional en materia hídrica. En primer lugar, creía que había gran cantidad de agua debajo de la superficie del desierto del Néguev que podría extraerse mediante perforaciones en profundidad. En su plan, se utilizaría casi de inmediato para el establecimiento de hasta treinta nuevas colonias agrícolas en el Néguev. En segundo lugar, proponía bombear agua desde el río Yarkón, ubicado al noreste de Tel Aviv, y transportarla al Néguev, sobre todo para uso agrícola. Y luego, en algún momento futuro aún no definido, se transportaría el agua del norte al sur, principalmente por medio de una obra de infraestructura subterránea que atravesaría la nación. Esto sería el Acueducto Nacional[11].

El elemento de «fantasía» del plan de Blass era si los británicos estarían preparados para ir más allá de la frontera de Palestina[12]. A unos pocos kilómetros, el río Yarmuk, en la entonces Transjordania, y el Litani, en el Líbano, inútilmente drenaban grandes cantidades de agua hacia el río Jordán y el mar Mediterráneo, respectivamente. Si el Yishuv —y los millones de judíos europeos desesperados por venir— lograba tener acceso al agua no utilizada, tendría toda la que les resultara posible usar.

Solo dos meses después Alemania invadió Polonia y comenzó la Segunda Guerra Mundial. Aunque la contienda dificultó la inmigración todavía más, había aún judíos dispuestos a salir y capaces de hacerlo si lograban obtener una visa. Ben Gurión siguió intentando convencer a los británicos de que aceptaran más refugiados, y el plan de Blass, que siempre estaba en evolución, era parte de esa demanda[13].

A medida que Blass desarrollaba sus ideas con mayor nivel de detalle y minuciosidad, registraba todas las fuentes de agua dentro y cerca de los límites de la Tierra de Israel y realizaba hipótesis sobre un sistema nacional unificado basado en la demanda que permitiera la circulación de agua por todo el país. En una revisión del plan original hecha en 1943 describió en detalle cómo captar las aguas de la cabecera del río Jordán y del mar de Galilea, los cursos de los alrededores y el sistema ad hoc de pozos costeros. Utilizando como modelo el desvío del río Colorado, obra de ingeniería que llevó agua dulce a Los Ángeles, creó planes para transportar la de estas fuentes hacia el sur, según fuera necesario, hasta que el sistema desembocara en las colonias agrícolas desperdigadas por el entonces escasamente poblado Néguev[14].

Los subsiguientes borradores del plan de Blass agregaban distintas funciones, como el entrampamiento y recolección de la lluvia, el tratamiento y reutilización de las aguas residuales —para preservar la sanidad de los ríos de la región y por el potencial agrícola de tal reaprovechamiento—, y también perforaciones más sofisticadas en el acuífero. Hasta llegó a presentar un plan de desvío de agua —que nunca se ejecutó— consistente en la construcción de un canal desde el mar Mediterráneo hasta el mar Muerto en el que se utilizaría la diferencia de altitud para generar energía hidroeléctrica[15].

Después de los diversos planes de Blass el genio del agua salió para siempre de la botella. Ya todos los líderes del Yishuv sabían que el proyecto sionista avanzaría con un sistema nacional integrado para el manejo de los recursos hídricos distinto a todo lo conocido hasta ese momento en Oriente Medio y en gran parte del mundo.

Los sionistas podían no tener la autonomía política para hacer lo que querían porque aún los británicos ejercían el control político. Podían no contar con los

fondos suficientes para un proyecto de tamaña envergadura. Incluso podían ig-
norar dónde se encontrarían los futuros límites de su Estado. Pero no había lugar
a dudas de que el plan de Blass trazaba un camino hacia la construcción de la
infraestructura hídrica necesaria para el Estado moderno y para la asimilación de
millones de inmigrantes nuevos.

EL BEST SELLER DEL «ASOMBRADO» WALTER CLAY LOWDERMILK

Simcha Blass no fue el único que pensó en planes hídricos para la Tierra de
Israel.

El Departamento de Agricultura de los Estados Unidos envió a Walter Clay
Lowdermilk, científico experto en suelos, a llevar a cabo un sondeo integral de
los suelos de Europa, el norte de África y Palestina. El objetivo del proyecto era
ver qué se podía aprender del suelo de esas civilizaciones antiguas para aplicar en
las iniciativas de preservación edáfica de los Estados Unidos[16]. En febrero de 1939,
cuando aún faltaba más de medio año para el inicio de la guerra en Europa y unos
meses para la publicación del Libro Blanco, Lowdermilk llegó a la Tierra de Israel.

Se quedó perplejo por lo que vio. Las terrazas y la capa superficial del suelo
habían sido completamente erosionadas, lavadas hacia el Mediterráneo por miles
de años de descuido. Pero también se «asombró»[17] al ver los esfuerzos puestos por
los sionistas en el aprovechamiento de los suelos. Cuando estaba ya casi conclu-
yendo su viaje de quince meses, en los que había visitado veinticuatro países,
describió la restauración agrícola de la Tierra de Israel como el trabajo «más extraordinario» que hubiera visto en su viaje. Prolongó su estancia para visitar las
más de trescientas fincas, asentamientos y puestos del Yishuv. Recorrió en co-
che distancias superiores a los 3700 kilómetros dentro de la Tierra de Israel y
otros 1600 en Transjordania[18]. Cuanto más veía, más se enamoraba de la misión
sionista. Al observar la inmigración árabe a Palestina y la creciente prosperidad de
los árabes, así como el descenso de la tasa de mortalidad infantil entre ellos, consideró al asentamiento judío un hecho positivo tanto para unos como para otros[19].

A su regreso a los Estados Unidos, Lowdermilk se entusiasmó con la oportunidad de revitalizar la Tierra de Israel por su propio beneficio y también como
modelo de desarrollo agrícola y económico para el norte de África y Oriente Medio. En 1944, cuando la Segunda Guerra Mundial ya estaba llegando a su fin, uno
de los principales editores[20] de los Estados Unidos publicó su libro *Palestina, tierra
de promisión*. La obra se reimprimió once veces y se transformó en un *best seller*[21].
Recibió críticas muy positivas, incluida una aparecida en el *New York Times*[22] y
otra, extensa y brillante, en la primera página del suplemento de libros del fin de

semana del *New York Herald Tribune*, titulada «El milagro que vive Palestina. Los judíos recuperan la fertilidad en los lugares donde el desierto había avanzado»[23].

El libro de Lowdermilk justificó el inicio de un enorme proyecto de obras públicas para el aprovechamiento del valle del río Jordán que encauzaría los recursos hídricos para riego, reconstruiría la capa superficial, desarrollaría energía hidroeléctrica y reforestaría una tierra que había estado cubierta de bosques por última vez aproximadamente dos mil años antes, durante el último Commonwealth judío, en la era del Segundo Templo. El estadounidense creía que, con la implementación de todo eso, la Tierra de Israel tendría recursos naturales que le permitirían lograr el desarrollo y pronto podría absorber cuatro millones de refugiados judíos[24].

Más importante aún en ese momento, Lowdermilk rechazó la doctrina prevaleciente en el Libro Blanco, que postulaba que Palestina, como zona geográfica, tenía un límite de población específico y restringido, y asestó un golpe a los británicos: «La capacidad de absorción de cualquier país es una concepción dinámica y en expansión. Cambia según la capacidad de la población de aprovechar al máximo la tierra y de fundar su economía sobre pilares científicos y productivos»[25]. Ya en su primera visita, en 1939, Lowdermilk vio ejemplos de tecnologías de manejo de agua muy sofisticadas que los sionistas aplicaban y comprendió lo que esto significaría.

Como conclusión del libro, se mostró muy optimista en cuanto a la transformación que se podía lograr: «Si es posible mantener las fuerzas de recuperación y progreso que los colonos judíos introdujeron, es factible que Palestina se convierta en la palanca que transforme a las otras tierras de Oriente Próximo. Una vez que se exploten adecuadamente los recursos no desarrollados de esos países, entre veinte y treinta millones de personas podrán vivir vidas dignas y prósperas donde hoy unos pocos millones luchan por su mera subsistencia. [El asentamiento judío en] Palestina puede servir como ejemplo, demostración, la palanca que sacará a todo el Próximo Oriente de su actual estado de desolación y lo elevará a un lugar digno en un mundo libre»[26].

El modelo que Lowdermilk tuvo en mente para la utilización del agua en Palestina fue la Autoridad del Valle del Tennessee (TVA, por su sigla en inglés), proyecto del presidente Franklin Roosevelt de la etapa de la Depresión, cuyo objetivo era llevar energía eléctrica y redirigir las redes de agua hacia una amplia franja rural empobrecida de los Estados Unidos. Ben Gurión había conocido la TVA y se sentía impresionado por el alcance y la audacia del proyecto. Al igual que Lowdermilk, se preguntaba si podía replicarse en la Tierra de Israel. Ben Gurión mantenía ciertas conversaciones esporádicas sobre un enorme proyecto de manejo de agua, inspirado en la TVA, que se tornaron más urgentes por las restricciones que impuso el Libro Blanco. Lowdermilk era partidario de adoptar las ideas de la TVA y, a pesar de que su plan más ambicioso tenía ciertas diferencias con el de Blass, constituyó una respetuosa ratificación de los elementos esenciales[27].

Si, de hecho, Lowdermilk incidió en el pensamiento relativo al agua en la Tierra de Israel, mucho mayor debe de haber sido el impacto que produjo sobre las incipientes ideas que las élites políticas de los Estados Unidos tenían sobre el esfuerzo sionista. *Palestina, tierra de promisión* se entregó a todos los miembros del Congreso[28]. Y un hecho aún más notable, probablemente fue el último libro que leyó el presidente Roosevelt: lo encontraron abierto en su escritorio cuando falleció[29].

Por eso no resulta sorprendente que Lowdermilk fuera honrado en el Yishuv y terminara su carrera, tras la fundación del Estado, como docente del Technion (Instituto Tecnológico de Israel)[30]. Su plan de la TVA israelí exacerbó la convicción de que Palestina podía tener enormes recursos hídricos y confirmó la idea sionista de que, con agua, se podía albergar a una población numerosa.

Un páramo esencial para Ben Gurión

Desde la perspectiva del presente, después de la Segunda Guerra Mundial, a los británicos se los veía exhaustos, desmoralizados y en bancarrota, ansiosos por evacuar sus colonias y poner punto final a los doscientos años del Imperio británico. Esto puede haber sido válido en algunos lugares, mas para el secretario de Asuntos Exteriores Ernest Bevin y para la estructura de seguridad de Gran Bretaña, Palestina no era uno de ellos[31]. Debido a los intereses británicos en proteger el Mediterráneo oriental y salvaguardar el canal de Suez para el paso seguro de mercancías desde India y de petróleo desde el golfo Pérsico, Bevin estaba decidido a quedarse.

Además del Canal, los británicos habían terminado un oleoducto entre Irak y el Mediterráneo durante los años que transcurrieron entre ambas guerras, y Haifa se había constituido en un nodo geopolítico y estratégico. Allí cargaban los buques-tanque británicos y emprendían el viaje corto atravesando el Mediterráneo hasta Inglaterra para literalmente alimentar el resurgimiento de la economía inglesa. Tras cincuenta años en Palestina, los británicos, o al menos Bevin, planeaban quedarse como mínimo otros tantos[32].

Los líderes sionistas tenían otros planes. Para ellos era solo cuestión de esperar hasta que las presiones políticas y económicas obligaran a Gran Bretaña a marcharse, momento en el que se desencadenaría una batalla, militar o política, por las fronteras del nuevo Estado judío[33]. Mientras que los líderes del Yishuv harían todo lo posible para asegurar la mayor superficie que resultara lógica, Ben Gurión tenía especial interés en el Néguev[34]. Estaba decidido a hacer todo lo necesario para garantizar que se mantuviera bajo control judío para cuando llegara el día en que los británicos hicieran las maletas y se fueran[35]. Antes de que esto ocurriera, a la recientemente creada Organización de las Naciones Unidas (ONU) se le asignaría la tarea de establecer los límites de la Tierra de Israel.

Para la mayor parte de los observadores, el Néguev era hostil al asentamiento humano, un páramo. Hacía demasiado calor, en un mundo anterior a los aparatos de aire acondicionado, para que se establecieran muchas personas, y era demasiado seco para la agricultura. Parecía carecer de recursos hídricos. Sin embargo, para Ben Gurión el Néguev tenía varios atractivos. Protegería a Israel del aislamiento, dándole un puerto sobre el mar Rojo. Brindaría la profundidad estratégica contra una invasión egipcia a través de la península del Sinaí. Y una vez que se sortearan los problemas relativos al agua, le conferiría una superficie prácticamente despoblada que les permitiría crecer, así como poseer tierras para la producción agrícola.

Ben Gurión estaba seguro de que, sin un punto de apoyo en el Néguev, las Naciones Unidas nunca les otorgarían a los sionistas su control. Él mismo se dio cuenta de que se hallaba en una carrera contra el tiempo para establecer en el lugar las bases que sirvieran de justificación para que los comisionados de la ONU recomendaran entregar el territorio del desierto al nuevo Estado judío. Y esto pondría a prueba la etapa uno del plan de Blass: perforaciones profundas para encontrar agua en el Néguev. Pero primero los sionistas debían definir las pretensiones judías sobre el desierto.

«LA TUBERÍA DE CHAMPÁN»

En 1946, la noche después de Yom Kippur, los líderes sionistas cerraron uno de los capítulos más osados del juego del gato y el ratón que venían desarrollando con los británicos sobre las permanentes restricciones impuestas a la inmigración y a los asentamientos. El agua tuvo un papel protagonista en este evento dramático, casi cinematográfico[36].

Yom Kippur es singular en el calendario judío. Para muchos es un día de ayuno, rezo y contemplación. Para otros, el Yom Kippur de 1946 fue un día reservado a los preparativos finales para desafiar a los británicos como jamás se había hecho. Al anochecer, cuando se terminaba el día festivo, once convoyes partieron hacia lugares predeterminados en todo el norte del Néguev.

Protegidos por la oscuridad de la noche, cada equipo trabajó en la construcción de al menos una estructura, asegurándose de terminar el techo de cada edificio antes del amanecer. De acuerdo con la legislación británica, estaba prohibido para los judíos establecer nuevas fincas agrícolas y asentamientos en Palestina. Sin embargo, existía un vericueto legal: una ley del Imperio Otomano anterior a la conquista británica de Palestina, que seguía vigente, establecía que el Gobierno no podía demoler ninguna estructura que tuviera techo a menos que constituyera una amenaza para la seguridad[37].

A la mañana siguiente había once colonias agrícolas emplazadas en el límite norte del Néguev. Ni siquiera una de ellas había sido interrumpida por la intervención británica, cuyo ejército probablemente había bajado la guardia por la fiesta de Yom Kippur. (Los sionistas tuvieron más suerte aún, porque la festividad terminó un sábado al anochecer, y las tropas británicas solían pasar esa noche bebiendo y la mañana del domingo durmiendo). Los colonos lograron el objetivo inicial de emplazar las colonias agrícolas.

A pesar del éxito de esa noche, a las once nuevas colonias les faltaba un ingrediente esencial: agua. Cada uno de los convoyes llevaba un camión cisterna, pero ese era solamente un recurso temporal. Sin cantidades importantes de agua, estas fincas agrícolas pronto languidecerían. Los camiones cisterna serían suficientes para la vida cotidiana, la preparación de alimentos y los sanitarios. Pero ningún cultivo que quisieran implantar sobreviviría mucho tiempo sin agua para riego.

Simcha Blass había formado parte del equipo de planificación de los once asentamientos. Había ayudado a elegir los lugares para ubicarlos en ámbitos que probablemente tuvieran agua subterránea o se hallaran a una distancia de la fuente que permitiera conectarlos a ella por medio de una tubería. Ahora de él dependería determinar si las fincas podían sostenerse en el tiempo. La primera de las tres etapas del plan hídrico requería la perforación de pozos en el Néguev —probablemente a grandes profundidades— en busca del suministro de agua local. Comenzó a perforar y en Nir Am, una de las once colonias, se encontró agua[38].

Sin embargo, Blass se enfrentó a un problema: necesitaba tubos y herramientas para transportarla. Con la Segunda Guerra Mundial había gran escasez de metal y de maquinarias, y la mayoría de los productos industriales estaban destinados al enfrentamiento armado. En la Tierra de Israel muchos de los proyectos de Blass estaban demorados por la escasez de bombas y tuberías. En las postrimerías de la guerra siguieron faltando debido a la aparentemente infinita demanda del sector civil de los Estados Unidos y a los esfuerzos para la reconstrucción de Europa, que había sido devastada por la guerra. Blass se anticipó a la necesidad de llevar agua a estos once establecimientos y realizó discretamente todos los arreglos para comprar una enorme remesa de tuberías de acero en el lugar menos pensado.

Durante la guerra se había tendido una tubería especial para apagar los incendios provocados por el bombardeo aéreo nazi en Londres. Con el fin de la contienda y la desaparición de la amenaza nazi, el sistema hídrico paralelo de la ciudad resultaba superfluo. Blass organizó silenciosamente la compra de dichas tuberías. El gasto fue enorme, pero era difícil encontrar material de buena calidad. Con estos nuevos tesoros, Blass pudo conectar las colonias del desierto a Nir Am. Al igual que con el proyecto del valle de Jezreel en 1935, Blass había establecido un sistema hídrico regional que tendría impactos duraderos en la causa sionista y también en la manera en que la futura nación encararía el problema del agua[39].

Fue un capítulo plagado de ironía. Las tuberías que los británicos habían descartado y que, en primer lugar, se habían utilizado para frustrar las embestidas de Hitler para aterrorizar al pueblo de Londres, servían ahora para socavar los esfuerzos británicos por impedir la construcción de los asentamientos judíos. Debido a su coste, la infraestructura del Néguev se apodó «Tubería de champán»[40]. Para los líderes del Yishuv, y para Ben Gurión, casi cualquier cifra hubiera valido la pena si servía para consolidar el bastión sionista del Néguev.

PAGO DEL ACUEDUCTO NACIONAL

Ben Gurión lograría su cometido.

En 1947 las Naciones Unidas enviaron un comité de expertos a Palestina para analizar la manera en que debería dividirse la tierra. Como el Néguev estaba marginalmente habitado por agricultores judíos y no había mayores demandas por parte de los demás[41], el comité concedió este páramo desértico a la nación judía que aún no tenía nombre. Con ello, más de la mitad del país se componía de una tierra aparentemente inhóspita y sin valor. Los británicos también prestaron testimonio ante los delegados de la ONU y reiteraron su convicción de que el territorio no podía albergar y mantener a los muchos sobrevivientes del Holocausto que no tenían ni casa ni Estado y seguían en los campos de refugiados dos años después desde la finalización de la guerra.

El omnipresente Simcha Blass fue convocado por los líderes del Yishuv para refutar las opiniones de los británicos. Presentó el plan de tres etapas y explicó cómo, en la primera de ellas, se había logrado transportar agua extraída de una perforación ubicada en Nir Am hasta los once establecimientos del Néguev. Aparentemente, las descripciones que hizo de la siguiente etapa, aún solo en el plano de la fantasía (transportar agua desde el río Yarkón de Tel Aviv hacia el Néguev), y de la tercera (su plan al estilo Robin Hood: sacar agua del norte rico y dársela al sur pobre) persuadieron a los investigadores de la ONU. Cuando dejaron el país, rechazaban las presunciones británicas y aceptaban los cálculos de Blass, que estimaban que en la Tierra de Israel podría haber el triple de los recursos hídricos cuya disponibilidad había sido demostrada hasta ese momento[42].

El Estado de Israel se proclamó el 14 de mayo de 1948 y, en los días siguientes, los Ejércitos de seis países árabes lo invadieron[43]. Las cuestiones relacionadas con el agua fueron dejadas de lado porque la seguridad nacional demandaba la atención y el tiempo de todos. Tras el cese del fuego y la firma del armisticio en la primera mitad de 1949, comenzaron a llegar oleadas de sobrevivientes del Holocausto, provenientes de Europa, y también judíos provenientes de países árabes, que en ese momento eran perseguidos en sus patrias[44].

El día de la declaración de la independencia de Israel la población ascendía a 806 000 personas[45]. En los siguientes tres años y medio, más de 685 000 inmigrantes llegaron al nuevo país[46]. Es probable que ninguna otra nación haya absorbido tamaño porcentaje de la población base en un período tan corto. Para producir alimentos para casi el doble de la población y brindar empleos a muchos de los recién llegados, se instalaron explotaciones agrícolas en cada rincón del país. Se necesitaba agua desesperadamente, más que para consumo residencial, para agricultura[47].

Las etapas dos y tres del plan de Blass representaban solo conceptos detallados, previstos para más adelante. Antes de tomar cualquier medida, resultaba necesario asegurar la financiación. Los costes combinados que surgían de haber librado una guerra con múltiples frentes y seguir enfrentando problemas de seguridad permanentes, junto con la asimilación de refugiados judíos extremadamente pobres que seguían llegando en oleadas desde Europa y el mundo árabe, habían endeudado al país terriblemente y fue necesario recurrir al racionamiento de alimentos. Aun así, Ben Gurión y Eshkol estaban ansiosos por comenzar a construir la infraestructura para los sistemas hídricos.

Ben Gurión aceptó un acuerdo de reparación con el Gobierno de posguerra de Alemania Occidental, que se comprometía a pagar compensaciones a Israel tanto por los costes de la reubicación de los sobrevivientes desplazados como por los miles de millones de dólares correspondientes a las propiedades judías robadas o destruidas por los nazis. Ante esto se desataron disturbios y se hablaba de una guerra civil. Muchos no querían aceptar lo que consideraban dinero sangriento.

A pesar de la agitación producida en Israel respecto de aceptar algo de manos de la tierra del exrégimen nazi, Ben Gurión de nuevo se salió con la suya. En una votación muy reñida, el Parlamento israelí ratificó el acuerdo con Alemania[48]. Ya contaban con los fondos para comenzar la construcción de la infraestructura hídrica.

GANÁNDOLE AL EJECUTIVO CINEMATOGRÁFICO

A pesar de que los fondos de reparación alemanes comenzaron a llegar a inicios de 1953, a los israelíes les faltaba todavía un ingrediente esencial para el acueducto norte-sur hacia el Néguev: un suministro garantizado de agua. Si bien Blass estaba seguro de la existencia de abundante cantidad disponible, los vecinos hostiles de Israel se quejarían si se aprovechara el agua de las zonas limítrofes con sus Estados. Era imperativo establecer protocolos para confirmar quién estaría autorizado a captar qué sección del Jordán y sus afluentes.

Tras una serie de enfrentamientos militares, principalmente entre Siria e Israel pero también con la participación de Jordania y el Líbano, el presidente Dwight Eisenhower decidió utilizar las hostilidades como oportunidad de involucrar a los Estados Unidos. A pesar de que la distribución del agua era un problema, el comandante supremo de la Segunda Guerra Mundial pensó en términos geoestratégicos más amplios. Su principal interés era evitar que la Unión Soviética explotara las tensiones árabe-israelíes para inmiscuirse en la región.

Eisenhower tenía la esperanza de que, al negociar la resolución de un tema de naturaleza técnica pero tan vital como el agua, la tensión en torno al conflicto árabe-israelí y al problema de los refugiados palestinos, aun si no se resolvía, al menos se aliviara[49]. En vez de elegir a un diplomático para liderar los esfuerzos hacia la resolución del conflicto, Eisenhower recurrió a Eric Johnston, director de la Asociación Cinematográfica de los Estados Unidos y relevante republicano con experiencia en desarrollo internacional, y lo nombró embajador especial para la región[50].

Johnston llegó en octubre de 1953 con un plan para dividir las aguas del río Jordán. En cuanto se lo presentaron a los israelíes, quedó claro que con él cualquier sueño de transportar agua desde el norte hacia el Néguev sucumbiría. En la propuesta de los Estados Unidos, entre muchas otras cuestiones, había dos elementos conflictivos. En primer lugar, Johnston tenía la intención de asignarle a Israel un volumen de agua mucho menor que lo que creía merecer y ciertamente menor que la que necesitaría para permitir el desarrollo de nuevos establecimientos y campos en el Néguev. En segundo lugar, cuando llegó, el enviado estadounidense compartía el punto de vista de los árabes respecto de que toda el agua del Jordán debería permanecer en la cuenca del río para el desarrollo de dicha región. En otras palabras, aun si se encontraba más agua, no se le permitiría a Israel trasladarla al Néguev[51].

Blass se ofreció para actuar como guía de turismo y tutor de Johnston[52]. Con el transcurso del tiempo, el enviado estadounidense revirtió su posición respecto de estos dos principios, cualquiera de los cuales habría condenado el proyecto del Acueducto Nacional. Primero entendió la practicidad de aprovechar todos los recursos hídricos disponibles «sin utilizarlos injustificadamente, y estableciendo como principal criterio de pertinencia el volumen de cultivos a desarrollar en la región»[53]. Las presentaciones que realizaron agricultores y científicos israelíes sobre nuevos métodos agrícolas que empleaban novedosas tecnologías de riego y sistemas de manejo de cultivos lo influenciaron aún más[54]. Johnston comprendió que el agua inutilizada se descargaba innecesariamente en el mar, y en consecuencia, se desperdiciaba, y aceptó aumentar en forma significativa la parte asignada a Israel para que pudiera usarla de manera productiva.

Johnston logró convencer a los tecnócratas especialistas en cuestiones hídricas de cada país árabe para que reconocieran la versión revisada del plan como base de una distribución justa de las aguas del Jordán para empleo de cada una de las partes. Ninguna de las naciones árabes estuvo en peores condiciones tras el acuerdo, pero constituyó una gran ventaja para Israel y, finalmente, una luz verde para el proyecto hídrico más ambicioso del país.

La tragedia griega de Simcha Blass

En retrospectiva, todo proyecto de infraestructura resulta obvio o inevitable. Se minimizan o se olvidan los costes, los sacrificios y los riesgos de fracaso. Pero Israel era un país pobre que aún trataba de soportar la carga de asimilar una gran cantidad de inmigrantes y también la de defender las fronteras vulnerables contra ataques e infiltraciones. Tuvieron que tener mucho coraje, mirar hacia adelante y concentrarse en todo aquello para lo que se necesitaría agua y que no podría satisfacerse con los recursos disponibles. Mientras la mayoría de los políticos electos aplazan decisiones con ese coste, complejidad y riesgo de fracaso, los líderes de Israel asumieron el desafío, tal vez porque el Acueducto Nacional había formado parte de la conciencia nacional desde el anuncio del Libro Blanco en mayo de 1939.

La tubería que conectaba el río Yarkón de Tel Aviv con el norte del Néguev, la etapa dos del proyecto de Simcha, se inauguró en julio de 1955. Los judíos estadounidenses donaron dos tercios del dinero necesario para el proyecto y el resto lo consiguió el Gobierno de Israel mediante la venta de bonos (principalmente también a judíos de los Estados Unidos). Esos nuevos recursos hídricos permitieron utilizar algo más de 20 000 hectáreas desérticas como tierra de cultivo. En la ceremonia de inauguración se hicieron oraciones de acción de gracias y se presentaron cantantes y bailarines de todos los principales teatros de Israel. También asistieron a la celebración representantes de diecisiete ciudades estadounidenses y el gobernador de Nueva York, Averell Harriman[55].

Casi inmediatamente comenzó la planificación del Acueducto Nacional, tal como se denominó a la etapa tres. Llevaría agua desde el norte del país al Néguev, en el sur, y además integraría las aguas del río Yarkón que se habían transportado hacia el sur en la etapa dos. Hubo que superar increíbles desafíos de ingeniería. El Acueducto Nacional no fue como la tubería entre el Yarkón y el Néguev que recorría las costas arenosas, y resultó comparativamente fácil de planificar y construir. En este caso hubo que diseñar un sistema de conducción subterráneo enorme para atravesar terrenos pedregosos. Debía resultar invulnerable a los ataques enemigos y además, como cualquier otra tubería de este tipo, ser bien resistente para durar muchas décadas.

Israel es un país pequeño —con frecuencia se lo compara con el tamaño del estado de Nueva Jersey— pero con una gran diversidad climática y de altitudes. La infraestructura hídrica nacional debía funcionar perfectamente tanto al nivel del mar como a doscientos metros por debajo, en el mar de Galilea, y a aproximadamente mil por encima, en Jerusalén. Tendría que servir también para inviernos húmedos y fríos, así como para desiertos secos y agobiantes.

Prácticamente cada lugar del país se sometería a gran cantidad de excavaciones para alojar las tuberías, bombas y válvulas nuevas[56]. Habría grandes inconvenientes, pero todos los ciudadanos, judíos o árabes, pronto gozarían de los beneficios.

Para Simcha Blass, la culminación del trabajo de su vida terminó con la sensación de una tragedia griega[57]. A comienzos de los años 50 había dejado su puesto en Mekorot para ejercer como nuevo representante especial del Gobierno israelí en materia de agua, y el tema más importante para él era la negociación con el embajador de Eisenhower, Eric Johnston. Ese trabajo no explotaba todas las capacidades de Blass y él quería dedicar más tiempo a la planificación del Acueducto Nacional. Entonces se creó en su apoyo una empresa del Gobierno para la planificación de proyectos hídricos denominada Tahal. Generó muchísimos estudios y proyectos para planificación de sistemas hídricos.

Blass desde siempre había imaginado que, cuando llegara el momento de construir el Acueducto Nacional, él se encargaría de supervisar la planificación y la ejecución. En lugar de esto, se decidió dividir las tareas y darle la responsabilidad de la construcción a Mekorot, su exempresa, la que había iniciado junto con Levi Eshkol en 1937. En vez de aceptar un papel central en una parte de la realización del Acueducto Nacional, decidió renunciar a sus puestos en el Gobierno e irse a casa para sentarse a esperar la llamada que finalmente le diera la razón. Nunca recibió esa llamada. Ben Gurión y los demás trataron de convencerlo de que volviese a su rol de planificación, pero Blass no quiso[58].

UNA TRANSFORMACIÓN NACIONAL

El Acueducto Nacional demostraría ser mucho más que una tubería con un coste y una complejidad extraordinarios. Este nuevo sistema no solamente mejoró en muy poco tiempo el acceso al agua, así como su calidad y confiabilidad, sino que también sirvió como fuente de inspiración para el nuevo país. Los grandes proyectos de infraestructura que se terminan a tiempo y con el presupuesto estipulado, sea la llegada del hombre a la Luna o la reconstrucción de un lugar después de un terrible huracán, generan en la gente un sentimiento de orgullo cívico y mejoran la identidad nacional. También dejan una sensación generalizada de que pueden superarse otros desafíos de la vida comunitaria y lograr la unidad. Para Israel, una nación formada con inmigrantes de más de cien países diferentes, el Acueducto Nacional logró esto y mucho más.

La tubería también constituyó un enorme proyecto de obra pública para una nación en crecimiento. Durante los muchos años de su construcción, a inicios de los 60, hubo miles de personas cavando, soldando, enroscando tuberías o trabajando en el nuevo sistema hídrico todos los días[59]. Para dar una idea del alcance y el gasto total del proyecto, en valores ajustados por inflación, Israel gastó seis veces más per cápita en la construcción del Acueducto Nacional que los Estados Unidos en la del canal de Panamá, el cual, en el momento en que se llevó a cabo, «fue el proyecto de obra pública más costoso en la historia estadounidense»[60]. El Acueducto Nacional de Israel tuvo un coste per cápita muy superior a obras emblemáticas de aquel país, como la presa Hoover o el puente Golden Gate.

El Acueducto Nacional le permitió al Néguev cumplir la promesa de Ben Gurión: que Israel haría florecer el desierto. La capacidad de bombeo para transporte a través de la red superaba los 454 000 millones de litros, lo cual ponía a disposición grandes cantidades de agua para plantar distintos cultivos en las arenas áridas del sur. Muchos de los inmigrantes recién llegados necesitaban hogares y profesiones, y encontraron su lugar en las comunidades del Néguev, donde se transformaron en agricultores.

También cambió el mapa del país. Hasta la inauguración del Acueducto Nacional, el desierto comenzaba justo al sur de Rehovot, una colonia agrícola que se encontraba a poca distancia de Tel Aviv. El nuevo influjo de agua le permitía a este pequeño país tener asentamientos más al sur de Rehovot, a una distancia de ochenta kilómetros o más hacia el sur de Beersheba. En la actualidad Beersheba es una ciudad dinámica, pujante, y la capital regional del Néguev. Sin esta obra de infraestructura, el país no habría podido empujar los límites del desierto y ver cómo miles de personas se establecían en ese lugar[61].

El éxito del Acueducto Nacional demostró definitivamente que los burócratas y economistas británicos estaban equivocados con respecto al crecimiento de la población. A pesar de que el éxito israelí en el manejo del agua no debe adjudicársele exclusivamente a esta obra de ingeniería, la planificación, el respeto por la tecnología, la determinación y toma de riesgo que impulsaron al país a lograr un control sobre el clima y una abundancia de agua comenzaron en el momento de iniciar la planificación del sistema hídrico nacional. Antes era un país que apenas podía alimentarse a sí mismo cuando su población era mucho menor; hoy no solamente se autoabastece con la producción de frutas, verduras, productos lácteos y aves, sino que también exporta miles de millones de dólares en vegetales de altísima calidad que requieren una gran cantidad de agua para su producción[62].

La mayor parte de esas exportaciones son el resultado de cultivos en el desierto, investigaciones en botánica, técnicas de cultivo y genética que cobraron renovadas fuerzas en Israel. Todas constituyen áreas en las que hoy el país goza de una posición de liderazgo en investigación científica, desarrolladas con posterioridad a la culminación del sistema hídrico nacional. La disponibilidad de agua en las tierras del desierto posibilitó que los científicos israelíes —muchos de ellos, inmigrantes— pensaran en nuevas formas de utilización de la tierra. Se demostró que Ben Gurión estaba en lo cierto: el páramo sin valor del desierto terminó siendo altamente productivo y valioso.

A pesar de que al movimiento ambientalista y a los cambios que este inspiró les faltaban aún muchos años de madurez, la capacidad de acceder a los recursos hídricos del norte alivió la presión sobre los pozos que se encontraban a lo largo de la costa. Estos podrían recargarse con la lluvia, y así, el agua menos salitrosa del norte podría mezclarse con la costera para lograr una mejor calidad. En última instancia, la presencia de un sistema nacional integrado de agua también hizo posible la recuperación de los ríos, que dejaron de ser basureros y canales de aguas residuales y se transformaron en lugares donde recrearse y disfrutar la naturaleza.

Comenzando por el primer plan de Blass en 1939, en respuesta al Libro Blanco británico, las ideas relativas al agua sufrieron una transformación, dejaron de ser una preocupación local o regional. La planificación y utilización del agua, en manos de Blass o en las de sus muchos sucesores, definieron de ahí en adelante una perspectiva nacional. Esto fue un aporte al desarrollo de la identidad israelí.

Efectivamente se comprobó que el Acueducto Nacional fue mucho más que un proyecto de infraestructura. Fue la consagración de la idea de que los intereses de la nación eran superiores a los de cualquiera de sus partes. Todos saldrían adelante juntos. Aunque esa ideología no se aplicara en la práctica en todos los aspectos, se transformó y sigue siendo, sin duda, el principio rector de Israel respecto del agua.

El Acueducto Nacional se inauguró el 10 de junio de 1964. Por razones de seguridad, no se realizaron grandes ceremonias para su apertura, como sí se habían hecho para celebrar el inicio de las operaciones de la tubería Yarkón-Néguev una década antes[63]. A los visitantes se los invitó a asistir a una serie de eventos pequeños y a muchos se les concedió el honor de activar una parte u otra de la tubería. El sucesor de Blass en la planificación del Acueducto Nacional, Aaron Wiener[64], fue uno de esos invitados. Walter Clay Lowdermilk recorrió parte de las instalaciones durante un viaje a Israel[65]. No existe registro de que se invitara a Simcha Blass a las ceremonias ni de que asistiera.

3

Administración del sistema nacional de agua

> Habla mucho de un país la forma en la que maneja sus recursos hídricos.
>
> Shimon Tal, exdirector de
> la Comisión del Agua de Israel

Una vez promulgada la exhaustiva Ley de Asuntos Hídricos de 1959 —que centralizó la titularidad y el control del agua del país— y tras la conclusión del Acueducto Nacional, la conducción del sistema de agua de Israel se enfocó en la implementación. A pesar de que eran esenciales tanto un marco legal fuerte como una infraestructura nacional, sería en la gestión real y cotidiana del agua donde el ciudadano común disfrutaría del sistema nacional.

Desde el principio hubo en el país excelentes reguladores. La gestión del agua involucra a muchos agentes y la asignación de recursos aún a más, por eso resulta increíble que, pasadas tantas décadas desde la promulgación de la Ley de Recursos Hídricos, no haya habido apenas corrupción y que la gente común esté bastante conforme con las autoridades regulatorias del agua, aunque no siempre lo esté con los políticos a quienes responden.

La ley designó a un poderoso comisionado de recursos hídricos para el desarrollo y ejecución de una política nacional bajo los auspicios del Consejo del Agua. A pesar de que el comisionado podía ser apolítico y ostentar mucho poder, había una supervisión activa por parte del Gobierno, es decir, por una figura política. El Consejo del Agua respondía a la supervisión y control del ministro de Agricultura[1].

Los agricultores de Israel —como los de todo el mundo— son grandes consumidores de agua, y resultaba sensato, al menos en los inicios, que el control del recurso perteneciera al ámbito del Ministerio de Agricultura. Pero a medida que Israel creció y se transformó en un Estado moderno con una economía avanzada, dejó de parecer tan lógico que la distribución estuviera sesgada por la estrecha vinculación entre la política de asignación del agua y la política agrícola. Por supuesto que el agua resultaba de vital importancia para los agricultores, pero no solo para ellos.

Muchos ministerios del Gobierno comenzaron a reclamar sus derechos sobre alguna parte de la ecuación. El Consejo del Agua (cuyo nombre se había cambiado ya por Comisión del Agua) pasó a depender administrativamente del Ministerio de Infraestructura, pero muchos otros miembros del Gabinete presentaban sus exigencias. Muchos eran respaldados por buenas razones políticas, pero en la creciente trama burocrática las cuestiones políticas o los objetivos en conflicto comenzaron a desatar guerras de poder. El objetivo de la ley de 1959, que establecía que las políticas de control del agua sirvieran solo al interés del pueblo de Israel, se subordinó en determinado momento a los intereses de los políticos.

La lista de los diferentes sectores del Gobierno que reclamaban una parte de la gestión del agua nos da una idea de la envergadura del problema administrativo. El Ministerio de Finanzas fijaba los precios del consumo, exceptuando el que pagaban los agricultores, que era establecido por el de Agricultura. El del Interior tenía injerencia en los precios para el consumo residencial. El tratamiento de las aguas residuales se encontraba en el ámbito de los Ministerios de Infraestructura y de Protección Ambiental. Tanto la cartera de Salud como la de Infraestructura establecían los criterios de calidad y seguridad del agua. La del Interior, además de fijar los precios internos, controlaba la distribución en los municipios. El Ministerio de Justicia se encargaba de dirimir las controversias relativas al agua. El de Defensa supervisaba la seguridad en torno a los recursos hídricos en Cisjordania. La cartera de Relaciones Exteriores se encargaba de la administración de los recursos que se compartían con el Reino de Jordania. La Comisión de Finanzas del Knéset también ejercía una función de control[2].

Un agudo observador, David Pargament, dijo: «Imagínense que se tomara la decisión de regular los árboles, pero que un departamento gubernamental tuviera jurisdicción sobre las hojas, otro sobre las ramas, otro sobre la corteza, otro sobre el tronco, otro sobre las raíces, y otro más sobre la sombra del árbol. Eso es lo que ocurría aquí»[3].

A comienzos de este siglo la creciente presión desató el nudo que mantenía unidos a todos estos ministerios y ministros del Gabinete. En un acto de supuesta generosidad, un grupo de líderes políticos decidió impulsar un cambio que claramente beneficiaba a la nación y tal vez también a los dirigentes y grupos poderosos que ya ocupaban un lugar en la mesa.

En el año 2006, tras la aparición de un informe presentado por una muy respetada comisión de investigación parlamentaria que instaba a realizar cambios sistémicos, se modificó la Ley de Recursos Hídricos de 1959[4]. La Comisión del Agua cambió su nombre por Autoridad del Agua de Israel, y se le confirió autoridad real. Se transfirió el poder del nivel político al nivel tecnocrático[5]. Sin la intromisión de la política en el proceso de toma de decisiones, el organismo, que pasó a tener mayor autoridad, podría tomar decisiones sin temor a que prevalecieran los intereses de los políticos, quienes deseaban sumar puntos con los votantes o simplemente acumular poder.

«EL PRECIO FUE EL MAYOR INCENTIVO DE TODOS»

Desde los primeros días de vida del Estado, el uso cuidadoso del agua constituyó un principio fundamental de la vida civil. Tanto en las casas como en las colonias agrícolas, los israelíes se sentían orgullosos de utilizarla cuidadosamente y de desarrollar tecnologías —como el riego por goteo— para emplearla de forma todavía más concienciada. Cuando cada tantos años una sequía afectaba la región, los israelíes aceptaban que tendrían que realizar esfuerzos adicionales en favor de la conservación. Pero la idea de que no se les podía seguir exigiendo para que cuidaran el agua pronto se confrontó con una prueba en el mundo real. En el año 2008 la Autoridad del Agua anunció que todo el mundo debería pagar el precio real por el agua que consumía.

El aumento no se debió solo a cuestiones de conservación. Los reguladores tenían el objetivo de maximizar el gasto en infraestructura actual y futura. Al ciudadano se le prometió que, en adelante, el dinero de la tarifa de agua se utilizaría exclusivamente para las necesidades hídricas nacionales y no se desviaría nada para ayudar a equilibrar otros aspectos presupuestarios municipales o nacionales.

Como ocurre con los contribuyentes de todo el mundo, el aumento de precios no les sentó bien a los israelíes. «La gente aquí entiende que el agua es un tesoro, pero aun así no comprende por qué tiene que pagarla —señala un funcionario de alto rango de la Autoridad del Agua de Israel—. Ven la lluvia y creen que el agua es gratis. Y tienen razón. Esa agua es gratis. Pero el agua segura, confiable y siempre disponible no es gratis y no puede serlo. La construcción de infraestructura para trasladar agua limpia a los hogares no es gratis, y el tratamiento de los líquidos residuales para que nadie enferme no es gratis, y el desarrollo de plantas desalinizadoras de agua para superar las sequías tampoco es gratis»[6].

Antes del aumento de precios, los cargos incluían solo el coste del bombeo hasta los hogares. Los agricultores ni siquiera pagaban el precio completo por el transporte del agua. Era común que hubiera excepciones de facturación, y los políticos con frecuencia aplicaban subsidios a agentes influyentes o a proyectos privilegiados.

El profesor Uri Shani, primer director de la Autoridad del Agua, les dijo a los ministros del Gabinete: «Si quieren subsidiar a los agricultores o a los discapacitados, o darles agua a los vecinos del país, no hay problema. Háganles descuentos o regalen todo lo que quieran. Pero por toda el agua que entreguen o asignen, el

Gobierno tendrá que reembolsar a la empresa el agua consumida». Ya no va a haber más agua gratis, barata o subsidiada, les dijo. «Todos van a cumplir las mismas reglas. Todos pagan»[7].

En total, la tarifa del servicio residencial subió un 40 por ciento[8]. La gente bramaba, y era más que lógico. Aparentemente, el agua que llegaba a sus casas era la misma. Todos pagaban más por lo que no parecía haber cambiado. Si la inversión en infraestructura siempre había estado a cargo del Gobierno —como el coste de reparación de las carreteras—, no existía una razón clara por la cual las cosas debían ser distintas en el caso del agua.

Casi de forma simultánea a la aplicación del aumento de precios, la Autoridad retiró el control del agua y de las aguas residuales del ámbito de los municipios para crear un nuevo sistema apolítico de empresas municipales[9]. El dinero proveniente de la tarifa de agua y saneamiento se destinaba a estas entidades nuevas, lo cual provocó la furia de los alcaldes, quienes perdían fondos incondicionales que desde siempre habían utilizado a discreción. Si había algún déficit en el presupuesto municipal, el dinero de la tarifa de agua les servía siempre como respaldo[10]. El mantenimiento de las tuberías era algo fácil de posponer, mientras que las prioridades más urgentes atraían la atención de ciudadanos y votantes[11].

La Autoridad del Agua tenía la intención de que las nuevas cincuenta y cinco empresas locales se concentraran en la reparación de fugas y la mejora del servicio, que actuaran como incubadoras de nuevas tecnologías y que idearan formas de ahorro de agua o de costes. Todos los fondos provenientes de la tarifa pasarían a invertirse en estas metas, como así también en contar con la financiación adecuada para los proyectos de infraestructura hídrica nacional.

Mientras que los alcaldes tuvieron un incentivo perverso en invertir lo menos posible en resolver los problemas del agua, dado que todos los fondos no utilizados que provenían de la tarifa los podían emplear en otros planes municipales, las nuevas empresas tenían que invertirlos íntegros en proyectos relativos a la infraestructura hídrica, o de lo contrario, pagar las multas que les impusiera la Autoridad del Agua. Antes las fugas se manejaban como es habitual en todo el mundo: se degradan hasta que ocurre la emergencia. Perforar las calles les resta popularidad a los alcaldes, y las pérdidas de agua producidas por las filtraciones no generaban coste alguno. Si una de las nuevas empresas de agua no cumplía con el objetivo de reducir pérdidas, sería sancionada por la Autoridad del Agua[12]. Ahora si un alcalde deseaba que se regaran los parques de la ciudad todas las noches, debería pagar los costes con los fondos del presupuesto municipal. Ya no habría más agua «gratis» para los parques públicos[13].

Los consumidores residenciales no eran los únicos que pagarían tarifas más elevadas dentro de la nueva estructura. A los agricultores también se les avisó que deberían afrontar mayores costes. Debido al tiempo necesario para la rotación de cultivos y la dificultad de un aumento repentino de precios, se negoció con los productores un cronograma gradual de incrementos. Ellos también estaban disconformes, pero les reconfortó la promesa de la Autoridad del Agua: una vez que comenzaran a pagar el precio real, recibirían abundante cantidad. Durante períodos anteriores de sequía, a los agricultores se les reducía el volumen de agua asignado y se les aseguraba que en el futuro podrían recibir toda la que desearan comprar[14].

El efecto producido por la incorporación de precios reales para los establecimientos agrícolas y los hogares cambió casi inmediatamente los niveles de consumo. Sin necesidad de aplicar racionamiento o limitación de suministro, el incremento de los precios indujo a los consumidores a disminuir el consumo residencial de agua en un 16 por ciento. Los agricultores no necesitaron un cronograma gradual de aumentos que les diera tiempo para realizar la transición a nuevos cultivos. Comenzaron a cambiar los patrones de uso del agua en la primera cosecha posterior al anuncio[15].

«Durante los años previos a la implementación del mecanismo de precios —señala Shimon Tal, excomisionado de recursos hídricos— padecíamos una terrible sequía regional. La Comisión del Agua había puesto en práctica una campaña de educación del consumidor muy agresiva y continua, en la que explicaba los motivos por los que todos debíamos ahorrar agua. Fue muy exitosa. El consumo disminuyó un 8 por ciento. Luego comenzamos a utilizar el precio como incentivo. Casi de inmediato, los consumidores encontraron formas de ahorrar casi el doble de lo que habían ahorrado durante los largos años de campañas educativas. El precio resultó ser el incentivo más eficaz de todos»[16].

Las ciudades se comportan como laboratorios de innovación

Las empresas municipales de agua resultaron mejores custodios de los recursos hídricos de las ciudades y pueblos de Israel que los alcaldes. Cuando el control del agua y el saneamiento dejó de estar en manos de estos últimos, comenzó a perseguirse un objetivo superior: reducir las pérdidas a nivel municipal y el consumo no contabilizado. La Autoridad del Agua estaba segura de que las tuberías seguirían perdiendo hasta que se invirtiera más en infraestructura y se hiciera especial hincapié en la innovación. No le importaba que, mientras algunas ciudades muy conocidas del mundo desperdiciaban un 40 por ciento o más del suministro de agua en pérdidas[17], Israel en 2006 perdiera alrededor de solo un 16 por ciento[18]. Aun este valor resultaba inaceptablemente alto.

«Piénselo de esta manera —señala Abraham Tenne, experto en desalinización de la Autoridad del Agua—. Invertimos más de 400 millones de dólares en una planta desalinizadora nueva. Si logramos reducir las pérdidas a nivel nacional en algunos puntos porcentuales, el volumen de agua que sumaremos equivale a la producción de una planta desalinizadora nueva»[19].

A pesar de que desde siempre los ciudadanos tuvieron una mentalidad orientada al consumo eficiente del agua, continúan respondiendo a los estímulos planteados. Siempre se puede hacer más.

Para el año 2013 las pérdidas a nivel municipal se habían reducido a un porcentaje inferior al 11 por ciento —un ahorro que representaba algo más de 34 000 millones de litros comparado con la pérdida del año anterior. El éxito logrado entusiasmó a la Autoridad del Agua, que estableció una nueva meta del 7 por ciento en pérdidas por filtraciones[20]. También resultó inspirador para muchas de las empresas de agua y las llevó a adoptar la mentalidad empresarial que el organismo rector esperaba que tuvieran.

Las empresas de servicios públicos no se suelen caracterizar por asumir riesgos ni por estar a la vanguardia en la innovación. La Autoridad del Agua deseaba cambiar esa cultura y utilizar las ciudades de Israel como laboratorios que generaran conceptos nuevos para el desarrollo hídrico. Así, se convocó a los inventores para que les presentaran ideas, tal como si se tratara de empresas de tecnología.

Hasta hace poco Nir Barlev ejerció como director de Ra'anana Water Corporation, una de las nuevas compañías municipales. Tiene una voz colorida y profunda por su pasado como cantante de ópera. Luego estudió Ciencias Ambientales y pasó del escenario al saneamiento, lo que culminó en su transformación en uno de los directores de empresas municipales de agua más respetados. Entre las cosas que más disfrutaba de su trabajo, una era ver cómo los ciudadanos de Ra'anana, ciudad dormitorio cercana a Tel Aviv, se involucraban en la reducción del consumo.

«Nuestra responsabilidad no era regar las plantas de los parques de la ciudad. Ese rol lo cumple todavía el gobierno local —dice—. Pero si uno de los regadores de alguno de los parques rociaba agua hacia un camino, la gente, y no una persona, sino varias, nos llamaba para denunciarlo. Y si alguien detectaba una fuga en algún lugar de la ciudad, aun antes de que se formara un charco recibíamos miles de llamadas»[21].

En una urbe cuya población es de 75 000 personas, la expresión «miles» de llamadas es simplemente un modo de hablar. Sin embargo, nos da una idea de la magnitud del compromiso cívico imperante para tratar de evitar las pérdidas de agua. El riego del césped de los jardines privados de Ra'anana es una práctica que está en retroceso, y la remodelación de los espacios verdes de las casas para tener variantes que requieran poca o casi nada de agua es una práctica creciente. En la estructura anterior los edificios municipales y los parques de la ciudad no tenían que pagar el agua que consumían; ahora sí. Tal vez no cause demasiada sorpresa, pero hubo una marcada disminución —casi de un 30 por ciento— del consumo de agua público y privado en esta ciudad en especial.

Además del compromiso de los ciudadanos, Barlev reconoce la importancia de un mayor uso de la tecnología, posible gracias a un programa del Gobierno. A las empresas locales de agua se les entregan subsidios de hasta un 70 por ciento del coste cuando utilizan tecnologías nuevas con un impacto potencialmente alto. «La crisis mundial del agua se puede resolver solamente con un uso más inteligente del recurso que tenemos —dice Barlev—. Las empresas israelíes de tecnología cambiaron el mundo de los ordenadores, los teléfonos móviles, la salud y de otros sectores. Entonces, ¿por qué no hacer lo mismo con el agua?»[22]

Una importante innovación que Barlev adoptó durante su mandato en Ra'anana es el uso universal de la tecnología de lectura remota de contadores (DMR, por su sigla en inglés). Barlev la describe como un teléfono móvil comunicado con el contador de agua de la casa que realiza una llamada cada cuatro horas para obtener información sobre el consumo.

«Por supuesto, ahorrábamos en el personal asignado al control de contadores de todas las casas —dice Barlev—, pero el valor real estaba en los datos transmitidos». La tecnología DMR, resultado del trabajo conjunto de IBM y la empresa israelí Miltel, utiliza una «huella de consumo» para cada uno de los 27 000 contadores de la zona de Ra'anana. El sistema emplea los mismos conceptos analíticos que utilizan las empresas de tarjetas de crédito para detectar fraudes. Si una casa, empresa, oficina gubernamental o finca agrícola está fuera de su rango típico de consumo, la empresa municipal estima que puede deberse a una fuga. Aproximadamente uno de cada cinco hogares y compañías presentan un consumo de agua sospechoso cada año —señala Barlev—. La mayoría de las veces es algo inocente, como por ejemplo alguien que llena una caldera. Pero en aquellos casos en los que se trató de una fuga, casi siempre nos enteramos antes que la persona a la que alertamos».

Como resultado de este proceso de respuesta rápida, que aún sigue vigente, las fugas no tardan meses en detectarse hasta que llega una cuenta que resulta imposible de pagar. Algunas veces duran solo unas horas. «El consumidor está agradecido porque se salva de pagar una factura abultada o evita un daño a la propiedad, y la ciudad sigue reduciendo las pérdidas de agua». A pesar de que la cifra de pérdidas por filtraciones a nivel nacional es muy baja y no supera el 11 por ciento, la de Ra'anana alcanza solamente el 6.

Ra'anana Water Corporation fue la primera de las cincuenta y cinco empresas municipales en utilizar DMR, pero ahora ya hay varias que han comenzado a emplearla. «Puedo anticipar categóricamente que, dentro de diez años, casi todos en Israel van a usar DMR, y dentro de veinte, se va a utilizar en forma generalizada en todo el mundo», afirmó Barlev[23].

Si Ra'anana es una ciudad bastante joven con tuberías aún relativamente nuevas, Jerusalén tiene una red de agua que se remonta a cientos de años y una historia que data del comienzo de los tiempos. De hecho, la empresa municipal local se denomina Hagihon, en referencia al sitio de la antigua ciudad de Jerusalén, que fue burlado 2900 años atrás por la construcción de un túnel al manantial de Gihon.

Hagihon comenzó como proyecto piloto en 1996, y este inicio temprano, comparado con otras municipalidades, podría ser la causa por la cual funciona con una mayor sofisticación en el servicio. Todas las tuberías que forman parte del enorme sistema de la ciudad más grande de Israel y sus alrededores tienen una tarjeta de identificación con un perfil y un historial de pérdidas. Mediante cámaras robóticas, se controla el interior de las tuberías de desagüe de Jerusalén para verificar que no haya fisuras que permitan el escurrimiento de aguas residuales sin procesar a la tierra. Los conductos de agua potable, así como los de las aguas residuales, se reemplazan mucho tiempo antes de que generen problemas. Esta es exactamente la forma en la que la Autoridad del Agua espera que actúen las empresas locales, que ahora sí cuentan con los fondos necesarios. A pesar de que el sistema hídrico de Jerusalén está formado por diversas piezas que se remontan a la era anterior a la creación del Estado —algunas incluso al período otomano—, las pérdidas de agua representan solamente el 13 por ciento en la capital de Israel y en muchos de los sectores modernos de la ciudad llegan a un 6 por ciento[24].

Zohar Yinon, director general de Hagihon, está dispuesto a asumir una responsabilidad mayor que Jerusalén, y ya maneja algunos de los suburbios de la ciudad. Sin embargo, su intención va más allá de una superficie geográfica más extensa. Desea que su empresa de servicios se transforme en un laboratorio especial para la innovación, la misma expectativa que había abrigado la Autoridad del Agua.

«No solamente quiero que se ensayen todo tipo de innovaciones aquí, sino que espero que los innovadores israelíes nos utilicen para realizar las pruebas beta de sus ideas —dice Yinon—. Esta ciudad ofrece una diversidad de condiciones, desde desiertos hasta zonas montañosas, con alturas que llegan a los ochocientos metros. Coexisten sistemas antiguos y modernos. Tenemos comunidades religiosas que se niegan a que excavemos lo que podrían ser tumbas antiguas y también arqueólogos que nos exigen que el trazado de las tuberías sea diferente para preservar las aéreas para exploraciones futuras. Y aun así, nuestra obligación es suministrar agua de alta calidad a todos los habitantes del lugar. Si puedo ayudar a una empresa a desarrollar nuevas ideas, es beneficioso para mí, para ellos, para Israel, y cuando llevan la innovación a otros países, para el mundo»[25].

PARTE II

LA TRANSFORMACIÓN

4

Revolución(es) en la granja

Un día a mediados de los años treinta, pasaba cerca de la casa de Abraham Lobzowski y vi un árbol de unos diez metros de altura, mucho más alto que cualquiera de los otros árboles plantados a lo largo del cerco.

Simcha Blass

Muy pocas personas se reinventan a los cincuenta y nueve años y encaran una segunda carrera que resulta tan importante como la primera. El Hombre del Agua de Israel, Simcha Blass, fue uno de ellos.

Después de renunciar al proyecto de planificación y construcción del Acueducto Nacional, cumpliendo con sus principios pero precipitadamente, Blass pasó de haber sido la persona más importante de Israel en materia de agua durante más de dos décadas a transformarse en un ciudadano común que seguía los avances de las obras hídricas en los diarios de la mañana. Transcurrieron algunos años en los que se limitó a observar el paso del tiempo en este medio retiro autoimpuesto, pero en 1959 rescató una idea que se le había ocurrido hacía más de veinticinco años.

Cuando entonces visitó una finca para supervisar la perforación de un pozo, Blass, que en aquel entonces era un joven ingeniero hidráulico, reparó en una anomalía en una hilera de árboles plantados junto a un cerco: uno de ellos era mucho más alto que los demás. Blass sabía que todos pertenecían a la misma especie, probablemente habían sido plantados en la misma época y, además, compartían el mismo suelo, el mismo sol e iguales condiciones climáticas y precipitaciones. La pregunta que se hizo fue: ¿por qué precisamente ese árbol de la fila crece con tanto vigor?

Caminando alrededor de él, Blass encontró una pequeña fuga en una tubería metálica de riego cerca de su base. Sospechó que las diminutas pero continuas gotas de agua se dirigían a la raíz del árbol y podían ser la causa de su mayor crecimiento. La imagen se le quedó grabada. «Estuve ocupado con otras cosas —escribió muchos años después—, pero la gota de agua que hizo crecer un árbol gigante nunca me abandonó. Quedó atrapada y latente en mi corazón». Pasaron décadas, y Blass, cuya vida estaba desorganizada y con la necesidad de un proyecto, decidió analizar si ese árbol de tamaño descomunal era una rareza o era el precursor de una forma completamente nueva de riego para árboles y cultivos[1].

En una situación ideal, los cultivos y los árboles frutales crecen sin ninguna necesidad de riego. Con precipitaciones distribuidas de manera homogénea en las distintas estaciones, no es necesaria esa intervención del hombre. Pero a veces donde hay cultivos no llueve. Incluso si las precipitaciones son adecuadas, pueden producirse en momentos equivocados o no tener homogeneidad a lo largo del año. Cuando el productor se da cuenta de que la falta de lluvia puede sabotear sus planes, tiene que compensar esa carencia con riego con agua proveniente de lagos, ríos, embalses o acuíferos transportada al sitio de los cultivos.

Cuando Blass comenzó sus investigaciones, el riego por inundación era la técnica más común. Se inundaban los campos, los surcos o, en el caso de las plantaciones de frutales, unas zanjas que se cavaban alrededor de la base de los árboles con esta finalidad.

Esta clase de riego se ha utilizado desde el surgimiento de la civilización en Oriente Medio, donde a fin de poder irrigar grandes parcelas de tierra se desviaba el agua del Nilo, en Egipto, o del sistema de los ríos Tigris y Éufrates, en el antiguo Irak, a través de canales que funcionaban por acción de la gravedad[2]. Todavía se utiliza ampliamente en distintos lugares del mundo, incluso en explotaciones agrícolas de regiones donde no abunda el agua[3]. El riego por inundación genera un gran derroche, sobre todo en lugares alejados de las fuentes de agua, donde transportarla a los cultivos requiere un gran esfuerzo y coste, para luego ver que la mayoría se evapora o se filtra al suelo antes de que las raíces puedan absorberla. En general, en el riego por inundación se pierde más del 50 por ciento del volumen de agua utilizada[4].

A pesar de que Israel está en una zona semiárida, cuando Blass comenzó los experimentos, a finales de la década de 1950, el riego por inundación también había sido el sistema convencional allí[5]. El consumo de agua para la agricultura representaba más del 70 por ciento del consumo total de agua en Israel[6], como ocurre todavía hoy en la mayoría de los países[7]. Él imaginaba que, si se reducía como mínimo algunos puntos porcentuales mediante un tipo de riego más inteligente, sería posible desarrollar más cultivos para alimentos o utilizar el agua adicional para consumo residencial en un país con una población en crecimiento.

Entonces las alternativas disponibles al riego por inundación eran distintas variedades de riego por aspersión que planteaban los mismos problemas. Cualquiera que haya visto alguna vez un rociador de jardín en funcionamiento, sobre todo cuando hay una brisa suave o la boquilla no está bien dirigida, sabe que gran parte del agua termina en la acera o lejos del objetivo deseado. Algunos lugares reciben demasiada agua; otros, muy poca. Lo mismo ocurre en el campo. Además, las gotas permanecen suspendidas un tiempo suficiente como para que gran parte se evapore antes de llegar al suelo. En definitiva, los expertos estiman que con el riego por aspersión se pierde aproximadamente un tercio del agua[8].

Regar una planta gota a gota limita la evaporación y le aporta el agua que necesita directamente a la raíz. El ahorro en el consumo de agua es enorme —solo el 4 por ciento se pierde por evaporación o por absorción innecesaria en el suelo—.

Si bien la idea del riego por goteo parece ser algo simple, un ejemplo cotidiano demuestra la razón por la que implica un desafío de ingeniería de monumental complejidad. Las plantas del balcón se riegan de modo similar al que se utiliza en el riego por inundación o por aspersión. Utilizar una regadera para verter mucha agua en un tiesto se asemeja al riego por inundación. La mayor parte se evapora o se escurre por abajo. Utilizar un rociador y apuntar la boquilla a hojas y raíces es similar al riego por aspersión. Se desperdicia menos agua, pero aun así se pierde mucha.

Para simular el riego por goteo con la planta del balcón es necesario que una persona vierta gotas dirigidas a las raíces. Pero ni siquiera así podríamos captar la complejidad, porque en este tipo de riego el agua se libera por lo general debajo de la superficie, con los goteros enterrados en el suelo, adyacentes a las raíces. Para imitarlo, el gotero imaginario debería ubicarse a unos centímetros de la capa superficial, pero entonces podría obstruirse con tierra, o las raíces de la planta podrían crecer en su interior —tal como ocurrió en una de las pruebas de campo iniciales de Blass, que casi arruina el proyecto en su inicio—.

Para vislumbrar el desafío que enfrentaba Blass, es necesario multiplicar esa única maceta del balcón por un campo con largas filas de cientos de plantas, todas las cuales necesitan la misma cantidad de agua al mismo tiempo. El agua debe poder suministrarse dentro de una amplia gama de temperaturas y condiciones climáticas. Dado que la presión del líquido al final de la fila sería más baja que al principio —y porque es común que una parte del campo esté más elevada que la otra—, Blass y sus colaboradores tuvieron que pergeñar una forma de igualar las presiones en toda la extensión y superar los efectos de la gravedad.

Si ese día de 1933, cuando observó la hilera de árboles, Blass hubiera decidido comenzar de inmediato a trabajar en el riego por goteo, habría sido poco probable que lograra desarrollar un dispositivo que funcionara correctamente. Desde el primer momento, incluso en 1959, él creyó que trabajaría con tuberías metálicas, similares a la que encontró con una fuga que goteaba hacia las raíces del árbol más grande. Pero a Blass el paso del tiempo le fue de mucha utilidad.

Durante la Segunda Guerra Mundial hubo una revolución en las ciencias de los materiales. Comenzó a utilizarse el plástico como sustituto de los tradicionales metal y vidrio. El plástico no solo resultaba un sustituto poco costoso de las tuberías metálicas, sino que se podía moldear en dimensiones muy precisas, hasta una fracción de milímetro.

Tras varios años de «experimentación y lucha»[9], según él mismo lo describió, con diferentes materiales, sistemas de aplicación, tipos de árboles y plantas, y con diversas calidades de agua, Blass hizo dos descubrimientos. En primera instancia, independientemente del lugar de Israel donde realizara su experimento, y sin importar el tipo de árbol o planta de cultivo, el riego por goteo utilizaba mucha menos agua que el riego por inundación o por aspersión que se aplicaba en las parcelas de prueba adyacentes. En promedio, con este sistema se ahorraba entre un 50 y un 60 por ciento del agua que habitualmente se utilizaba.

Pero el segundo descubrimiento, enteramente fortuito, demostraría ser aún más importante que la cantidad de agua ahorrada: en todos los experimentos que realizaba Blass el rendimiento de los cultivos irrigados por goteo era superior al logrado con otras técnicas de riego conocidas. Sin necesidad de plantar una superficie mayor, la mejora en la cosecha resultaba similar a obtener mayor cantidad de cultivos gratis sin utilizar mayor volumen de agua. El riego por goteo resultaría beneficioso hasta para las explotaciones que se encontraban en lugares donde no escaseaba el agua. Era un invento que tenía el potencial de cambiar el mundo de la agricultura.

LOS PROFESORES ESCÉPTICOS

Tal vez todas las ideas innovadoras tienen detractores. Si la del riego por goteo hubiera surgido de un inventor más moderado o menos prominente que el temperamental Blass, probablemente habría sido mejor recibido. O quizás las perspectivas de lo que esta nueva forma de riego podía hacer excedían los límites de la credulidad, dado que el riego no había cambiado mucho en miles de años. Pero en vez de acoger y felicitar a Blass por su innovación, que era una idea revolucionaria, nadie del mundo académico, ni del Gobierno, ni de la agricultura o el empresariado le dio su apoyo ni valoró lo que había inventado.

A comienzos de los años 60 presentó sus hallazgos ante académicos y profesionales de la facultad de Agricultura de la Universidad Hebrea, que tanto en ese momento como en la actualidad es la institución más prominente del país en ciencias del suelo, riego y agronomía. En su mayoría desdeñaron su idea. Blass tuvo la desgracia adicional de que fuera un profesor junior quien dirigiera una serie de experimentos que demostraban la eficacia del riego por goteo, tanto respecto del ahorro de agua como también, y especialmente, en el logro de un mayor rendimiento, y ese joven docente no fue tomado en serio por el resto de sus colegas, ya que no contaba con credenciales académicas de prestigio y su forma de redacción no fue considerada lo suficientemente científica[10].

A través de sus contactos en el Gobierno, Blass recurrió al Ministerio de Agricultura y solicitó a su servicio de extensión que organizara una serie de ensayos con riego por goteo en un campo de almendros. El experimento rápidamente llegó a su fin cuando las raíces migraron a los goteros y obstruyeron así el flujo del agua, lo cual ocasionó la muerte de todos los árboles privados de irrigación. El riego por goteo casi muere con ellos.

Afortunadamente para el futuro de este nuevo sistema, el oficial de campo del servicio de extensión del Ministerio de Agricultura, Yehuda Zohar, sugirió repetir el experimento, pero colocando los goteros en la base de los árboles en vez de en el suelo. Este segundo grupo sí prosperó. Se ahorró agua y el rendimiento fue de nuevo mucho mejor. El éxito de la investigación le dio a Blass la confianza (fugaz) para comenzar a buscar un socio comercial que permitiera lanzar el riego por goteo al mercado. Realizó diez presentaciones y lo rechazaron una y otra vez[11].

NACE NETAFIM

Otra intervención providente salvó una vez más a Blass y al riego por goteo.

Justo en el momento en que los potenciales socios y fabricantes rechazaban a Blass, varios de los establecimientos colectivos socialistas del país comenzaron a pensar que necesitaban una iniciativa manufacturera para equilibrar las actividades agrícolas. Uno de ellos era el kibutz Hatzerim, que se encontraba entre los once asentamientos que habían sido establecidos durante la noche siguiente a Yom Kippur en 1946 para consolidar las reclamaciones sobre el desierto del Néguev antes de la creación del Estado[12]. Resultaba una ironía que hubiera sido Blass quien había realizado la conexión de agua al kibutz y que ahora, en parte, la falta de un suministro adecuado llevara al establecimiento socialista a buscar una actividad no agrícola.

Blass no tomó muy en serio el interés del kibutz en su invento. Por un lado, ya había perdido casi toda esperanza de venderlo y pensaba que solo a un «completo idiota» podría resultarle de interés. Y por el otro, estaba muy seguro de que el personal sin experiencia del lugar no lograría fabricarlo correctamente. Pero Uri Werber, que era el responsable del kibutz para encontrar una actividad productiva, no se sintió amedrentado por su estilo, a veces ácido, ni por su falta de fe en la eficacia del producto[13].

Werber había tenido una relación de amistad con Yehuda Zohar, el oficial de campo del Ministerio de Agricultura, que lo había convencido de que, a pesar de las propias dudas de su inventor, el riego por goteo tenía un potencial enorme.

La perseverancia de Werber dio frutos cuando, unos meses después, Blass le vendió al kibutz los derechos de su invento por un 20 por ciento de las acciones de la empresa que crearan y también un pequeño porcentaje sobre las ventas en concepto de regalías para él y para su hijo, que era su socio[14].

Werber le pidió a uno de sus colegas del kibutz Hatzerim que le sugiriera un nombre para la empresa, y se pusieron de acuerdo en Netafim, de la palabra hebrea cuyo significado es 'gotear'. La empresa comenzó a funcionar en enero de 1966.

El mercado original para el equipo de riego de Netafim eran las otras fincas agrícolas de Israel, y el producto fue un éxito casi de inmediato. Pronto le siguieron exportaciones, y el crecimiento en el exterior fue fuerte desde el comienzo. Pero el éxito trajo consigo un problema. Dado que los miembros del kibutz eran leales a su ideología socialista, se negaban a contratar empleados e insistían en hacer cada parte del proceso productivo y las ventas ellos mismos. Esto limitaba la capacidad de producción de Netafim.

Para 1974, cuando los miembros que trabajaban para Netafim ya no podían administrar todas las oportunidades de negocios de Israel y del mundo, decidieron entregarle gratuitamente a otro kibutz los derechos de la distribución territorial exclusiva en algunos lugares de Israel e importantes países del mundo. En 1979, con un crecimiento que abrumaba a estos empresarios socialistas, el Hatzerim y su primer socio, el kibutz Magal, decidieron compartir la oportunidad de negocios —otra vez de forma gratuita— con el kibutz Yiftach. Los tres se convirtieron en los dueños conjuntos de Netafim[15].

La idea de entregar gratis algunas partes significativas de una empresa rentable y de crecimiento rápido y, de forma simultánea, diluir el control de gestión parece desafiar la lógica. Pero para Ruth Keren, veterana del kibutz Hatzerim que actualmente ejerce como archivista principal del rico tesoro de material histórico del lugar y cuyo difunto marido acuñó el nombre Netafim, el cambio de titularidad era perfectamente razonable. «Vivíamos según principios muy estrictos, y uno de ellos establecía que solo haríamos lo que pudiéramos hacer nosotros mismos —explicó ella—. No contratábamos trabajadores. Como no lo podíamos hacer nosotros mismos, decidimos regalarlo»[16].

Aun con los dos socios, Netafim no podía cumplir con la demanda. Tres kibutz no relacionados establecieron sus propias empresas de riego por goteo en la década de 1970 y comenzaron a competir con Netafim[17]. Un inventor israelí, utilizando un enfoque personal del riego por goteo, estableció una compañía en California y llegó a un acuerdo comercial con una entidad griega denominada Eurodrip. Se dio cuenta de que muchos países islámicos del mundo, que respetaban el boicot árabe contra Israel, constituían un mercado rico para productos de riego por goteo y que no los comprarían abiertamente a una empresa israelí como

Netafim ni a su competencia local de ese momento. Eurodrip pudo enmascarar la nacionalidad del diseñador y aprovechar esa oportunidad[18].

Estas empresas israelíes o de algún modo relacionadas con el país permanecen en actividad de una manera o de otra, pero todas ellas fueron, en última instancia, atraídas por el brillo del capitalismo. Los dos kibutz que competían con Netafim vendieron sus divisiones de riego por goteo a grandes firmas internacionales[19]. De igual manera, los dos que eran socios del Hatzerim se enriquecieron con la oportunidad que les fue ofrecida, y los tres terminaron vendiendo grandes participaciones a inversores de capital privados. El fondo de inversión europeo Permira tiene un porcentaje de acciones superior al 60 por ciento y el kibutz Hatzerim es titular de casi todo el resto[20]. Las diversas empresas de riego por goteo que surgieron en Israel todavía dominan la industria mundial, con ventas superiores a los 2500 millones de dólares. Las ventas de Netafim, que es la más grande, representan aproximadamente 800 millones del total[21].

Blass y su hijo lograron una posición bastante acomodada por los ingresos provenientes de sus respectivas participaciones en Netafim. Compartían las ganancias de las tres empresas kibutz que la conformaban y además obtenían regalías. Con el tiempo, ambos vendieron sus acciones y las participaciones en las regalías por el pago de una suma global. Blass vivió el resto de su vida con un nivel de confort al que no hubiera accedido con una jubilación del Gobierno israelí[22].

El kibutz Hatzerim también se enriqueció con el riego por goteo. Una foto de la colonia agrícola socialista tomada unos días después de su fundación evoca un paisaje desértico, lunar, con un único árbol que irrumpía en el horizonte de roca y arena. Hoy, en el mismo sitio, el predio que comparten el kibutz y Netafim muestra un panorama de edificios bajos, césped cruzado por aceras y una gran cantidad de árboles. Cualquier visitante puede percibir que el kibutz se asemeja a un pequeño pueblo[23], y las mil personas que allí viven parecen disfrutar de una cómoda vida de clase media[24]. A unos pasos del lugar, la fábrica de goteros de Netafim funciona con varios turnos diarios y muchos empleados —beduinos, inmigrantes rusos y etíopes e israelíes nativos— que vienen a trabajar desde toda la región del Néguev.

Mejor que la lluvia

Simcha Blass pudo haber sido el creador del riego por goteo, pero Rafi Mehoudar es el inventor más prolífico. Mehoudar proviene de una familia que vive en Israel desde hace doce generaciones. Asistió al Technion, el instituto de élite de Ingeniería y Tecnología del país. Cuando todavía no se había licenciado, comenzó a inventar, e incluso ganó un premio por un dispositivo que mejora la aspersión de los rociadores.

En 1972, poco después de que Mehoudar terminara el servicio militar y se licenciara en el Instituto Technion, Netafim le propuso que comenzara a trabajar en el departamento de investigación y desarrollo de la empresa[25]. Él, que había vivido toda su vida en la ciudad, nunca había oído hablar de Netafim, que entonces era esencial en los establecimientos agrícolas israelíes. Mehoudar rechazó la oferta de empleo, pero aceptó trabajar con ellos mediante el pago de regalías, una sabia decisión por todo lo que vendría después. En las décadas siguientes desarrolló cientos de innovaciones y actualizaciones que mejoraron el riego por goteo enormemente. Entre ellas, logró mantener uniformes las cantidades de agua en todo el campo, incluso en las laderas de las montañas. También llevó a cabo la reingeniería del dispositivo que había diseñado Blass, con acoples moldeados de mejor precisión y eficacia[26].

Antes de que comenzara a trabajar en el área de riego por goteo, dos principios ya habían quedado establecidos. En primer lugar, el uso de esta forma de irrigación permite ahorrar un porcentaje cercano al 70 por ciento del agua que sería necesaria para el riego de los cultivos sin este sistema. Esa cifra no es siempre tan elevada, pero hoy se logra una media del 40 por ciento de ahorro de agua sin problemas[27].

En segundo lugar, el riego por goteo produce una cosecha mayor y por lo general de mejor calidad. Independientemente de las condiciones de crecimiento o de la salinidad del agua, empleando este sistema de riego casi siempre se logran cultivos más abundantes que irrigando por inundación o por aspersión en un entorno comparable. Obtener el doble de rendimiento en la cosecha o aún más es la norma hoy en día. Recientemente en Holanda se hicieron estudios en un ambiente controlado. Con los nuevos equipos de riego por goteo se produjeron aumentos de hasta un 550 por ciento comparando con la irrigación a campo abierto y se economizó un 40 por ciento de la cantidad de agua[28].

Para los países como Holanda, donde no escasea el agua, estos ahorros no resultan tan importantes, al menos por ahora. Consumir menos energía en los costes de bombeo hacia los campos constituye un beneficio adicional, tanto para reducir el uso de combustibles de carbono como para que el productor asuma menores costes operativos. Pero la ventaja más significativa en estos lugares son las extraordinarias oportunidades que ofrece el riego por goteo, sobre todo en los invernaderos, para producir más. En una actividad de bajo margen y alto riesgo como la agricultura, la posibilidad de obtener más a cambio de menos constituye una salvaguarda importante ante los reveses que los productores deben enfrentar[29].

Acerca de cuál es la razón por la cual los cultivos regados por goteo tienen un rendimiento tan superior, Mehoudar tiene una respuesta posible: «Al aportar a las plantas una excesiva cantidad de agua, que es lo que hacemos en el riego por inundación y por aspersión, las raíces se ven privadas de oxígeno —dice Mehoudar—.

Eso causa estrés a las plantas. Luego por un tiempo no les damos agua, y así las estresamos, pero de otra manera. Repetimos este proceso una y otra vez durante el ciclo de crecimiento. En cambio, cuando les aportamos gotas de forma constante, las ayudamos a mantener la calma y las dejamos hacer lo que mejor les sale»[30].

El riego por inundación imita, de alguna manera, a los períodos de precipitaciones y de ausencia de precipitaciones. Parecería entonces que el riego por goteo no es solo una técnica de riego superior, sino que es mejor —y más constante— que la lluvia misma[31]. Por supuesto, los equipos de riego por goteo son más costosos que las precipitaciones, lo cual podría ser inaceptable para aquellos dispuestos a aceptar la imprevisibilidad de la lluvia y el menor rendimiento de cosecha que produce.

Salvando al mundo de la infiltración de las algas

Además de los beneficios que se logran por ahorro de agua y mayor rendimiento de los cultivos, otra innovación israelí en el riego por goteo permite salvar a los lagos y cursos de agua de la infiltración de algas, que constituye un peligro ambiental serio. Cuando el agua de lluvia cae sobre los campos excesivamente fertilizados, de los millones de toneladas de fertilizantes que se utilizan cada año en el mundo enormes cantidades se filtran en lagos y otras fuentes de agua dulce mediante los procesos comunes de escurrimiento. El fósforo o el nitrógeno de los fertilizantes sirven como fuente dinámica de alimento para las algas que se encuentran presentes de manera natural. Cuando esto se potencia con algunos días de temperaturas cálidas, las algas atraviesan un período de crecimiento explosivo. La proliferación de las verdeazuladas, que con frecuencia se observan en lagos, agota el oxígeno del agua y rápidamente causan la muerte de plantas y peces. El agua despide un olor nauseabundo y solo puede utilizarse para consumo humano, lavado, agricultura o recreo después de un costoso proceso de saneamiento.

El medio millón de personas que viven en la zona del gran Toledo, en Ohio, experimentaron una enorme proliferación de algas en 2014. Toledo está sobre las márgenes del lago Erie, que es uno de los Grandes Lagos y se encuentra entre los recursos de agua dulce más grandes del mundo. A los residentes de Toledo se les había prohibido beber esa agua por el riesgo de contraer enfermedades intestinales, y también bañarse, para evitar las erupciones causadas por las toxinas producidas por las algas. A pesar de que este medio millón de personas vivían a la vera del lago Erie, dependían del agua embotellada y prácticamente carecían de agua para otros usos hasta que no se resolviera la crisis de las algas[32]. En los últimos años, como consecuencia del escurrimiento de productos agrícolas o desechos animales, se han registrado proliferaciones de algas verdeazuladas en fuentes de agua en todo el mundo, también en Israel.

El riego por goteo es una solución para evitar las colonias de algas inducidas por los fertilizantes. En vez de que estos productos se distribuyan aleatoriamente en los campos, las plantas regadas por goteo muchas veces reciben una mezcla de agua y fertilizantes hidrosolubles en un proceso que se denomina «fertirriego», término recientemente acuñado que combina las palabras «fertilizante» y «riego». Las plantas sometidas a riego por goteo requieren menor cantidad de agua y también de fertilizantes. Esto le ahorra al productor el gasto de una cantidad excesiva de productos y, a la vez, libera a la sociedad de sus efectos perniciosos, como los desastres ambientales que deben remediarse con posterioridad. Contribuye también a que un recurso hídrico como el lago Erie siga siendo potable en un momento en el cual el agua dulce es cada vez más escasa y valiosa. La combinación de agua y fertilizante se administra por goteo directamente a la raíz, y la planta la absorbe. Casi no quedan vestigios de fertilizante que puedan filtrarse en los cursos de agua en la próxima tormenta —o lixiviarse en el suelo y contaminar los recursos hídricos subterráneos de las próximas generaciones—.

El fertirriego lógicamente llevó al «nutrirriego». El crecimiento de la población mundial se produce al mismo tiempo que comienza a padecerse una menor disponibilidad de tierras de calidad para cultivo en todo el mundo. Con miles de millones de bocas adicionales que alimentar y menor superficie de tierras agrícolas de calidad, el nutrirriego aborda el problema permitiéndoles a los agricultores desarrollar sus cultivos en tierras de inferiores condiciones, que carecen de los nutrientes necesarios que provee un suelo rico, e incluso en la arena del desierto. Así como en el fertirriego se administran fertilizantes, con el nutrirriego se proporcionan todos los nutrientes que los cultivos tradicionales recibirían del suelo en el agua distribuida mediante el riego por goteo.

Danny Ariel es experto en agricultura de países en desarrollo. «Lo que el trigo representa para el mundo occidental, lo representa el arroz para los países en desarrollo de Asia —dice—. El arroz se cultiva en las márgenes de los ríos o en las planicies inundables. La población de estos países sigue creciendo, pero no hay tantas llanuras disponibles para cultivar más arroz. Sin embargo, también se puede producir en las tierras más elevadas cercanas a las planicies inundables mediante el riego por goteo. El productor de arroz puede seguir cultivando con métodos tradicionales en las llanuras anegadizas y, a la vez, tener una segunda parcela de arroz adyacente a los campos existentes»[33].

«Con el nutrirriego —dice Rafi Mehoudar, el prolífico inventor del riego por goteo—, los cultivos crecen en cualquier lado. La arena del desierto se puede utilizar para mantener la planta en su lugar y el agua con nutrientes administrada por el sistema de goteo se encarga del resto. El trabajo del suelo ya no es aportar los nutrientes. Ahora puede limitarse a servir de anclaje para la raíz mientras esta espera que la alimenten»[34].

Y las innovaciones relacionadas con el ahorro de agua que permite esta forma de irrigación continúan. «Si bien no cabe duda de que el riego por goteo es excelente para economizar agua, todavía tenemos una gran oportunidad», dice el profesor Uri Shani. Shani comenzó su carrera en ciencias hídricas como profesor de Ciencia del suelo en la Universidad Hebrea, y después fue el primer director de la Autoridad del Agua de Israel. Luego tuvo un papel preponderante en la organización del proyecto Mar Rojo-Mar Muerto, que transportará agua desalinizada desde el sur del Reino de Jordania a modo de preludio de la iniciativa de compartir agua entre Israel, Jordania y la Autoridad Nacional Palestina. Actualmente pasa sus días entre sus actividades de inventor y sus tareas de productor agropecuario. En asociación con Netafim, recientemente desarrolló la próxima etapa del riego por goteo, un dispositivo muy económico que se coloca en la tierra adyacente a las raíces y envía señales cuando la planta necesita agua o nutrientes.

«Actualmente, con el método de riego por goteo —dice—, se administran gotas a la raíz con la frecuencia con la que creemos que la planta las necesita, pero tal vez nuestra percepción del momento de hacerlo pueda estar equivocada. La planta toma el agua, pero gran parte de esa agua se evapora de ella»[35]. Este sistema de «riego a demanda», según Shani señala, refiriéndose al nuevo sistema que desarrolló, es «riego por goteo que escucha al cliente», siendo este «cliente» las raíces de miles de millones de plantas[36].

Cultivos que necesiten menos agua

Los agricultores del período anterior a la creación del Estado de Israel dependían de los comerciantes árabes locales para adquirir semillas de hortalizas, así como para otros cultivos. En 1939, momento en que las relaciones árabe-judías estaban tensas, los líderes árabes-palestinos prohibieron la venta de semillas y otros productos agrícolas a los agricultores judíos. Como reacción, los kibutz y otros establecimientos judíos se agruparon y crearon una cooperativa para proveerles material de calidad uniforme. La cooperativa se denominó Hazera, voz hebrea que designa a la 'semilla'[37].

En ese momento, las empresas semilleras del mundo desarrollaban sobre todo materiales para los climas y condiciones del suelo de los lugares a los que pertenecían. Vilmorin, que fue la primera, se fundó en Francia en 1742 y, a pesar de que en la actualidad es líder global, durante la mayor parte de su historia fue una empresa local francesa. De igual manera, justo después de su creación, Hazera comenzó a trabajar en una diversidad de nuevas líneas de semillas para afrontar problemas específicos, tales como insectos y enfermedades que afectan a las plantas locales, pero sobre todo se centró en la búsqueda de materiales que tuvieran un buen rendimiento en ambientes bajo estrés hídrico, preocupación que aquejaba de forma especial a los agricultores judíos, que eran sus clientes. Si una planta podía crecer con menos agua, no solo sería capaz de resistir períodos de sequía, sino que también exigiría menores recursos hídricos[38].

En 1948, después de la declaración de la independencia, con la creación de muchos establecimientos y la llegada de millones de inmigrantes nuevos, Hazera luchaba para cumplir con la demanda de semillas, pero ya en 1959 comenzó a exportar el volumen excedente a países que tenían climas similares al de Israel. Poco tiempo después evolucionó hasta convertirse en una empresa global con sedes en todo el mundo y con una producción de semillas que se adapta a las condiciones de crecimiento específicas de los clientes. También, gradualmente, Hazera amplió los centros de investigación.

Igual que ocurre en las áreas de tecnología, semiconductores, biotecnología y seguridad cibernética, en las cuales su I+D se considera un recurso clave para otras empresas globales, ahora también Israel mantiene una posición de liderazgo en la investigación relacionada con las plantas. Los laboratorios diseñan soluciones para los agricultores de diversos países, pero tienen un alto nivel de consciencia de las necesidades de los israelíes. Graduados universitarios locales, especialmente de la Universidad Hebrea, del Instituto Technion y de la Universidad Ben Gurión, ocupan las plazas de laboratorio de Hazera así como las de Evogene, que es una empresa local más nueva, también dedicada a la fitogenética. Las compañías internacionales como Monsanto, DuPont, Syngenta y Bayer, que se dedican a la agricultura y a las semillas, cuentan con centros de I+D en Israel, ya que realizaron adquisiciones o establecieron iniciativas conjuntas con empresas semilleras israelíes[39].

Las compañías locales investigan tanto en la producción tradicional de semillas como en las variedades genéticamente modificadas (conocidas como OGM, por Organismo Genéticamente Modificado). Sin embargo, estas últimas están destinadas a sus muchos clientes internacionales, ya que en Israel los agricultores no utilizan semillas OGM. No se debe a un rechazo al concepto científico, sino más bien a la sensibilidad del mercado. Debido a que los consumidores europeos desconfían de los productos OGM, y dado que Israel tiene una gran cantidad de clientes europeos que consumen su producción agrícola, se tomó la decisión de utilizar solo semillas producidas con métodos tradicionales[40].

Para el mercado interno, los semilleros israelíes encontraron dos formas importantes de ahorrar grandes volúmenes de agua necesaria para la producción de cultivos. En primer lugar, desarrollan líneas preparadas para tener el consumo de agua más eficiente posible. «Cuando miramos una planta —dice el doctor Moshe Bar, experto israelí en producción de semillas—, pensamos en cuáles son los elementos esenciales y cuáles no. Se necesita agua para el desarrollo de cada parte de la planta; por ende, no tiene sentido promover mayor evapotranspiración que la necesaria»[41].

Por ejemplo, los productores israelíes de semillas desarrollaron un nuevo tipo de trigo candeal para los agricultores de su país —y ahora también para los demás—. «El tallo no le agrega nada al trigo; entonces, ¿para qué gastar agua en su desarrollo?», pregunta la doctora Shoshan Haran, exinvestigadora principal y gerente de Hazera, quien actualmente utiliza sus conocimientos en la ONG israelí Fair Planet, de la cual es fundadora y presidenta. Fair Planet se especializa en el desarrollo de semillas únicas y adaptadas a las condiciones que afrontan los agricultores empobrecidos de África.

De la misma manera, los fitogenetistas israelíes inventaron una variedad de tomate para los establecimientos agrícolas de su país, con menor cantidad de hojas y mayor cercanía entre los frutos. «A la planta le dejamos la suficiente cantidad de hojas como para que la proteja del sol, y los tomates crecen más cerca unos de otros para que la planta resulte lo más compacta posible. Se ahorra mucha agua porque no es necesario emplearla para el desarrollo de hojas o de tallos más largos —dice la doctora Haran—. Pensando en el rendimiento, que se traduce en la cantidad de tomates y el peso de estos, intentamos minimizar las otras partes de la planta»[42].

Los innovadores que trabajan en Israel también adaptaron la estructura de la raíz de algunas plantas para lograr ahorro en lo que, creían, eran raíces innecesariamente largas. Cuando se utiliza riego por inundación, que incluye un interludio sin irrigación, las plantas desarrollan raíces largas para alcanzar el agua que se halla a mayor profundidad. Al utilizarse riego por goteo, con una disponibilidad continua de gotas de agua, pueden desarrollarse plantas cuyas raíces tienen un tercio de la longitud de aquellas de la misma especie que se riegan por inundación, sin disminuir la calidad del producto y logrando importantes ahorros de agua[43].

Semillas para agua salada

Los productores israelíes de semillas, además de repensar los elementos del vegetal, también plantearon una idea revolucionaria y contraintuitiva: desarrollar plantas que pudieran prosperar mediante el riego con agua salobre, anteriormente considerada inútil y que se encuentra en abundancia bajo las arenas del desierto del Néguev, así como en todo Oriente Medio. Al producir una gran cantidad de las frutas y verduras del país empleando agua no potable —y utilizarla para fomentar las exportaciones agrícolas, que representan miles de millones de dólares—, Israel logra mejorar los hábitos alimentarios de sus ciudadanos y también la economía sin sumar tensión sobre los recursos de agua dulce.

Cuando Simcha Blass realizó la primera presentación del modelo de riego por goteo ante los profesores israelíes de la Universidad Hebrea, estos le manifestaron que, aun si lograba superar los problemas técnicos —lo cual dudaban que fuese posible—, el dispositivo «solo lograría su cometido si el riego se hiciera con agua completamente libre de sal, agua destilada, porque si el agua contuviera alguna parte de cloruros, el suelo se tornaría salino» y se arruinaría[44]. Como toda el agua natural de Israel tiene un contenido de sal bastante elevado, tal vez esta haya sido otra manera que encontraron los académicos de transmitirle que su idea no tenía perspectivas de éxito.

Por supuesto que los profesores estaban equivocados respecto del riego por goteo, pero también estaban errados con respecto al potencial de irrigación del agua potable israelí, que tiene un elevado contenido de sal. Los fitogenetistas israelíes fueron aún más lejos, al crear melones, tomates, berenjenas, así como otras frutas y verduras que pudieran crecer y desarrollarse con agua salobre diluida. Actualmente los investigadores de la Universidad Ben Gurión y Hazera están desarrollando melones que puedan crecer con agua aún más salada, lo cual reduciría la cantidad de agua dulce necesaria para diluir aquella salobre que se utiliza para regar. Si se logra el objetivo, quizás se inicie el desarrollo de otras frutas y verduras que absorban sal[45].

Dado que la planta incorpora el agua salada, se produce un cambio en su estructura celular. Disminuye el volumen de agua de la célula, pero aumentan los azúcares naturales. Esto lleva a la producción de frutas más dulces y verduras con mejor textura. «Por ahora, el único aspecto negativo, si realmente lo es, es que los frutos y verduras son un poco más pequeños —dice Moshe Bar, fitomejorador israelí—. Todo tiene mejor sabor, y el mercado lo percibe». Las frutas y verduras regadas por goteo con agua salobre diluida o levemente desalinizada tienen muchos adeptos en Israel y también en los mercados de exportación de Europa y Asia[46].

Shoshan Haran ve a Israel como un modelo para el mundo, que en el futuro estará afectado por la escasez de agua. «Los agricultores y fitomejoradores israelíes hace ya mucho tiempo que concentran sus esfuerzos en el recurso hídrico y su escasez. No hay nadie en el planeta con mayor experiencia —dice—. Los agricultores del mundo pronto necesitarán cultivos que puedan crecer y desarrollarse con un nivel limitado de precipitaciones e incluso en períodos de sequía. Por su extensa experiencia, Israel sabe cómo producir alimentos en esas condiciones».

Actualmente el mejor lugar de Israel para el cultivo es el desierto, comenta Haran. «Sé que suena irracional, pero es así debido al tipo de semillas y de riego que empleamos —afirma—. Ante el cambio climático, Israel tiene la oportunidad de compartir las nuevas semillas y su saber hacer con el resto del mundo. El riego por goteo y las semillas especiales son muy importantes hoy para el país. Pronto serán importantes para todo el mundo»[47].

Para lograr acceder al agua salobre que contribuye a impulsar la agricultura del desierto, Israel desarrolló conocimientos hidrogeológicos que le permiten identificar la ubicación del agua, el potencial volumen que se encontrará y la mejor forma de extraerla.

Toda el agua salobre que se encontró en el desierto de Aravá, en el extremo sur de Israel, corresponde a acuíferos no renovables. Estos se encuentran aislados por una capa de roca de gran espesor, por eso el agua de lluvia no llega hasta ellos para renovarla. Estas fuentes no renovables pertenecen a una era geológica anterior y, con razón, también se las denomina «acuíferos fósiles». Como ocurre con el petróleo, cuando el agua altamente mineralizada se extrae por bombeo, se agota el recurso. Es posible que las cavernas de agua fósil sean amplias, y si se realiza una extracción controlada, el agua podría durar décadas. Pero cuando se termine, se terminará para siempre.

Ami Shacham estuvo relacionado desde el principio con la agricultura del desierto israelí y la búsqueda de acuíferos fósiles. En 1959, cuando era joven, se mudó al centro del valle de Aravá, que es parte del desierto del Néguev, «antes de que hubiera acondicionadores de aire», señala. «La vida era muy difícil. Vivíamos en carpas mientras se construían las casas. ¿Y qué mujer querría instalarse y formar una familia en un lugar como ese?». Pero Shacham conoció a una mujer así y formaron una familia. Dos de sus hijos y cinco nietos siguen viviendo en el escasamente poblado desierto.

En la prolongada carrera que Shacham desarrolló como director de control de los recursos hídricos del Aravá, supervisó la perforación de cincuenta y cinco pozos, uno de casi 1600 metros de profundidad, y la construcción de un complejo sistema de depósitos que capta el agua pluvial que proviene de las feroces y repentinas inundaciones que azotan el desierto en invierno. Los miles de millones de litros de agua que extrajo de estos pozos eran extremadamente salados, necesitaban de dilución o de un proceso de desalinización, que es la especialidad de Mekorot. Se establecieron cuatrocientas fincas agrícolas privadas en Aravá durante el tiempo que Shacham ocupó ese puesto, y el 75 por ciento de la producción se exporta[48].

Arie Issar, profesor retirado de la Universidad Ben Gurión del Néguev, fue el primero que en la década de 1950 sostuvo que el páramo del desierto de Aravá yacía sobre agua que podría utilizarse para agricultura y desarrollo. «La gente se reía cuando comenzamos las perforaciones en la región de Aravá —comenta—. Pero miren cómo está el centro de Aravá hoy, con sus lagunas artificiales y sus campos de cultivos. En Israel hay un mar de agua debajo de la tierra. Desde aquí hasta el desierto del Sahara, hay billones de litros de agua. Si es posible realizar perforaciones de miles de metros de profundidad para obtener petróleo, ¿por qué razón no se va a poder perforar mucho menos para obtener agua para la agricultura»?[49].

Siempre se creyó que esos billones de litros de agua salobre, no potable, que se hallan debajo de las arenas de Oriente Medio carecían de valor alguno. Sin embargo, Shacham y las empresas agrícolas del Aravá demostraron que, además de agregar diversidad a su dieta, los vecinos de Israel podían utilizar también el agua salobre del desierto para contribuir, e incluso transformar, las economías agrícolas de la región.

UN DESAFÍO MORAL PARA UN MUNDO RICO

El riego por goteo genera beneficios tanto técnicos como sociales; ahorra agua, mejora el rendimiento y contribuye a una menor utilización de combustibles de carbono, pues consume menos energía que otros métodos de riego. También suma tierras para cultivos, reduce la degradación de los acuíferos, detiene o disminuye la intensidad del problema de la proliferación de las algas y revierte la desertificación. Más aún, constituye una herramienta importante para lidiar con el hambre del mundo y los disturbios políticos que con frecuencia la acompañan. Además, desde el punto de vista social, contribuye a reducir la pobreza mediante el aumento de la capacidad y la mejora las condiciones de las mujeres, que ya no se encuentran tan atadas a dedicar gran parte de su tiempo a recoger agua. «El riego por goteo holísticamente abarca el punto de intersección de todos estos desafíos», señala Naty Barak, director de Sustentabilidad de Netafim[50].

En todo el mundo solamente el 5 por ciento de los campos agrícolas que se irrigan utilizan riego por goteo u otras técnicas de microrriego[51]. Para ponerlo en contexto, menos del 20 por ciento de los campos del mundo utilizan algún tipo de irrigación; el resto depende, al menos por ahora, de las precipitaciones[52]. La penetración de las formas avanzadas de riego seguramente registrará un incremento a nivel mundial, dado que se prevé un menor volumen de precipitaciones y, a la vez, más bocas que alimentar. Pero de los campos que se irrigan, casi un 80 por ciento[53] —incluyendo muchos en los Estados Unidos— todavía utilizan alguna variedad del antiguo e ineficiente método de riego por inundación[54].

Por el contrario, el goteo es la norma en Israel, donde en el 75 por ciento de los campos regados se pueden hallar goteros sobre la superficie del suelo o enterrados. El resto utiliza aspersores. Desde hace ya muchas décadas no hay ningún establecimiento agrícola que irrigue por inundación[55]. Es razonable que el riego por goteo se emplee de forma generalizada en Israel, dado que fue allí donde se inventó y donde se adoptó masivamente antes de que muchos en el mundo supieran de su existencia. Este equipamiento se encuentra en uso, en mayor o menor medida, en ciento diez países, pero en ninguno está tan incorporado como en Israel[56].

En la actualidad todavía resultan bajos los niveles de adopción del riego por goteo en todo el mundo. Sin embargo no cabe duda de que la cantidad de campos y explotaciones que lo utilicen aumentará significativamente en los próximos diez años. Cada vez hay mayor escasez de agua. Existe una necesidad imperante de aumentar el rendimiento de los cultivos. Los fertilizantes son muy costosos y, sea como sea, debemos reducir su consumo. Gran parte de la tierra con aptitud agrícola de alta calidad del mundo, si no la mayoría, ya se encuentra cultivada, y los próximos millones de hectáreas provendrán de suelos de baja calidad —incluso de desiertos, como ocurre en Israel—.

Justamente fue en China y en la India donde aumentó más rotundamente el uso del riego por goteo. Esta última se transformó en líder mundial, con más de dos millones de hectáreas que utilizan esta técnica[57]. Jain Irrigation es la empresa de riego por goteo más grande del país. Se trata de un gran conglomerado agrícola que adquirió la empresa israelí NaanDan[58]. Netafim es la segunda empresa de riego por goteo más grande en la India[59].

Hoy en día la mayoría de los gobiernos, tanto en los países ricos como en los pobres, otorgan importantes subsidios al precio del agua, hasta el punto de que parece gratis[60]. Estos subsidios no salen solo de las arcas del Gobierno central. El presupuesto que las autoridades asignan al abastecimiento de agua para explotaciones agrícolas y para consumo residencial es limitado; por lo tanto, los fondos aplicados a dichos subsidios prevalecen por encima de otras inversiones públicas, tales como las pruebas de control de calidad, la infraestructura o la nueva tecnología. No siempre sale del bolsillo del contribuyente el dinero para tener agua funcionalmente gratis, a pesar de que muchas veces sea así. Con mayor frecuencia sale de lo que se deja de invertir en la búsqueda de un mejor futuro hídrico.

Ante una mayor escasez de agua, el precio se transformará en la herramienta más efectiva para administrar la demanda interna y, sobre todo, para utilizar las fuerzas del mercado a fin de racionar funcionalmente el agua que se emplea en la agricultura. Cuando los agricultores tengan que afrontar el coste del recurso que consumen —tal como ocurre en Israel—, tendrán un incentivo para modernizar sus explotaciones y valerse de todo tipo de tecnología para preservar el agua y purificar aquella de calidad marginal. Probablemente este sea el cambio, entre otros, que catalice una transición amplia y global del riego por inundación al riego por goteo.

«Israel tuvo un papel importante en varias revoluciones de la agricultura —señala el experto en recursos hídricos y profesor emérito Uri Shamir—. La agricultura israelí redujo en un 60 por ciento el consumo de agua dulce. Esto se logró por el reemplazo de cultivos, las técnicas de riego que se adoptaron y el avance de la tecnología»[61]. Cuando el precio del agua sea parte de la ecuación, la compra de equipamiento de riego por goteo resultará aún más razonable para contribuir a poner fin a la ineficiencia del riego por inundación y a la selección irracional de cultivos.

Si bien el agua está sujeta a los mecanismos de mercado, el riego por goteo debe utilizarse en las comunidades más empobrecidas del mundo porque constituye una de las mejores herramientas para reducir la pobreza que deviene de la agricultura de subsistencia —la cual representa un desafío moral para un mundo rico—. Las fincas pequeñas que utilizan riego por goteo prosperan en su agricultura. Los mayores rendimientos les permiten lograr el desarrollo económico necesario para salir de la pobreza extrema. Dado que las naciones donantes y las fundaciones están dispuestas a mejorar la calidad de vida de los «miles de millones de personas más necesitadas», la adopción del riego por goteo mejorará en gran medida la vida de la gente, a la vez que dará respuesta a los principales desafíos que el mundo enfrenta hoy.

Los subsidios gubernamentales a menudo distorsionan el mercado. La incorporación de tecnología para los agricultores pobres puede resultar una forma más inteligente de utilizar los recursos del Gobierno que subsidiar el agua[62]. Los productores de la India adoptaron el riego por goteo de manera tan generalizada sobre todo porque el Estado les otorgó subsidios para hacerlo. Este cambio tecnológico generó resultados totalmente positivos en la producción de alimentos e ingresos más elevados para ellos. Además, tuvo como consecuencia una distribución más justa de los recursos hídricos. Por ejemplo, en una zona de casi 12 000 hectáreas de superficie en Karnataka, en el sudoeste de la India, se utiliza el flujo uniforme del riego por goteo para garantizarles a todos los agricultores del sistema que recibirán la misma cantidad de agua y al mismo tiempo[63].

La mayor demanda de irrigación llevará al empleo de agua obtenida de distintas fuentes (agua desalinizada, aguas residuales recuperadas de calidad diversa, agua salobre de origen fósil, o una mezcla de las tres). El riego por goteo funciona bien con todas ellas. Se han desarrollado goteros diferentes para distintos niveles de pureza del agua; no existe fuente de agua incompatible con esta tecnología de irrigación.

También les brinda a los donantes la oportunidad de marcar una diferencia en las vidas de los más pobres del mundo. Dado que el equipamiento es costoso, resulta un proyecto razonable para los muchos que se dedican a la filantropía desde las empresas y también para las numerosas nuevas organizaciones de caridad que otorgan microcréditos para proyectos destinados a la agricultura en la India o en África. Consciente de que la mayoría de los agricultores pobres de los países menos desarrollados carecen de fuentes de energía para accionar estos equipos, se inventó una versión alimentada por gravedad. Cuando se les haya mostrado a los agricultores de subsistencia cómo el riego por goteo les permite mejorar sus vidas, las entidades que otorgan microcréditos van a encontrar cientos de miles dispuestos a asumir esta deuda, y a pagarla con las ganancias que obtengan de las cosechas más grandes. Aunque resulte una perogrullada, en el largo plazo ayuda más a la gente enseñarle a pescar que regalarle el pescado.

Naty Barak, director de Sustentabilidad de Netafim, cree que el riego por goteo está entre las principales formas de mejorar el mundo. «El acceso al agua es un derecho humano, y debemos darle la misma importancia que a la libertad de expresión, la no persecución y otros derechos humanos —dice—. Tal vez sea aún más importante, porque sin agua no podemos vivir más que algunos días».

«El riego por goteo en sí no le brinda a la gente más agua para el consumo o la higiene —señala—. Pero en todo el mundo la agricultura utiliza el 70 por ciento del agua. Solo el 10 por ciento se emplea para beber, cocinar y limpiar. Si un país puede reducir el consumo para agricultura solo en un 15 por ciento —meta fácil con esta tecnología de irrigación—, habrá más del doble de agua a disposición de la gente. Mediante el riego por goteo, Israel logró eso y mucho más».

«El mundo debe pensar en Israel como un laboratorio, pero también como una inspiración —comenta Barak—. Si lo podemos hacer acá, en el medio del desierto, cualquiera lo puede hacer»[64].

5

TRANSFORMANDO LOS RESIDUOS EN AGUA

No hay escasez de agua. El mundo está colmado de agua, pero la mayor parte está sucia. El desafío es purificarla.

SANDRA SAPHIRA, ejecutiva israelí en recursos hídricos.

En 1950, menos de dos años después de la declaración de la independencia de Israel, los funcionarios del Gobierno comenzaron a debatir sobre la idea extrema, en esa época, de utilizar las aguas residuales del país para regar parte de los cultivos[1]. A pesar de que fue de inmediato rechazada debido a cuestiones sanitarias y «estéticas», el debate ya había comenzado[2].

Enfrentados a una perpetua necesidad de hallar nuevos recursos hídricos, los funcionarios del Gobierno israelí y los agricultores superaron las objeciones iniciales y, a lo largo de varias décadas, construyeron una economía agrícola y una infraestructura nacional para aguas residuales que les permiten aprovecharlas. Para ningún otro país la reutilización de estas aguas es tan prioritaria como para Israel. Más del 85 por ciento del total se vuelve a usar[3]. Si actualmente, tanto en los Estados Unidos como en casi todo el mundo, la reutilización de estos líquidos resulta insignificante, es casi una certeza que en el futuro, cuando los recursos hídricos del planeta sean limitados, todos van a recurrir a aguas residuales altamente tratadas como fuente nueva y esencial para agricultura y otros usos.

A pesar de que alguna vez las aguas residuales solo se consideraron una molestia, incluso una fuente de contaminación, hoy en Israel se las aprecia por su valor como sistema hídrico paralelo en una región árida. Se las valora como un recurso nacional preciado. Y si hay algo que los agricultores israelíes desearían, es tener más. Aguas residuales es todo aquello que se desecha por el lavado, la ducha, la bañera o el inodoro. También el agua de lluvia que drena hacia las bocas de tormenta en la mayoría de las calles de un municipio. Idealmente, las aguas residuales se eliminan por un sistema colector y de distribución que corre paralelo a la red de agua dulce, pero nunca se cruzan.

En el mejor de los casos, todas las aguas residuales se tratan antes de descargarlas en un río o, mejor aún, antes de reutilizarlas. Sin embargo, en algunos países se recogen y simplemente se descargan lejos de la fuente original en lagos y ríos —sin someterlas a tratamiento alguno—, lo cual produce riesgos ambientales y sanitarios en dichos cauces, así como amenazas a los acuíferos subterráneos.

A lo largo la historia de la humanidad, la gente vivió cerca de sus propios desechos y con frecuencia contrajo enfermedades debido al contacto con ellos. Fue después de que el doctor John Snow, anestesiólogo británico, identificara un pozo contaminado como el principal factor causante del brote de cólera en el Londres de 1854 cuando se aceptó la idea de separar las aguas residuales del agua potable. En 1858, en respuesta al descubrimiento de Snow, Londres comenzó a trasladar estos líquidos a un sector del Támesis ubicado aguas abajo —que se encontraba lo bastante lejos como para que el olor no perturbara la vida cotidiana—, mientras que reservaba la sección superior del río, cuyas aguas eran más limpias, para beber, lavar y realizar otras actividades domésticas.

En las décadas siguientes, a medida que Europa sufría muchas otras epidemias de cólera en ciudades que no separaban el agua dulce de las residuales, se hizo evidente que la hipótesis de Snow era correcta. Con solo evitar estas últimas se podía prevenir la muerte masiva, así como también lograr una mejor calidad de vida[4]. Todas las ciudades comenzaron a conducir las aguas residuales no tratadas por cañerías para descargarlas en los arroyos, ríos y mares, pero a gran distancia de la toma de agua dulce de la ciudad. Tras este importante hallazgo, el tratamiento de las aguas residuales se mantuvo igual durante casi cien años.

Con posterioridad a la Segunda Guerra Mundial, principalmente en Estados Unidos y Gran Bretaña, se adoptó la idea de tratarlas antes de su disposición. No se debió esto a que estuvieran preocupados por la contaminación, ni tampoco a un ambientalismo incipiente. Más bien se dio en respuesta a la idea errónea de que las aguas no tratadas provocaban la poliomielitis, como alguna vez habían sido la causa del cólera. A pesar de que no se halló una relación causal con la polio, el tratamiento de aguas residuales —que resulta primitivo según los estándares modernos— pasó a considerarse una pieza fundamental de la vida de una comunidad en la década de 1950. Esta práctica se extendió por todo el mundo de la mano de la prosperidad de la posguerra y de la ampliación de los servicios que ofrecían los gobiernos del mundo. Actualmente hay más de 100 000 plantas de tratamiento de aguas residuales en todo el planeta[5].

Al principio este tratamiento consistía en dos procesos. El tratamiento primario[6] comenzaba una vez realizado el pretratamiento inicial, en el cual se extraían los elementos grandes, tales como la basura y los desechos, mientras el agua atravesaba una serie de rejillas que se encontraban a la entrada del centro de tratamiento. Los desechos acuosos, de color amarronado y olor nauseabundo, se conducían a grandes tanques en donde las sustancias orgánicas semisólidas y sólidas más pesadas decantaban hacia el fondo por efecto de la gravedad[7]. Dicha materia orgánica o lodo se extraía del tanque, con frecuencia se la colocaba en paquetes sellados y se la desechaba en rellenos sanitarios. El resto del agua, todavía bastante contaminada, se descargaba en un río u océano a través de una cañería utilizada exclusivamente para ese fin.

Pronto se determinó que el material orgánico disuelto en el agua residual que sobrevivía al proceso de tratamiento primario disminuía el nivel de oxígeno presente en los cursos de agua y, en consecuencia, se incorporó otro proceso. Tras el primer tratamiento, se agregó a la mezcla una combinación sofisticada de bacterias benignas y grandes cantidades de oxígeno. La materia orgánica que permaneciera en las aguas residuales —desechos humanos, partículas de alimentos, partículas de piel eliminadas en la ducha— sería consumida por estos seres hambrientos pero amigables. Las bacterias engordarían y aumentarían de peso en esa fiesta oxigenada y con temperatura controlada, y se hundirían en el fondo del tanque, desde donde, como en el tratamiento primario, serían retiradas.

En esta etapa secundaria del tratamiento se eliminaba gran parte de la materia orgánica, pero posiblemente quedaban todavía virus y material tóxico. Además, persistía el olor, a modo de recordatorio, como si alguien lo necesitara, de que el agua residual que había pasado por el tratamiento secundario todavía no era ni segura ni pura. Sin embargo, su calidad era mejor que la de la sometida al tratamiento primario y, al igual que aquella, se descargaba en ríos y océanos[8].

Cuando en la década de 1970 aumentaron las preocupaciones ambientales, los países y municipalidades que podían hacer frente al coste agregaron un tercer proceso o tratamiento terciario. Mediante este, las aguas residuales se desinfectaban con cloro, radiación ultravioleta u otros medios antes de verterlas en un cauce[9]. A pesar de que el resultado era un agua más limpia, la mayoría de la gente seguía considerando los efluentes tratados como una molestia y un coste del que la sociedad debía deshacerse, al igual que la basura. Muy pocas veces se pensó en ellos como una oportunidad.

Al principio Israel, como el resto del mundo, vertía las aguas residuales sin tratar. Se construyó una tubería exclusiva para recoger las generadas por los habitantes de Tel Aviv y otras ciudades costeras. Ese conducto terminaba a unos ochocientos metros en el interior del Mediterráneo. Allí los efluentes se descargaban a una profundidad de entre tres y cinco metros bajo de la superficie del agua, sin duda con la esperanza de que la corriente los alejara o los llevara al lecho marino. Las ciudades interiores de Israel dependerían de los ríos cercanos para trasladar las aguas residuales al Mediterráneo. A pesar de las expectativas de los ingenieros que diseñaron el sistema, cuando se producía un cambio en el movimiento de las olas, a veces las corrientes de agua residual llegaban hasta la costa y ensuciaban las playas israelíes, lo cual ponía en riesgo la incipiente industria turística del país[10].

En 1956 las siete municipalidades del Gran Tel Aviv —en su conjunto denominadas región Dan— representaban un tercio de la población del país y un porcentaje todavía mayor de las aguas residuales. Se tomó la decisión de concentrar todos los efluentes de esta zona y conducirlos por una tubería enorme a un área casi deshabitada, ubicada a unos trece kilómetros al sur de Tel Aviv. Allí se tratarían las aguas residuales de toda la región en una planta llamada Shafdan, acrónimo hebrero de Aguas Residuales de la Región Dan. Debido a problemas presupuestarios y de ingeniería, terminar el proyecto supuso mucho más tiempo del que se había previsto y la planta no comenzó a prestar servicio a todas las municipalidades hasta 1973[11].

A pesar de que la construcción de la planta de tratamiento resultó una iniciativa extremadamente compleja, se abrigaba la esperanza, aunque no la certeza, de que una vez que se concluyera, parte de las aguas tratadas en Shafdan pudieran utilizarse para la agricultura[12]. Lo que nadie hubiera podido imaginar es la manera rotunda en la que esa planta cambiaría el perfil hídrico del país, la agricultura y el desarrollo económico de la región desértica del Néguev.

UNA FUENTE DE AGUA COMPLETAMENTE NUEVA

A ocho kilómetros al sur de Shafdan y a poca distancia costa adentro del mar Mediterráneo, una serie de dunas arenosas yacen sobre un acuífero que se encuentra a unos cien metros de profundidad. A finales de los años 50 los geólogos e hidrólogos del Gobierno israelí pensaban en nuevas formas de tratamiento de aguas residuales. Planeaban algo completamente diferente de la práctica común de verter los efluentes al mar y comenzaron a preguntarse si la arena fina que cubría el acuífero podría servir como otro filtro para limpiar el agua sucia resultante del tratamiento secundario[13]. Shafdan, como todas las plantas de esa época, estaba en condiciones de llevar a cabo los procesos correspondientes a los tratamientos primario y secundario, pero un mayor nivel de seguridad y pureza, indispensable en el tratamiento terciario, excedía a las posibilidades de sus instalaciones.

Comprobar si el filtro de arena funcionaría representaba un riesgo. Si las aguas residuales parcialmente tratadas que percolaban al acuífero circulaban por la arena durante un periodo de entre seis meses a un año, y los virus y las micropartículas peligrosas seguían intactos, se correría el riesgo de contaminar el depósito subterráneo y que esa agua no sirviera para beber o asearse. Pero por el contrario, si el filtro de arena funcionaba, las dunas brindarían una solución a gran escala y libre de sustancias químicas para el procesamiento diario de los grandes volúmenes de aguas residuales tratadas en Shafdan[14].

Los ingenieros israelíes percibían varios beneficios en poder utilizar la arena como medio de tratamiento. En primer lugar, no habría necesidad de construir una planta grande y nueva. En segundo lugar, una vez que el agua fuera purificada por la arena, el enorme volumen resultante del proceso podría almacenarse en el acuífero y extraerse por bombeo según fuese necesario, sin tener que construir un depósito de almacenamiento. Pero lo más importante era que el agua tratada podría utilizarse para riego.

En cada parte del proceso había que pensar de manera osada y, con frecuencia, hacer frente a un coste muy grande. Lograr que las siete ciudades —a las cuales luego se les sumaron otras dieciocho— se pusieran de acuerdo en consolidar los efluentes líquidos en un centro regional y construir una megaplanta de tratamiento fue una tarea colosal en sí misma[15]. La decisión de intentar utilizar arena, proceso que dio en llamarse Tratamiento de Arena para el Acuífero —o SAT (por su sigla en inglés)—, para obtener agua recuperada con la misma calidad que la de un tratamiento terciario desafiaba el conocimiento científico y de ingeniería convencional. Tal vez lo más sorprendente fue la decisión de convertir un acuífero de agua dulce en uno que contuviera aguas residuales sometidas a un tratamiento especial. Fue un riesgo informado del tipo que gobiernos y empresas de servicios generalmente no eligen asumir. Y que este riesgo se corriera en un país con muy poco margen de pérdida de los recursos hídricos existentes fue aún más increíble.

A los ingenieros que trabajaban en Shafdan se les presentó un desafío de igual magnitud: asegurar que el agua tratada no se escurriera hacia ninguno de los acuíferos de agua dulce cercanos. Sería necesario controlar continuamente el volumen de agua de esta zona reservada y construir pozos especiales en la periferia, a fin de observar y medir el acuífero, que ahora estaría lleno de agua tratada. Una cosa era arruinar un solo acuífero, pero el país no podía permitirse el lujo de perder varios[16].

Mientras se realizaba la planificación y se ejecutaban las pruebas en Shafdan, David Yogev, funcionario ejecutivo de gran poder del Ministerio de Agricultura, comenzó a plantear el argumento de que, incluso sin el agua procesada mediante el tratamiento SAT, los agricultores podrían utilizar el agua tratada con procesos secundarios en Shafdan y en las demás plantas de tratamiento construidas en otros lugares de Israel[17]. Hubo dos ministerios a los que la idea no les resultaba convincente y expresaron preocupación.

Al Ministerio de Salud le preocupaba que los cultivos pudieran absorber sustancias tóxicas presentes en las aguas residuales de calidad inferior sometidas al tratamiento secundario. De ser así, los científicos del Ministerio querían asegurarse de que dichas sustancias tóxicas no pudieran transmitirse a las personas. Asimismo, si se utilizaba un cultivo que había sido regado con aguas residuales recuperadas como alimento para los animales, debía garantizarse que no aparecería nada pernicioso en los huevos, la leche o la carne. En respuesta a estas inquietudes, y tras numerosos ensayos, se acordó que solo ciertos tipos de cultivos —en principio, los no comestibles como el algodón— podrían regarse con aguas residuales que no hubiesen sido sometidas al tratamiento completo.

El Ministerio de Protección Ambiental tenía otro tipo de preocupaciones. Aun cuando las aguas residuales tratadas se utilizarían en cultivos industriales que jamás serían destinados a alimentos, los científicos del Ministerio querían asegurarse de que no hubiera efectos sobre los pozos u otras aguas subterráneas. Si se regaban los cultivos con agua que aún contenía microorganismos potencialmente peligrosos, les interesaba saber si podrían infiltrarse toxinas invisibles en el suelo y arruinar, así, un acuífero que pudiera hallarse debajo de los cultivos. Si no se actuaba con precaución, el uso negligente de las aguas residuales podía poner en riesgo gran parte de las aguas subterráneas esenciales de Israel. El Ministerio elaboró un mapa sumamente detallado que describía con exactitud los lugares donde se podía utilizar el agua tratada de distintas calidades. Se elaboraron guías muy estrictas que se emplearían en todos aquellos lugares en los que un acuífero pudiera estar en peligro[18]. Si bien los agricultores necesitarían de un permiso especial para el uso de cualquier tipo de agua tratada, desde hacía bastante tiempo muchos funcionarios estaban preocupados por el grado de cumplimiento de los agricultores respecto de las exhaustivas guías de riego[19].

Para gran alivio de todos, el SAT demostró ser un tratamiento terciario perfecto. Al descender el agua tratada a través de la arena durante un período de entre seis meses y un año hasta alcanzar el acuífero, se barrían todas las impurezas y el resultado era agua de excelente calidad. Se cumplieron las esperanzas del Ministerio de Agricultura de hallar una nueva fuente de agua, y las preocupaciones de los otros ministerios respecto de la contaminación demostraron ser infundadas. Con el tiempo, los agricultores —con un cierto nivel de educación, incentivos financieros y desensibilización— llegarían a valorar, y en última instancia, a depender de este nuevo recurso.

Posteriormente se construyó una tubería exclusiva —de un metro ochenta de diámetro y ochenta kilómetros de longitud— desde el depósito de Shafdan hasta el Néguev, que les brindaba a los agricultores una nueva forma de riego[20]. Al principio había limitaciones respecto de los cultivos con los que se podía utilizar esa agua, pero tras años de pruebas se permitió emplearla con la misma libertad que el agua dulce[21].

Shafdan constituía, y constituye, dos instalaciones en una. Era una planta de tratamiento de aguas residuales —la más grande y con mayor avance tecnológico de Oriente Medio— que abordaba los crecientes problemas públicos y ambientales relacionados con la contaminación de los ríos y las costas marítimas de Israel. Pero también contribuía a repensar los tratamientos de aguas residuales del país y el rol del agua recuperada en la agricultura. Con posterioridad a la experiencia de Shafdan, todas las municipalidades comenzaron a pensar en las aguas residuales como un recurso útil para mejorar el país e, incluso, como una herramienta para evitar que se disparasen los gastos en infraestructura de agua. Y a partir de Shafdan cambió la agricultura. Los productores no tuvieron que pelear por el volumen de agua asignado.

Hoy en Israel se trata un 95 por ciento de los efluentes y el resto se envía a sistemas sépticos. «Lo que se hace en nuestro país para captar grandes volúmenes de efluentes para su tratamiento no es muy distinto de lo que hacen otros países avanzados del mundo —señala Avi Aharoni, director del área de aguas residuales y reutilizables de Mekorot—. Lo distinto y extraordinario es cómo Israel utiliza el agua tratada de un modo productivo»[22].

El empleo de una infraestructura de recolección y distribución independiente, exclusiva para las aguas tratadas, le permite al país poner a disposición de los agricultores y sus cultivos alrededor del 85 por ciento del total. Otra parte se utiliza para aumentar el volumen de los ríos y mejorar así sus condiciones. Además, se diseñaron planes para que aquellas que han sido sometidas a tratamiento terciario se usen para la extinción de incendios forestales.

Los establecimientos agrícolas del país consumen todavía una gran cantidad de agua dulce. Sin embargo, las aguas tratadas representan un tercio de todo el consumo nacional de agua para agricultura, o el 20 por ciento de la utilizada para todo propósito. En total, el volumen de agua reutilizada supera los 378 000 millones de litros por año[23]. La meta a nivel nacional es aumentar este reaprovechamiento mediante un plan que pretende llegar al 90 por ciento dentro de algunos años[24]. En comparación, España se encuentra en segundo lugar, con un 25 por ciento. Los países más ricos, como los Estados Unidos, reutilizan menos del 10 por ciento[25]. Es solo cuestión de tiempo hasta que el agua con un alto grado de purificación comience a usarse para los cultivos, de la misma manera en que hoy se utiliza en Israel.

El agua recuperada cambió el perfil hídrico del país. El tratamiento integral de aguas residuales fue tan trascendental como el riego por goteo y las semillas especiales resistentes a la sequía para generar un cambio en el panorama de la agricultura. Esto le permitió al país ser autosuficiente en la producción de alimentos y transformarse en un importante exportador de productos agrícolas, ya sea en años de lluvias copiosas o en otros de sequía[26].

LA INFRAESTRUCTURA DE TRATAMIENTO DE AGUAS RESIDUALES SALVA A LA AGRICULTURA DE ISRAEL

La captación de lluvia es un método sorprendentemente costoso y antihigiénico para obtener nuevas fuentes de agua. Una gota de agua conserva su pureza hasta que toca el suelo. Cuando las gotas se forman y comienzan a desplazarse, captan una diversidad de contaminantes, más precisamente grasa y hollín que provienen de los gases de escape de coches y camiones. En el caso de Israel, este problema de calidad se agudiza por la gran cantidad de arena y grava que vuela desde las playas y desde el desierto, que también se transporta en las corrientes de lluvia.

Aun cuando fuese factible purificar el agua de lluvia a un coste razonable, seguiría siendo una fuente muy poco confiable. En algunos años habrá demasiada agua para la capacidad de almacenamiento disponible, y dentro de muchos años, lo cual es más preocupante, podría haber menos que la requerida por los agricultores. El sistema de aguas residuales recuperadas es más confiable porque no depende de los caprichos del clima y las precipitaciones. Y a pesar de toda la infraestructura necesaria para su implementación, en última instancia, resulta más económico[27].

Las plantas de captación y almacenamiento de agua de lluvia continúan en uso en el país. La mayoría fueron construidas en la década de 1980 y, desde entonces, no se ha hecho ninguna nueva[28]. La importancia de estas instalaciones no reside en la cantidad de agua que se captan anualmente. Radica en que le permitieron al país desarrollar una sofisticación y saber hacer en el almacenamiento de agua, sobre todo respecto de la construcción de una red de depósitos, pero esta vez para agua tratada. Los cientos de ellos que se comenzaron a construir por todo Israel en 1995 representan hoy un componente esencial de un sistema complejo y multifacético que contiene las aguas tratadas, denominadas «efluentes», que provienen de Shafdan y de las otras plantas de tratamiento del país.

«Para la década de 1980 —declara Yossi Schreiber, director ejecutivo del Fondo Nacional Judío de Israel (JNF, por su sigla en inglés)— quedó claro que, si no se empleaba agua reciclada, la agricultura tal como se practicaba llegaría a su fin en el país». Se tomó la decisión de ir aún más lejos de lo que se había llegado con Shafdan e intentar que todas las ciudades, pueblos, pequeñas comunidades y establecimientos agrícolas trataran las aguas residuales que generaban y las transportaran para ser reutilizadas en la agricultura. «Pero esto no iba a ocurrir de forma inmediata —señala Schreiber—. Había que establecer un proceso que incluyera el desarrollo de nuevas habilidades, la construcción de una infraestructura nacional nueva y la generación de los recursos para afrontar un sistema nuevo, grande y costoso»[29].

Además de las tuberías empleadas para transportar las aguas residuales desde los domicilios hasta las plantas de tratamiento de todo el país, era necesario realizar conductos para llevar las aguas tratadas a los centros de almacenamiento y, de allí, a los campos de los agricultores. El agua no podía llegar en cualquier momento, sino que tenía que estar disponible cuando se la necesitaba. Más aún, dado que su calidad no era homogénea entre las diversas plantas de tratamiento del país, debía combinarse la proveniente de cada una de ellas con los depósitos que contenían agua para cultivos o lugares de riego específicos.

Todos los días se produce aproximadamente la misma cantidad de agua residual; sin embargo, los agricultores necesitan agua para los cultivos solo en algunas épocas del año. Debido a la variabilidad estacional que tiene que ver con el momento en que estos se implantan y cuándo necesitan riego, se consideraba que la red nacional de depósitos de agua recuperada constituía una pieza fundamental de la infraestructura hídrica paralela del país.

En asociación con Israel y los agricultores, la filial estadounidense del Fondo Nacional Judío, así como las de otros países de la Diáspora, recaudaron fondos de donantes locales que contribuyeron con entre un 30 y un 50 por ciento del presupuesto necesario para la construcción de los depósitos en el país. El resto del dinero fue aportado por el Gobierno, la oficina israelí del JNF y las cooperativas de los agricultores para el fomento del agua.

A pesar de que Israel es un país cada vez más próspero, los costes iniciales de las reestructuraciones periódicas de la infraestructura nacional son mucho mayores que lo que puede afrontar, sobre todo debido a la carga que representa la defensa. Los países en desarrollo del mundo reciben apoyo de organizaciones gubernamentales como la Agencia de los Estados Unidos para el Desarrollo Internacional (USAID, por su sigla en inglés) y entidades europeas comparables para la construcción de infraestructura hídrica. En cambio, en el caso de Israel la asistencia brindada por los Estados Unidos está destinada específicamente a necesidades militares y de seguridad, y no puede utilizarse para otros fines, como la infraestructura hídrica[30].

La asistencia global que el JNF brinda a proyectos hídricos, de desarrollo rural, de forestación y medioambiente en Israel cambia radicalmente la calidad de vida del lugar, de forma especial en la periferia o en aquellas zonas que se hallan fuera de los centros densamente poblados del país. La construcción del sistema de agua recuperada de Israel, que aún sigue en curso, habría llevado mucho más tiempo sin los esfuerzos del JNF y la generosidad de sus donantes, vigentes a día de hoy.

La vida útil de estos depósitos puede alcanzar varias décadas si se realiza un mantenimiento adecuado, pero tiene un coste alto. Por ejemplo, la construcción de uno independiente por el cual circularán algo más de 3000 millones de litros por año cuesta unos diez millones de dólares. Israel ya cuenta con doscientos treinta depósitos con distintas capacidades de almacenamiento, y el JNF tiene planes de hacer otros cuarenta una vez que se encuentre disponible la parte de los fondos que debe aportar el Gobierno —actualmente centrado en la construcción de plantas desalinizadoras—[31].

LAS AGUAS RESIDUALES SON CONSTANTES, CONFIABLES Y PREDECIBLES,
A DIFERENCIA DE LA LLUVIA

Además de contemplar los problemas y alteraciones provocadas por la construcción, y antes de concluir el proyecto nacional de agua recuperada, el Gobierno debía asegurase de que hubiera clientes para toda esa agua nueva. «Era necesario educar a los agricultores sobre los beneficios de utilizar agua tratada —señala Yossi Schreiber, del JNF—. Al principio se mostraban muy renuentes»[32].

El departamento de Planificación Hídrica del Ministerio de Agricultura había sido el encargado de la distribución del recurso desde los primeros días del Estado. Nadie quería agua recuperada si podían obtener agua «dulce», como literalmente se la denomina en hebreo. Pero cuando se les comunicaba que recibirían un 20 por ciento más de la tratada por cada unidad de la otra que no utilizaran, los productores, que siempre estaban deseosos de agua, comenzaron a firmar. Además, se la ofrecieron a un precio muchísimo menor, lo que les daba un incentivo adicional para cambiar. Y debido al origen de gran parte del agua tratada, era muy rica en nitrógeno, lo cual les permitía reducir sus costes de fertilización.

Sin embargo, el mejor incentivo para comenzar a utilizarla no fue el financiero. El volumen de la lluvia caída cambia año tras año, pero la cantidad de agua residual que se transforma en agua recuperada es estable, confiable y predecible. Cuando se les prometió a los agricultores que, en lugar de recibir el volumen variable de agua dulce por año con el que debían conformarse, se les asignaría una cantidad fija de agua tratada, se garantizó su compromiso con el nuevo recurso.

Si alguna vez los agricultores israelíes tuvieron ciertas reservas en la utilización de aguas residuales tratadas para sus campos o plantaciones de árboles frutales, hoy en día ya no las tienen. «El agua recuperada es de tan buena calidad y el precio es tan bajo que los agricultores reclaman permanentemente que se les asigne un mayor volumen de agua tratada», manifiesta la doctora Taniv Rophe, funcionaria del Ministerio de Agricultura a cargo de la asignación de agua a los productores[33].

De acuerdo con las leyes de la oferta y la demanda, en Israel se comenzó a aumentar el precio de las aguas tratadas, así como previamente se había notificado a los agricultores que pagarían el precio de mercado por el agua dulce. «Los agricultores tendrán que contabilizar el coste del agua como lo hacen con todos los demás», señala Rophe. Cuando se eliminen los subsidios, menciona, la selección de cultivos, el uso de la innovación y la tecnología de riego serán más inteligentes y, lo que es más importante, se hará un uso más eficiente del agua[34].

ESCASEZ DE AGUAS RESIDUALES

Israel continúa teniendo un problema, de alguna manera, con los efluentes. Justo cuando logró desarrollarse un gran mercado para toda el agua tratada que se producía año tras año, y a pesar del crecimiento de la población, el abastecimiento comenzó a reducirse. Dicho de manera sencilla, en Israel se producen menos aguas residuales que antes.

Desde hace mucho tiempo Israel es un país caracterizado por un consumo eficiente de agua. En las escuelas se les enseña a los niños a ducharse rápido y a cerrar el grifo mientras se enjabonan. Incluso en algunas secciones del programa de higiene en la temprana infancia se les enseña que deben cerrarla mientras se cepillan los dientes[35]. Pero el consumo residencial de agua no se deja a la libre voluntad del usuario. Es obligatorio colocar limitadores de caudal en cado grifo de la casa.

Lo que es más importante, Israel fue el primer país del mundo en adoptar el uso obligatorio del inodoro de doble descarga[36], el cual, se cree, fue inventado allí[37]. Plasson, empresa de un kibutz israelí, se había dedicado a la fabricación de inodoros de plástico desde 1973. En la década de 1980 le compró una patente a un profesor de la Universidad Ben Gurión con una excelente idea: inodoros con descargas variables. La empresa dedicó varios años al desarrollo del concepto antes de planteárselo al Gobierno.

Shaul Ashkenazy, exdirector de Plasson, dice que fue fácil convencer a las autoridades de la necesidad de exigir inodoros de doble descarga. «Aproximadamente el 35 por ciento del consumo residencial de agua proviene de la descarga de los inodoros —señala Ashkenazy—. Con esta clase de dispositivos, en una casa es posible ahorrar la mitad del agua en casi todas las descargas y, así, aproximadamente el 20 por ciento del consumo total de agua dulce. Si eso se multiplica por la cantidad de casas e inodoros de Israel, y por todas las descargas de consumo reducido, se llega a un volumen considerable»[38]. La reglamentación no solo se aplica a los hogares, sino que estos dispositivos —y no solo la versión de la empresa Plasson— son obligatorios en todas las oficinas, restaurantes, hoteles y lugares públicos del país. La Autoridad del Agua de Israel estima que, gracias a esta sencilla innovación, el ahorro anual es de unos 6400 litros por persona —o alrededor de 51 000 millones de litros a nivel nacional—[39].

La educación de los consumidores en torno a la conservación del agua estuvo desde siempre muy difundida, a pesar de que la reciente abundancia de recursos hídricos del país disminuyó los esfuerzos y el gasto del Gobierno en campañas publicitarias. Aun así, todos los israelíes conocen muy bien los carteles de «Cada gota cuenta», que literalmente se traducen como «Es una lástima desperdiciar hasta una gota», y también una serie de avisos televisivos de una campaña en los cuales aparecen los rostros de celebridades israelíes (incluida la supermodelo Bar Refaeli) que comienzan a resquebrajarse por la escasez de agua.

No fue la educación ni los inodoros de doble descarga, sino la aplicación de precios de libre mercado lo que produjo la caída del consumo. Más específicamente, de aquel dirigido al riego de césped y jardines, que fueron reemplazados en su mayoría por plantas autóctonas, terrazas de madera y pequeñas superficies con césped en los patios traseros. Los árboles y arbustos de las casas israelíes están todos conectados a una versión poco sofisticada de riego por goteo para ahorro de agua. Además, la mayoría de los jardines en parques públicos se riegan con aguas tratadas.

A pesar de que el agua utilizada para el cuidado del jardín no tiene relación con lo que se consume en el interior del hogar, constituye un símbolo de la mentalidad nacional el hecho de que, incluso con la abundancia que brinda la desalinización, los consumidores prefieran —al menos por ahora— utilizar el agua de manera cuidadosa tanto dentro del hogar como fuera de él.

Los inodoros de bajo consumo y otros dispositivos eficientes en el uso de este recurso, junto con los permanentes esfuerzos de conservación, redujeron la cantidad de agua que se descarga en los efluentes. La existencia de un menor volumen de agua residual atormenta a los agricultores, así como también a los encargados de asignar el agua. Sin embargo, además de reducir el desgaste producido en las plantas de tratamiento, esta disminución del volumen representa un beneficio económico per se.

Como los efluentes sin procesar de Israel son los menos diluidos y los más densos del mundo desarrollado, las plantas de tratamiento del país, al no tener que procesar una excesiva cantidad de agua, funcionan con altos niveles de eficiencia. Distinto es lo que ocurre en otros países, cuyos efluentes tienen, por lo general, un alto grado de dilución, y muy especialmente en los Estados Unidos[40].

REUTILIZAR HASTA EL PAPEL HIGIÉNICO

Como ocurre en el mundo entero con el desarrollo sostenible —que es una subdisciplina nueva de las políticas ambientales inteligentes—, Israel procura que el tratamiento de aguas residuales sea lo más eficiente posible desde el punto de vista energético. El proceso de tratamiento genera como subproducto gas natural, que se captura para ayudar al funcionamiento de las operaciones de la planta. Dicho biogás ya representa más del 60 por ciento del consumo eléctrico de Shafdan y de otras plantas de tratamiento. La meta es que el proceso alcance la neutralidad energética en los próximos cinco años. Esto se cumplirá gracias a una incesante disminución del consumo y con el hallazgo de un mayor nivel de energía utilizable dentro de las aguas residuales y durante el proceso de tratamiento.

Un creciente número de empresas de tecnología hídrica se encuentran entre las impulsoras del ahorro de energía. Israel es líder mundial en una diversidad de innovaciones que se basan en desarrollos científicos. De igual manera, el tratamiento de las aguas residuales atrajo una gran cantidad de ideas interesantes sobre las cuales se crearon distintas empresas en el país.

Eytan Levy fue el cofundador de dos de las empresas más mencionadas en tratamiento de aguas residuales. Levy, ingeniero químico licenciado en Technion, el equivalente israelí del Instituto Tecnológico de Massachussets (MIT, por su sigla en inglés), desborda de entusiasmo cuando habla del tema. Matiza sus comentarios con interesantes anécdotas científicas e históricas sobre las aguas residuales.

Su primera empresa, Aqwise, encontró una forma de utilizar piezas plásticas muy económicas pero duraderas, de un tamaño no mucho mayor que el de los pequeños bloques de un Lego, para albergar las bacterias requeridas durante el proceso de tratamiento secundario o biológico. Al aumentar la cantidad de bacterias presentes en el tanque de tratamiento, es posible duplicar o triplicar el volumen de efluentes tratados con la misma energía. En los Estados Unidos se utiliza el 2 por ciento del consumo eléctrico total para la aireación de bacterias en el tratamiento secundario y otro tanto para el traslado de los efluentes[41]. La capacidad de aumentar la eficiencia del tratamiento secundario se refleja de inmediato tanto en los dividendos financieros como en los ambientales. Resulta también importante que, en el caso de comunidades con presupuestos o espacios limitados, no es necesario construir un gran número de plantas[42].

Emefcy, la segunda empresa de Levy, tiene un producto que, al igual que el anterior, se concentra en el aumento de la eficiencia, pero también apunta a la reducción del volumen de lodo activo —o sea, las bacterias benéficas muertas— que se generan en el tratamiento de las aguas residuales. El proceso de su empresa engaña a las bacterias para que se coman las unas a las otras. Una vez que concluyen el festín con la materia orgánica, al final del tratamiento quedan muy pocas. En consecuencia se reduce el subproducto que se transporta al relleno sanitario, lo cual es un importante beneficio energético y ambiental.

Más beneficioso aún es el nuevo proceso de aireación de efluentes utilizado por Emefcy, que permite reducir el consumo energético en un 90 por ciento. Funciona mejor en centros poblacionales de 5000 habitantes o menos y posibilita ahorros de costes de energía adicionales, aunque inconexos. «Si usted vive en una zona que tiene algunos miles de habitantes y un campo de golf —dice Levy, para dar un ejemplo—, es posible tratar las aguas residuales que la gente produce hasta lograr una calidad excelente con un mínimo consumo energético». Se puede utilizar el agua que proviene del proceso de tratamiento para regar los jardines locales y el campo de golf sin incurrir en el doble gasto de bombear las aguas residuales fuera de la ciudad y de traer agua dulce desde lejos hacia la comunidad para regar jardines y calles. Ese ahorro de energía es superior al que se logra al airear eficazmente el tanque de efluentes.

Además del ahorro de energía, otra industria incubada por el tratamiento de aguas residuales surgió y captó la atención de los innovadores israelíes: la recuperación de recursos. «Sería un error pensar que las aguas residuales son todas iguales —señala Noah Galil, profesor del Instituto Technion y experto en tratamiento de efluentes—. Por ejemplo, el aceite de cocina y otros aceites se encuentran suspendidos sobre el resto de los efluentes cuando llegan a la planta de tratamiento. Al principio se los retiraba con separadores para que no obstruyeran la maquinaria de tratamiento. En la actualidad esa capa de aceites se extrae y se vende para su reprocesamiento y utilización en aplicaciones industriales»[43].

Los empresarios israelíes se preguntaban qué otros elementos presentes en las aguas residuales podrían extraerse y reutilizarse. «Hubo intentos de extraer y vender metales pesados como el cadmio y el selenio —señala Galil—, pero hasta ahora, sin éxito»[44].

El doctor Refael Aharon, quien se autodescribe como «exabrazador de árboles», se lamentaba por todos los que se talaban en el mundo y se preguntaba dónde se podría encontrar un reemplazo para la celulosa utilizada en la industria de la pulpa y el papel. Sus investigaciones lo condujeron a las aguas residuales sin procesar. Resulta que estas se encuentran llenas de pedacitos de papel higiénico, pelusa de la lavadora e incluso trozos de fruta y vegetales —a veces de tamaño microscópico— que no son eliminados por las bacterias ni por ningún proceso bacteriano. En 2007 fundó una empresa que se denomina Applied Clean Tech (ACT) y que extrae volúmenes sorprendentemente grandes de celulosa de las aguas residuales sin procesar. Para este producto acuñó el nombre Recyllose ('celulosa reciclada').

«Una gran parte de los sólidos de los efluentes son fibras de celulosa —señala Aharon—. Las plantas de tratamiento pueden transformarse en minas de productos reciclados y materias primas reutilizables. Es una fuente ecológica e ilimitada de pulpa reciclada. Al eliminar los materiales celulósicos de la planta de tratamiento, se aumenta su capacidad en un 30 por ciento, se ahorra energía y se requiere menor espacio y menor coste para el manejo del lodo»[45]. ACT vendió la solución para extraer productos de las aguas residuales a varios países del mundo. Aharon calcula que dos tercios del valor del sistema surgen de los ahorros en energía y en relleno sanitario, y un tercio, del valor de la Recyllose recuperada.

EL PELIGRO DE LA SAL

Además de todas las buenas noticias que atañen a las aguas residuales, se desarrolló también una subespecialidad que estudia algunas cuestiones potencialmente negativas. Estos investigadores —en su mayoría profesores y funcionarios del Gobierno, pero también algunos agricultores— desean conocer qué significado tiene el impacto de toda el agua recuperada en la agricultura para el suelo de Israel y para la salud de la nación.

Una de las preocupaciones es que el agua natural de Israel —o sea, la del mar de Galilea y los acuíferos del país— ya tiene un contenido elevado de sal cuando llega a los hogares como agua dulce. Cuando sale de cocinas y baños, el nivel de salinidad se torna mucho mayor debido a toda la sal de los alimentos que se elimina por el fregadero[46]. Esa agua salada mezclada es lo que fluye hacia las plantas de tratamiento del país.

El tratamiento secundario de las aguas residuales elimina bacterias, y el tratamiento terciario, virus y otros microorganismos. Sin embargo, la sal no se elimina en ninguno de estos tratamientos. El agua recuperada se utiliza para el riego por goteo en los campos de cultivo de todo el país: las plantas incorporan el agua, pero el suelo absorbe minúsculas cantidades de sal[47]. Los agricultores y otros actores de Israel hace tiempo han comenzado a preguntarse cuánta sal podrá soportar el suelo.

La antigua civilización sumeria, ubicada en el sur del actual Irak, fue una de las zonas más fértiles del mundo antiguo. La agricultura constituía su fuente de riqueza y, a la vez, de poder. A lo largo de cientos de años aquella monarquía desarrolló un complejo sistema de riego que conducía agua un tanto salobre por canales que se utilizaban para el riego de los campos. Una antigua placa mesopotámica describe cómo «los campos negros se volvieron blancos» a medida que la amplia llanura «se iba ahogando en sal»[48]. Esa fue la decadencia de la civilización sumeria[49].

En Israel el reciente desarrollo de la desalinización de recursos hídricos —o sea, la eliminación de la sal del agua— podría venir al rescate. El agua potable resulta mucho menos salina de lo que era hace apenas unos años. En primer lugar, dado que el agua desalinizada constituye la principal fuente de del país, el uso de agua de mar prácticamente libre de sal hace que llega a los hogares una menor cantidad de sal. Y así como llega menos, también se elimina menos en forma de agua residual.

HORMONAS EN EL AGUA

Además del problema de la sal, existe también preocupación por la incidencia de los productos farmacéuticos que llegan al sistema hídrico. Igual que la sal, dichas sustancias aún sobreviven a los procesos de tratamiento de aguas residuales.

En los últimos cien años, con el crecimiento de la industria farmacéutica global, los médicos debieron admitir que solo una pequeña parte de los medicamentos es absorbida por el cuerpo humano. En promedio, aproximadamente el 90 por ciento de cada pastilla que se toma —y como mínimo el 70 por ciento— se excreta poco tiempo después[50].

«La Administración de Alimentos y Medicamentos de los Estados Unidos —señala el profesor Dror Avisar, de la Universidad de Tel Aviv— realiza ensayos solo para asegurarse de que el medicamento sea seguro para el uso humano primario. Nadie, ni la Administración de Alimentos y Medicamentos ni la Agencia de Protección Ambiental de los Estados Unidos, realizan pruebas para analizar lo que ocurre con los residuos farmacológicos después de que nuestro cuerpo los elimina».

El profesor Avisar es hidroquímico. Es experto en un área relativamente joven en la cual los profesores y laboratorios israelíes han tomado la delantera. Estos científicos pioneros intentan dilucidar no solo lo que ocurre con la hormona que compone una pastilla anticonceptiva una vez que llega a la planta de tratamiento de aguas residuales, sino también los cambios que puede sufrir dicho compuesto al mezclarse con antibióticos o con cualquiera de las miles de pastillas diferentes o productos de cuidado personal que se hallan en las aguas residuales del mundo. «Cuando la mayoría piensa en la seguridad del agua— declara Avisar—, ellos piensan en los países en desarrollo cuyas aguas tienen patógenos que causan la muerte de un bebé. Esa es una cuestión muy importante. Sin embargo, hay otros problemas por los que preocuparse en el agua de los países desarrollados»[51].

En los últimos diez años los hidroquímicos adquirieron la capacidad de medir los contaminantes farmacéuticos y los residuos del agua, a pesar de que las cantidades son extremadamente pequeñas. Estos compuestos se miden en forma infinitésima, en partes por billón en volumen.

Aun así, Sara Elhanany, quien está al cargo de la división de calidad de agua de la Autoridad del Agua de Israel, dice lo siguiente: «Nos lo tomamos muy en serio. Nadie elude el tema. Lo controlamos. Sin embargo, tenemos que encontrar todavía una relación entre los compuestos presentes en el agua y cualquier cambio en la salud de los israelíes que consumen los cultivos que se riegan con ella»[52].

El profesor Avisar no cree que este problema afecte exclusivamente a Israel, a pesar de que el país, por propio interés, desarrolló una pericia académica y regulatoria al respecto para tratar de dilucidar los peligros potenciales. «Si un compuesto específico es peligroso de forma aislada, no sabemos si se torna peligroso al exponerlo al sol o si se descompone por completo o cuál podría ser el efecto a distintas temperaturas —señala—. También podría pasar que, como utilizamos las aguas residuales para riego, los compuestos se descompongan en el suelo»[53].

Tanto Elhanany por su lado como Avisar por el suyo hacen denodados esfuerzos por reiterar, una y otra vez, que nadie sabe aún si se trata de un problema, pero también señalan que, de ser así, sería uno grave, de implicancias globales. Por ejemplo, Nueva York, así como todas las ciudades a lo largo de la costa atlántica de los Estados Unidos, tratan las aguas residuales y luego las descargan en los ríos que desembocan en el océano Atlántico con los residuos farmacéuticos que contienen. La gente come el pescado que se captura en el Atlántico. En Canadá ya se presentaron casos de peces que murieron por ingerir estrógenos que se hallaban en pastillas anticonceptivas y peces machos capturados que habían desarrollado órganos sexuales femeninos[54].

En el caso de aquellas ciudades que sacan el agua potable de los ríos de los alrededores, el problema reviste mayor gravedad que el de los peces extraídos del océano. «A lo largo de las costas del Rin y de otros ríos de Europa —señala Avisar— las ciudades descargan las aguas residuales tratadas junto con los compuestos farmacéuticos». Las que se encuentran aguas abajo utilizan como agua potable la que sacan del mismo río antes de devolverla a este como agua residual tratada. «Cuando esa misma agua ha pasado por diversas ciudades a la vera de dicho río —manifiesta el profesor—, no caben dudas de que la gente consume parte de los productos farmacéuticos residuales en el agua potable. Desarrollamos las herramientas para medir la minúscula presencia de estos compuestos y para estar alertas sobre el potencial peligro, pero todavía no sabemos qué consejo dar. La ciencia sigue en desarrollo»[55].

Según Elhanany, Israel hará todo lo que haya que hacer para mantener protegidos tanto a los ciudadanos como su agricultura. «Asumimos el costoso proceso de exigirle a cada planta nueva que realice el tratamiento terciario de las aguas residuales para que las personas y los cultivos estén seguros —argumenta—. Dentro de algunos años la mayoría de las plantas de tratamiento secundario, también con un elevado coste, se transformarán en plantas de tratamiento terciario»[56].

Elhanany plantea como hipótesis un nivel de tratamiento en el que nadie siquiera pensaba hace algunos años. «Tal vez descubramos que todas las aguas residuales deben someterse a un cuarto tratamiento, o que tenemos que pasar a uno basado en membranas para todas las aguas residuales tratadas», señala. Basándose en el invento de dos profesores del Instituto Technion, Memtech, empresa fabricante de membranas, desarrolló un método para el filtrado de moléculas farmacéuticas de las aguas residuales hasta el nivel de nanopartículas[57].

«No está en discusión renunciar al aprovechamiento del agua recuperada. El tratamiento de las aguas residuales y su reutilización es más seguro para la salud de las personas que su tratamiento y posterior descarga —señala Elhanany—. Si es necesario un tratamiento más exhaustivo, lo haremos»[58].

Del desecho al «¡guau!»

Los efectos del agua recuperada en Israel van más allá del obvio beneficio de crear una nueva fuente de recursos hídricos para la agricultura. Sin los beneficios del agua tratada, Israel se habría transformado en una economía seca, con muy poca agricultura o ninguna. Hubiera sido necesario importar frutas, verduras y granos.

En una región árida con un recurso hídrico limitado y una población en crecimiento, el agua recuperada contribuyó a aliviar la presión de los activos naturales. Su empleo como recurso adicional le permite al país soportar mejor una sequía sin sobrecargar el abastecimiento de agua natural.

Existen otros beneficios. La mayor parte de la población de Israel está aglutinada en unos pocos centros urbanos. Disponer de abundante cantidad de agua para la agricultura le permite al país alejarse de su centro. Cada una de estas áreas periféricas —que hoy son principalmente agrícolas— tiene el potencial de transformarse en una nueva zona de desarrollo y permitir que la población se disperse hacia afuera del atestado centro del país.

Israel es el único Estado del mundo que tiene menos superficie de desiertos hoy que hace cincuenta años[59]. Una fotografía de satélite lo demuestra a las claras: ciudades construidas a lo largo del territorio y una gran franja verde que atraviesa todo el desierto del Néguev. En el resto del mundo, el problema de los desiertos en expansión, denominado desertificación, genera problemas económicos y sociales en muchos países áridos[60]. Con el avance de los desiertos, se produce el retroceso de las comunidades, lo cual a veces trae aparejada una fractura social y exacerba la pobreza. El cuidadoso desarrollo de franjas agrícolas en todo Israel, especialmente en la parte árida del sur, adonde se envía toda el agua de Shafdan, les ofrece a otros países un modelo prometedor[61].

Si hay algo que Israel ha logrado muy bien es la reutilización de las aguas residuales. Como existe menos oferta que demanda de este recurso hídrico paralelo, los agricultores lo pagan más caro. La generación anterior de agricultores recibía agua dulce extremadamente subsidiada, pero se quejaba de que no les resultaba suficiente. La actual cuenta con toda el agua que necesita, tanto de fuentes naturales como alternativas, pero le preocupa que el precio que tiene que pagar por ella haga que su producción de vegetales sea demasiado costosa en los mercados mundiales[62]. Los planificadores de sistemas hídricos apuestan por que el coste redundará en mayor eficiencia en los establecimientos agrícolas y que, a la vez, incentivará el surgimiento de más innovación y tecnología israelí.

El tratamiento de las aguas residuales comenzó en Israel para reducir la contaminación y mejorar la calidad de vida de los ciudadanos. La polución de los ríos es menor en la actualidad, la causada por el país en el Mediterráneo se redujo en gran medida y seguirá en franca disminución[63], y sus acuíferos corren hoy un menor riesgo de contaminación. De forma paralela, Israel desarrolló un sistema de abastecimiento de agua simultáneo, que dista mucho de ser ideal para consumo o aseo, pero puede utilizarse de manera segura en las actividades agrícolas.

Independientemente del clima, todos los países del mundo producen enormes cantidades de aguas residuales. Aquellos que se encuentran bajo un creciente estrés hídrico pueden aprender del ejemplo de Israel y convertir las aguas residuales, que aún son una molestia para ellos, en un recurso preciado.

6

DESALINIZACIÓN: CIENCIA, INGENIERÍA Y ALQUIMIA

> Regar el desierto con agua de mar purificada a muchos les
> parecerá un sueño, pero Israel, menos que ningún otro país,
> debe temerles a los sueños que pueden transformar el orden
> natural. [...] Todo lo que se logró en este país fue el resultado
> de sueños que se hicieron realidad gracias a la visión, la ciencia
> y la capacidad de ser pioneros.
>
> DAVID BEN GURIÓN (1956)

El asesinato del presidente John F. Kennedy ocurrió en 1963, dos semanas antes de la fecha prevista para la gala de recaudación de fondos del Instituto Weizmann de Manhattan. El mandatario había sido anunciado como orador principal y, tras su muerte inesperada y violenta, los organizadores decidieron cancelar el evento. La cena se llevó a cabo dos meses después. Por suerte para los anfitriones, Lyndon Johnson, el sucesor de Kennedy, accedió a ocupar el lugar del presidente asesinado como orador en el evento reprogramado.

El instituto Weizmann era un centro israelí de liderazgo en investigación científica y hoy continúa siéndolo. Fue fundado en 1934 por Chaim Weizmann, científico mundialmente reconocido que luego se convertiría en el primer presidente de Israel. Al instituto se le cambió el nombre en honor a Weizmann en 1949, al año siguiente de la fundación del Estado, cuando es elegido jefe honorífico del país. Desde sus inicios el instituto asumió una diversidad de desafíos científicos. Uno de ellos consistía en la eliminación eficiente de la sal del agua de mar[1]. La investigación en el área de desalinización tenía aristas científicas, pero también grandes implicaciones ideológicas y políticas para el joven país[2].

El éxito de la desalinización produciría importantes beneficios para Israel, al contribuir al objetivo sionista de construir una sociedad y una economía seguras y autónomas que fueran un imán para los judíos del mundo. La falta de recursos hídricos naturales provenientes de los ríos y de las precipitaciones, así como la creciente escasez de agua, se transformarían en un impedimento tanto para la vitalidad económica del país, como —no menos importante— para la capacidad de absorber las nuevas oleadas de judíos que buscaban reubicarse en Israel. La desalinización a gran escala de agua salada del Mediterráneo se consideraba una solución ideal, aunque completamente teórica.

David Ben Gurión, fuerza impulsora del desarrollo de las instituciones que llevarían a la creación del Estado de Israel y primero en ocupar el cargo de primer ministro, nunca dejó de pensar en el agua. Shimon Peres, que fue su colaborador cercano y luego se convirtió también en primer ministro y en presidente de Israel, dice que todo el tiempo hablaba de eso. Ben Gurión, señala Peres, estaba cautivado por la idea de transformar el agua salada del mar en agua dulce para consumo de hogares y fincas agrícolas[3].

Lyndon Johnson compartía el profundo interés de Ben Gurión por desalinizar el agua. Él, que había experimentado una dura vida en Texas, compartía las opiniones del israelí, quien se centraba en el desierto. En 1960, días antes de su elección como vicepresidente de Kennedy, Johnson le robó unos momentos a la campaña para ayudar en la redacción de un extenso artículo para la revista dominical del *New York Times*. La nota recomendaba un enfoque nacional centrado en el desarrollo de técnicas de desalinización económicamente viables como herramienta para la erradicación de la pobreza y la promoción de la paz mundial. En el fragor de la campaña, los candidatos realizaban muchísimas propuestas, y Johnson podría haber publicado un artículo en la revista sobre cualquier tema de más alto perfil. Sin embargo, eligió escribir sobre la desalinización, un tema en principio extraño para los neoyorquinos en cualquier momento, dado que no padecen de escasez de agua, y mucho más al cierre de una ajustada campaña presidencial[4].

La desalinización tiene el carácter de la ciencia, la ingeniería y la alquimia combinadas. Los alquimistas medievales intentaban utilizar el plomo, producto de escaso valor, y transformarlo en uno de gran valor, el oro. De la misma manera, el proceso de desalinización toma el agua de mar (o el agua continental salobre), la despoja de los elementos sin valor y la transforma en un producto vital, de enorme valor.

Los antiguos romanos intentaron purificar agua de mar para aprovisionamiento de sus ejércitos, pero los esfuerzos nunca llegaron lejos[5]. Durante la Segunda Guerra Mundial científicos estadounidenses también comenzaron a pensar en distintas maneras de eliminar la sal del agua, o en su defecto, el agua de la sal, que suena similar pero requiere de un abordaje y técnicas científicas completamente diferentes. Se dieron cuenta de que, con ambas técnicas, el problema era que podrían resultar razonables para aplicaciones militares limitadas, en las cuales el gasto carece de importancia. Pero debido a la enorme cantidad de energía que requiere la producción de agua pura a partir de la del mar, se habría transformado en algo prohibitivo para aplicaciones civiles, al menos con la tecnología disponible en ese momento[6].

Costoso o no, Johnson estaba seguro de que la desalinización era parte del futuro de los Estados Unidos y del mundo. Su postura como jefe de la bancada mayoritaria del Senado había sido fundamental en la obtención de fondos para proyectos federales de investigación sobre el tema, que fueron en su mayor parte asignados a la Oficina de Agua Salada de los Estados Unidos, establecida en 1952[7]. Los senadores sabían que podían contar con el apoyo de Johnson para los proyectos de ley que tuviesen que ver con el agua. Y mucho más aún si incluían investigaciones sobre desalinización[8].

«JOHNSON, EL JUDÍO»

Cuando Johnson subió al podio del salón de baile del hotel Waldorf Astoria para dar su mensaje a los mil setecientos invitados y donantes del Instituto Weizmann en febrero de 1964, probablemente muy pocos esperarían que pusiera en marcha un proyecto que, por un lado, desataría una inmediata tormenta de fuego en el mundo árabe, pero por el otro, prometería un impulso increíble a las iniciativas de desalinización de Israel. Johnson dijo: «Nosotros, como Israel, tenemos que encontrar una forma económica de transformar el agua salada en agua dulce, así que trabajemos juntos. Esta nación ya está manteniendo conversaciones con representantes israelíes acerca de iniciativas de investigación en conjunto sobre el uso de energía nuclear para la conversión de agua salada en agua dulce. Esto plantea un desafío tanto a nuestras habilidades técnicas como científicas. [...] Pero hay tantas oportunidades y tanto en juego que valen la pena todos los esfuerzos y toda nuestra energía, porque el agua es vida, el agua es oportunidades, el agua es prosperidad para aquellos que nunca conocieron el significado de esas palabras. El agua puede hacer desaparecer el hambre, puede recuperar el desierto y puede cambiar el rumbo de la historia»[9].

Desde Damasco hasta Beirut y El Cairo respondieron con furia al discurso de Johnson. Un columnista de un diario libanés se dirigió al presidente, que había nacido en Texas y era feligrés de la Iglesia de los Discípulos de Cristo, como «Johnson el judío» y dijo que el discurso «fue aún más allá de reconocer el nacimiento de Israel a reconocer el futuro de Israel». El diario del Gobierno sirio hizo referencia al discurso como «el máximo apoyo de los Estados Unidos a Israel»[10]. Los adversarios de Israel comprendieron lo que significaría un futuro con agua segura para su acérrimo enemigo.

A pesar de que Johnson creía que la desalinización representaba una herramienta esencial para la transformación de Oriente Medio, tal vez decidió tenderle una mano a Israel por el respeto que le tenía y por los rápidos e increíbles logros del país. Con una rara intuición, Johnson creyó que Israel sería un socio valioso, aunque un tanto inexperto, que le podría brindar un camino alternativo a su antiguo sueño de agua desalinizada.

En junio de 1964, cuatro meses después del discurso de Johnson en el Instituto Weizmann, Levi Eshkol, primer ministro de Israel, llegó a Washington D. C. en la primera visita oficial de un líder israelí a los Estados Unidos. El Consejo de Seguridad Nacional del país anfitrión había preparado una agenda con once puntos en orden de prioridad que le servirían a Johnson para las conversaciones de los dos días. «Iniciativas conjuntas de desalinización» era el tercer tema de la lista y fue el único elemento de los puntos de cooperación estadounidense-israelí que Johnson mencionaría en las palabras de bienvenida[11].

Específicamente para Eshkol, el agua había sido un factor importante para su ascenso dentro de la burocracia y la política sionista. Fue uno de los fundadores de Mekorot, la empresa de servicios de agua de Israel, donde había ejercido como director desde sus orígenes, antes de la creación del Estado, en la década de 1930. Si Ben Gurión fue el visionario del agua, Eshkol fue el leal colaborador a quien eligió para cumplir el sueño[12]. Por razones tanto personales como estratégicas, Eshkol se sentía muy emocionado de hablar con su homólogo estadounidense sobre el agua en general, y sobre la desalinización en particular.

«ERA COMO IR AL CASINO»

Nathan Berkman no está seguro de que Ben Gurión o Eshkol creyeran realmente que se podría sacar agua dulce del mar, al menos a un coste que los consumidores pudieran pagar. Berkman es oriundo de Alemania. Llegó a Israel en 1931, cuando era un niño pequeño, y vivió toda su vida allí, con excepción de dos años en los que realizó un máster en Administración de empresas en la Universidad de Nueva York. Cuando regresó a Israel en 1960 necesitaba un trabajo, y lo consiguió en un organismo gubernamental que se acababa de formar, dedicado a la desalinización. En ese entonces aún no tenía nombre; luego se llamaría Ingeniería de Desalinización de Israel. Encaramado en ese pequeño departamento del Gobierno y con una personalidad iconoclasta y práctica, Berkman estaba perfectamente posicionado para observar cómo la desalinización dejaría de ser un mero concepto con enfoques teóricos diferentes para transformarse en una realidad mundial.

Décadas más tarde, cuando el éxito de Israel en la desalinización ya era un hecho, Berkman miraba con franqueza hacia atrás y recordaba los inicios. «El comienzo de la desalinización en Israel fue Ben Gurión con un sueño, aunque, en realidad, no creo que él pensara que su propio sueño fuera posible». Berkman señala que ninguna persona del organismo del Gobierno cuya tarea era investigar la desalinización realmente creía en eso[13].

«La actitud era la de "Nunca se sabe" —continúa Berkman—. Era como ir al casino, apostar diez fichas y esperar a que pasara algo. En los primeros años del país hicimos muchas apuestas por el agua. El Acueducto Nacional fue una de ellas. La captación de lluvia fue otra. Hubo muchas. Nadie podía creer de verdad que la desalinización funcionaría, por lo menos no con un precio viable desde el punto de vista económico. Pero lo intentamos».

Berkman sugirió que los líderes de Israel tenían también otras motivaciones. «Para Ben Gurión y Eshkol —señala—, no había inconveniente. Si al final funcionaba, el país tendría agua desalinizada. Si no, podrían seguir viajando y dando inspiradores discursos sobre el sueño de hacer florecer el desierto»[14].

El leve cinismo de Berkman sobre las motivaciones de Ben Gurión son desmentidos por los diarios de ese último, que contienen muchas referencias concretas a las perspectivas científicas de la desalinización, así como también a sus implicaciones para la sociedad[15]. El exmandatario parecía creer fervientemente en esto. También abrazó las ideas de un intrigante «científico loco» que pregonaba lo que, tanto él como otros, creían que sería la solución técnica sin precedentes para lograr la purificación del agua de mar prácticamente sin coste.

Ese «científico loco» era Alexander Zarchin, oriundo de la Unión Soviética, quien había llegado a Israel en 1947, poco tiempo antes de la fundación del Estado. Zarchin, que se había formado como especialista en química, tuvo una idea a comienzos de los años 30 que, creyó, podría aplicarse extensivamente en zonas con escasez hídrica dentro la vasta Unión Soviética: tenía la intención de desalinizar agua salobre congelándola. Pero antes de que pudiera probar sus hipótesis, sus ambiciones científicas se vieron interrumpidas. Cuando los soviéticos descubrieron que el ucraniano, de religión judía, era sionista —lo que era considerado un delito en la Unión Soviética—, fue condenado a cinco años de trabajo forzado en una mina de asfalto al oeste de los montes Urales. Poco tiempo después de ser liberado, empezó la Segunda Guerra Mundial y lo reclutaron para el Ejército Rojo. Después de la guerra, Zarchin logró salir de Rusia para dirigirse hacia lo que pronto sería el Estado de Israel[16].

Zarchin estaba dispuesto a ayudar a su tierra de adopción y tenía bastante certeza de que su técnica de congelamiento resolvería los problemas hídricos de Israel. Por eso se las ingeniaba para entrevistarse con un funcionario del Gobierno tras otro. Para 1954 Zarchin, a quien se describía como una *nudnik* ('molestia') en un artículo periodístico contemporáneo, por fin se encontró cara a cara con Ben Gurión[17]. El primer ministro no era científico, pero se sentía intrigado[18].

La idea de Zarchin se basaba en el principio científico de que cuando el agua de mar se congela, la sal es expulsada de la masa acuosa. A pesar del desafío técnico implícito, si se pudiera eliminar la sal de los cristales de agua congelados, quedaría agua libre de sal en estado sólido o hielo. La sal extraída, sin valor, sería eliminada al devolverla al mar, un proceso mecánico relativamente simple. Una vez que se descongelara el agua desalinizada, quedaría agua dulce. El conocimiento de Zarchin fue todavía más lejos —lo cual resultó muy importante— al postular que se lograría un mejor congelamiento del agua de mar si se la rociara en el vacío. El enfoque de vacío-congelamiento-vapor-compresión se conoció como el «método Zarchin»[19].

Los científicos israelíes que analizaron la idea de Zarchin no podían definir si se trataba de una transformación sin precedentes si no se construía una costosa planta piloto. Ben Gurión decidió continuar financiando el concepto, lo cual representaba una gran decisión para un país con un presupuesto limitado. Dejó traslucir su ambivalencia en su diario: «Tal vez el invento de Zarchin no resulte práctico, pero puede que sea exitoso y tengamos una revolución con una fuerza redentora y valor internacional»[20].

Ingeniería de Desalinización de Israel fue creada por el Gobierno para desarrollar la idea. Nathan Berkman fue uno de los primeros empleados. A fin de ayudar a mitigar los costes y compartir el riesgo de construir plantas desalinizadoras para poner a prueba el método Zarchin, el Gobierno emprendió una iniciativa conjunta con Fairbanks Withney, empresa industrial de sistemas hídricos de Chicago[21]. Tras años de planificación, construcción y ensayos, quedó de manifiesto que este proceso, del cual se suponía que sería más económico que extraer agua de pozo, era prohibitivamente caro, más de 1,32 centavos por litro contra la milésima de centavo que Zarchin había proyectado.

Un valor de 1,32 centavos por litro de agua puede parecer económico para un mundo donde el precio del litro de agua en botella es superior al de la gasolina. Pero para consumo residencial, y especialmente para la agricultura, ese precio llevaría a un aumento de costes en la producción de alimentos. A pesar de estas primeras dificultades, Ben Gurión, Eshkol y el socio estadounidense decidieron seguir adelante varios años más, en los que Zarchin adjudicaba la culpa del fallo del sistema a la incapacidad de quienes lo rodeaban para entender su invento[22].

Finalmente, Zarchin se alejó del organismo gubernamental para concretar otras ideas y pasó de un proyecto a otro, quejándose de que se lo malentendía en todos y cada uno de ellos[23]. Aun así, dejó un legado muy importante.

El Gobierno israelí pasó de hablar sobre desalinización a hacer algo práctico al respecto. El país a esas alturas tenía un equipo de profesionales formados para trabajar en este tema que todavía era incipiente. Más aún, la evaporación y la compresión del vapor serían utilizados años más tarde, como parte de un método diferente, pero esta vez con gran éxito. El conocimiento técnico que surgió con Zarchin demostraría ser un cambio de paradigma para Israel[24].

Posiblemente lo más importante fue que, después de que Zarchin e Israel se embarcaran en la desalinización, el presidente Johnson, estudioso de los efectos de esta, tomó nota de que Israel compartía su interés.

DISTRAÍDOS POR LA GUERRA

La visita de Eshkol a Washington D. C. en 1964 se produjo en un momento de gran dinamismo para Israel. En los días siguientes estaba prevista la inauguración del enorme y extremadamente caro Acueducto Nacional. La economía del país había comenzado a despegar y la población crecía rápidamente[25]. La combinación de mayor población y mayor actividad comercial habían llevado al límite los recursos hídricos del país, mientras que las actividades para la construcción de la nación, así como los gastos en seguridad orientados a protegerse de los esporádicos atentados terroristas, agotaban el presupuesto. Eshkol y su grupo de diplomáticos estaban encantados de utilizar el prestigio de una visita de Estado para profundizar las relaciones entre Israel y los Estados Unidos, que no eran tan cercanas ni tan entramadas como lo son hoy en día. Pero el viaje no era puramente simbólico para el primer ministro. Eshkol esperaba obtener un apoyo financiero significativo de parte de Estados Unidos que le permitiera acelerar el desarrollo de la desalinización israelí.

Se sabía que Johnson podía ser duro o dulce dependiendo de lo que quisiera. Con Eshkol fue un encanto. En la primera noche de la visita de dos días, durante la cena de Estado, Johnson brindó con su invitado diciendo: «Primer ministro, justo esta mañana usted me dijo que el agua era sangre para Israel. Entonces tenemos que atacar juntos la escasez de agua de Israel mediante la muy prometedora técnica de desalinización. En verdad, esperemos que esta técnica beneficie a todos los pueblos del sediento Oriente Medio»[26]. Para Eshkol este fue un buen comienzo, pero no era lo que buscaba.

Al día siguiente los dos hombres volvieron a reunirse. Al igual que durante el brindis, Johnson puso el foco en la desalinización. Le dijo a Eshkol: «Queremos que Israel tenga más agua. Por esa razón estamos dispuestos a encarar un estudio relacionado con el programa de desalinización que también le brindará a Israel el agua que necesita. Si el estudio demuestra que el proyecto de desalinización es factible, vamos a ayudarlos a concretarlo»[27].

Los dos grandes gastos en el proceso de desalinización son los costes de energía para el proceso (continuos) y la inversión (por una sola vez) para construir la planta. Un país como Arabia Saudita, con una disponibilidad ilimitada de energía y un superávit presupuestario para financiación de proyectos de capital, podía tener, y de hecho tenía, una gran planta desalinizadora, aun cuando fuera costosísima e ineficiente desde el punto de vista energético. Israel entonces no tenía recursos energéticos conocidos e iba a ser necesario importar carbón, petróleo o gas a un precio elevado para mantener la planta en funcionamiento.

Independientemente de la fuente de energía, cuando el coste amortizado de la construcción de una planta desalinizadora se sumara al de la energía importada para hacerla funcionar, Eshkol sabía que estaría fuera del rango de precios que su país podía pagar. Aun con el entonces reciente éxito y crecimiento de Israel, el presupuesto nacional no podía afrontar las decenas de millones en gastos necesarios para construir una planta a escala industrial, y menos con un resultado poco claro. Para eso necesitaría la ayuda de los Estados Unidos.

Johnson quería que Eshkol entendiera el precio geopolítico que estaba dispuesto a pagar para ayudar a su país a ponerse en marcha. «Asistiremos a Israel en esto [el proceso de desalinización] en cuanto sea posible —dijo el presidente, según reflejan las actas diplomáticas de la reunión—. Por supuesto, habrá una reacción negativa de parte de los países árabes como resultado de su visita. Sin embargo, no me preocupa. Es importante, tanto para usted como para los Estados Unidos, que todo el mundo sepa que somos amigos. Por ello, esa no es razón para no seguir adelante con este proyecto de desalinización»[28].

Eshkol necesitaba solo una pieza más, y era alguna palabra respecto del apoyo financiero. Aunque no existe registro en las actas de que Johnson realizara una oferta explícita, el memorando para la reunión previa que se había escrito para el presidente dice que los préstamos estadounidenses a Israel podrían ascender hasta los cien millones de dólares, suma enorme para la época[29]. A pesar de que se trataba de un préstamo y no de un subsidio, ese importe representaba más del doble de lo que el Gobierno de los Estados Unidos había invertido, en total, en la Oficina de Agua Salada desde su creación en 1952 hasta comienzos de los años 60[30].

Al cierre de los dos días de deliberaciones en Washington D. C., el presidente asistió junto con el primer ministro a una recepción en el hotel Mayflower. La anfitriona era Miriam, esposa de Eshkol, y estaba dirigida a las mujeres de los funcionarios de Washington. De acuerdo al protocolo, el evento tuvo la cobertura de periodistas femeninas. Con un grupo de reporteras gráficas a su alrededor, los dos líderes departían amigablemente con un tono alegre. Johnson les dijo: «Nos parecemos mucho. Ambos somos agricultores». Luego habló a la prensa sobre un interesante programa nuevo que desarrollarían Israel y Estados Unidos: uno sobre desalinización, que «reconstituiría el mundo sin desiertos ni sequías»[31].

Johnson, que era conocedor de los caminos de las burocracias y estaba decidido a no dejar que su visión cayera presa de planes que no fuesen los propios, conformó equipos de negociación para elaborar los detalles del proyecto con los israelíes. Además, estableció la Comisión Interinstitucional sobre Programas Externos de

Desalinización con el fin de buscar financiación para la iniciativa[32]. Pero a comienzos de 1966 el secretario de Estado de Johnson, Dean Rusk, le manifestó que la planta israelí estaba demorada por «una enormidad de razones políticas, económicas y financieras»[33]. Johnson decidió designar a Ellsworth Bunker[34], prestigioso diplomático, como enviado especial, y lo hizo viajar en diciembre de ese año. Mientras Bunker se encontraba en Israel, le propuso a Eshkol la construcción de una planta desalinizadora por un valor de doscientos millones de dólares, pero también quería saber cómo pensaba Eshkol dividir los costes y cancelar los préstamos otorgados por los Estados Unidos[35].

A pesar de que la desalinización era un tema importante para Johnson, a fines de 1966 la Guerra de Vietnam consumía gran parte de su tiempo y su energía. Bunker fue reasignado como embajador en Vietnam, y no se eligió un reemplazo para la coordinación del proyecto con el Gobierno israelí. En cuanto a Eshkol, el agua tampoco era una prioridad en su agenda. Comenzaban a soplar vientos de guerra en Oriente Medio. Así como Johnson estaba preocupado por Vietnam, Eshkol estaba inmerso en el conflicto que se transformaría en la Guerra de los Seis Días en junio de 1967.

La siguiente vez que los dos mandatarios se reunieron fue en enero de 1968, cuando el israelí fue cálidamente recibido como invitado en el rancho LBJ, hogar de Johnson en Texas. En esta visita la desalinización distó de ser prioritaria entre los intereses y preocupaciones de ambos[36]. En el preámbulo de la Guerra de los Seis Días, Francia, que había sido durante mucho tiempo proveedor de armas de Israel, decidió cambiar de bando y hacerse amigo de los Estados árabes. Si bien Eshkol y sus asesores militares proyectaban un aire de confianza por la fantástica victoria sobre sus adversarios, sabían que estos se iban a recuperar y rearmar. Israel necesitaba encontrar su propio proveedor de armamento. Eshkol esperaba que Estados Unidos tomara ese relevo.

A pesar de que Johnson decepcionó a su amigo al demorar la decisión de la venta de armas, le ofreció a Eshkol una especie de premio de consolación. La visita de tres días concluyó con la promesa de que los Estados Unidos asumirían un renovado compromiso para llevar agua desalinizada a su país[37]. Enseguida nombró a George Woods, expresidente del Banco Mundial, como encargado de las deliberaciones sobre desalinización con Israel. Woods consultó a los israelíes y luego se reunió con Johnson, poco tiempo después de las elecciones presidenciales de noviembre, a las que este había decidido no presentarse.

En ese encuentro Woods le propuso al presidente entregarle a Israel un subsidio de cuarenta millones de dólares y un préstamo de otros dieciocho. Después de que le asegurase que estos fondos serían suficientes para la construcción de una pequeña planta desalinizadora piloto, aunque no para una megainstalación, Johnson manifestó que estaba listo para seguir avanzando[38].

Tres días antes de dejar su cargo, y con todas las actividades y obligaciones que eso implicaba, le envió una carta a Eshkol en la que relataba los esfuerzos que había hecho personalmente para ayudar a Israel a desarrollar la desalinización del agua. Le escribió que, en uno de sus últimos actos oficiales, le había solicitado al Congreso que proporcionara la financiación completa de la planta israelí. Mencionó, con una mezcla de orgullo y entusiasmo, que pronto esta produciría «más de ciento cincuenta y un millones de litros de agua desalinizada al día». Eshkol le respondió de inmediato que sus acciones eran cruciales para la promoción del avance económico y el establecimiento de la paz en Oriente Medio[39].

LOS TRECE INGENIEROS QUE CAMBIARON EL MUNDO

La inversión prometida por Johnson para la planta desalinizadora israelí se pospuso una y otra vez. Cuando Richard Nixon, el presidente entrante —quien había brindado su apoyo a la financiación del proyecto israelí durante la campaña presidencial—, asumió el cargo, tenía sus propios planes para el dinero que Johnson había presupuestado pero no había llegado a desembolsar[40]. Y lo que es aún más relevante, el proceso de asignación de fondos del Gobierno puede avanzar despacio, en especial cuando los que emiten los cheques —en este caso, la Oficina de Agua Salada de los Estados Unidos— y los que los cobran —un ansioso Gobierno israelí— tienen distintas visiones sobre la forma en que se debería gastar el dinero. Nathan Berkman no se hacía ilusiones sobre que el Gobierno enviara los fondos sin mediar una idea innovadora de parte de Israel. Los estadounidenses, recuerda haber pensado, tenían suficientes proyectos propios que necesitaban financiación[41].

En Israel el aparato completo de investigación sobre este tema —o sea, el equivalente en importancia a nivel nacional, pero no en tamaño, a la Oficina de Agua Salada de los Estados Unidos— era una pequeña agencia que se había establecido en 1959 para llevar las ideas de Zarchin a la práctica. Cuando se demostró que era irrealizable la idea del investigador y este abandonó la oficina en 1966, Nathan Berkman se hizo cargo de la agencia. Habían transcurrido seis años desde su regreso de Nueva York con el máster y del inicio de su primer trabajo.

«Cuando uno ve el papel que juega Israel en el campo de la desalinización en la actualidad, resulta difícil entender cómo era en los inicios —expresa Berkman—. Después del fracaso de la idea de Zarchin, sabíamos que necesitaríamos otra tecnología. Tanto para conservar el trabajo como para realizar el gran descubrimiento»[42].

En esa época, el departamento de Ingeniería de Desalinización de Israel estaba formado por trece ingenieros. Una vez por semana Berkman, quien había estudiado Economía y Administración de empresas pero no era ingeniero, organizaba una reunión con ellos, sobre todo a fin de realizar una lluvia de ideas con los nuevos métodos de desalinización, pero también para evaluar las que se estaban probando en otros lugares del mundo.

En un momento en el que no existía una manera establecida de desalinizar agua de forma eficiente y económica, el equipo de ingenieros de Berkman comenzó a desarrollar algunas de las ideas surgidas de esas sesiones. Combinaron ciertos elementos mecánicos de la técnica de Zarchin no relacionados con el congelamiento y los sumaron a diversos conceptos para el calentamiento de agua con el fin de generar vapor. Así crearon dos métodos de desalinización nuevos que resultaban eficientes desde el punto de vista energético y que hoy en día continúan en uso.

La primera idea, denominada Compresión Mecánica de Vapor (o MVC, por su sigla en inglés), es muy confiable y se utiliza en entornos donde el coste de una parada no programada sería económicamente inaceptable. Se emplea en operaciones mineras en las que la falta de agua dulce disponible obliga a interrumpir la operación que requiere un enorme volumen de esta. El aspecto negativo de la MVC es que por el aseguramiento de la continuidad se paga un precio en mayores costes operativos y, por ende, resulta mucho menos apetecible para la obtención de agua desalinizada a gran escala.

Sin embargo, la investigación relativa a la MVC llevó al equipo de Ingeniería de Desalinización de Israel a inventar un segundo método, que constituyó una variación de un proceso con calor denominado MED (sigla en inglés de Destilación de Múltiple Efecto). La MED había sido inventada a finales del siglo XIX y se utilizaba en una diversidad de procesos industriales como la evaporación de zumo de fruta para obtener el azúcar natural. De la misma forma comenzó a utilizarse para extraer el agua dulce a partir del agua de mar.

La innovación desarrollada por el equipo de Ingeniería de Desalinización de Israel utilizaba un conjunto de tubos de aluminio conectados entre sí que reemplazaban a las cámaras originariamente empleadas para calentar agua y producir vapor. Debido a que los tubos de aluminio mantenían y transferían el calor de manera más eficiente que cualquier otro método o material usado antes, era posible tener una temperatura elevada y estable, por lo tanto había una menor necesidad de contar con una nueva fuente de calor para calentar el agua que se agregaba durante el proceso. El proceso MED israelí utilizaba menos energía que cualquier otro procedimiento de desalinización con calor. En un proceso de gran demanda de calor, constituyó un avance significativo para reducir los costes en un terreno como la desalinización, que todavía continuaba evolucionando[43]. Pero cuando se lanzó a fines de los años 60, muchos consideraban que era una teoría interesante sin ninguna certeza de funcionar cuando se la instalara en circunstancias reales.

El escepticismo que prevalecía respecto del proceso MED que utilizaba tubos de aluminio solo cambiaría tras la construcción de una planta piloto a mediados de la década de 1980. Se levantó en Ashdod, Israel, sobre la costa sur del Mediterráneo[44], con un subsidio especial de veinte millones de dólares otorgado por los Estados Unidos y una contrapartida de fondos locales[45]. La donación estadounidense fue fruto de un largo proceso iniciado por el presidente Johnson, aunque modificado varias veces durante ese ínterin.

A pesar de la frustración israelí porque el dinero no llegaba antes, el ritmo metódico y burocrático establecido por la Oficina de Agua Salada benefició mucho al país[46].

La planta fue construida con un presupuesto menor que los cien millones de dólares que Johnson había previsto en 1964. Pero estos sueños grandilocuentes de desalinización incidieron en la vitalidad de la burocracia estadounidense. La planta piloto no fue tan grande como para mejorar el abastecimiento de agua dulce de Israel, pero sí lo suficiente para probar la eficacia de la MED como el próximo paso en el desarrollo y la implementación del proceso de desalinización.

UNA EMPRESA GLOBAL PARA AUTOPRESERVACIÓN SE PONE EN MARCHA

En la década de 1960, mientras la MED con su diseño en base a tubos de aluminio todavía estaba en desarrollo, Berkman comenzó a preocuparse por un potencial problema mucho más inmediato y personal. En vistas de que la técnica de congelamiento de Zarchin había quedado fuera de escena, y debido a que los Estados Unidos no iban a desembolsar dinero rápidamente, él temía correr el riesgo de que en la siguiente revisión presupuestaria eliminaran a Ingeniería de Desalinización de Israel. Con la intención de conservar su trabajo, decidió que su grupo tenía que buscar una manera de independizarse del Tesoro nacional israelí.

Dado que había otros países en busca de soluciones de desalinización para sus propios problemas hídricos, a fines de la década de 1960 y principios de la siguiente Berkman decidió que su propio organismo gubernamental emprendiera una iniciativa comercial para vender el conocimiento que el grupo tenía sobre procesos de desalinización —así como estaba— a los demás. «Lo hice por mi cuenta —señala Berkman—. No se lo comuniqué a nadie al principio. Quería ser lo más invisible que fuera posible para que la siguiente vez que alguien se fijara en nosotros no le costáramos nada al Gobierno. También creía que sería buena idea adquirir experiencia en plantas desalinizadoras»[47]. De esta manera, la unidad se transformó en una empresa con fines de lucro incorporada al Gobierno.

Berkman cambió el nombre Ingeniería de Desalinización de Israel por IDE Technologies y anunció la disponibilidad del grupo para la construcción de unidades desalinizadoras. Poco tiempo después IDE celebró su primer contrato para instalar una planta con tecnología MVC en las islas Canarias, archipiélago que pertenece a España. El siguiente fue un contrato con el Gobierno iraní, con quien existía en ese momento una relación amistosa, para instalar pequeñas plantas desalinizadoras con esa tecnología en varias bases de la Fuerza aérea. La empresa de desalinización del Gobierno israelí prosperó.

En la década de 1980 IDE se fusionó con otra empresa gubernamental. En los 90, como parte del auge de las privatizaciones en el país, la compañía se vendió[48]. Durante los veinticinco años en los que Nathan Berkman supervisó IDE, organismo con fines de lucro que tenía cada vez mayor actividad, se construyeron, diseñaron, instalaron o administraron más de trescientas plantas desalinizadoras. Muchas eran pequeñas, pero «con cada una probamos algo nuevo», señala Fredi Lokiec, alto ejecutivo de IDE. «Nunca aceptamos la idea de una copia idéntica. Con cada planta, tanto ahora como antes, veíamos qué podíamos hacer distinto»[49].

En los últimos años IDE diseñó y construyó muchas de las plantas desalinizadoras más grandes del mundo. La mayor del hemisferio occidental se halla ubicada en Carlsbad, California. Produce 204 millones y medio de litros de agua dulce al día[50]. Las plantas desalinizadoras más grandes de China[51] (200 millones y medio de litros diarios) y la India[52] (más de 401 millones de litros) también son plantas diseñadas por IDE. La planta china es de tipo MED exclusivamente, mientras que la de la India es híbrida. De igual modo, Mekorot, empresa de agua nacional de Israel, también tiene presencia en la construcción o administración de plantas desalinizadoras, aunque a menor escala.

Por eso no sorprende que IDE tuviera un papel esencial en el desarrollo del abastecimiento de agua desalinizada de Israel. Construyó y administra tres de las plantas desalinizadoras más grandes del país, incluso la de Sorek, ubicada a dieciséis kilómetros al sur de Tel Aviv, que es la más grande y moderna del mundo y produce 624 millones y medio de litros de agua cada día[53].

EL CAMINO A SOREK

Ben Gurión pudo haber soñado con un día en que el agua desalinizada omnipresente transformara al país y la región, pero él tenía la capacidad de pronunciar inspiradores discursos sobre cómo hacer florecer el desierto sin una sola mención al coste. Y cuando este se comparaba con el agua gratis o muy económica de las precipitaciones, de los acuíferos o del mar de Galilea, un coro de opiniones contrarias sofocaba a los soñadores. A pesar de que el precio se había reducido quince veces en las décadas transcurridas desde su implementación a finales de los 50, cuando se utilizaba el método Zarchin, a comienzos de la década de 1990 todavía seguía siendo una fuente de agua costosa.

Ronen Wolfman ejercía como funcionario ejecutivo del departamento de Presupuesto del Ministerio de Finanzas, que en la década de 1990 estaba a cargo del área de infraestructura. En ese momento estaba entre los que se oponían más firmemente a la construcción de centros de desalinización de agua de mar. «En primer lugar —dice Wolfman— el precio era muy elevado. La tecnología mejoraba todo el tiempo y no quería un compromiso exclusivo con una planta enorme que tuviéramos que soportar durante décadas. Tenía la intención de postergar ese día lo más posible. En segundo lugar, seguíamos sin utilizar para la agricultura suficiente cantidad de agua residual tratada. No quería embarcarme en nada que lo desalentara. Y en tercer lugar, estaba seguro de que los agricultores elegían los cultivos equivocados porque habíamos sido demasiado indulgentes con el volumen asignado. Con un cambio en los cultivos, podríamos ahorrar mucho agua»[54].

El departamento de Presupuesto trabajó conjuntamente con otros organismos del Gobierno para instar a los agricultores a producir especies que demandaran menos agua. La cantidad de algodón —cultivo de alto consumo de agua— que se implantaba en Israel se redujo en un 70 por ciento. Se otorgaron becas científicas para investigar aquellas plantas que podían crecer sin grandes volúmenes de este recurso. Además, el Gobierno promovió una iniciativa global para captar el mayor volumen de aguas residuales posible en el país a fin de reutilizarla en la agricultura[55].

Desde arriba deben haber oído nuestras plegarias por la lluvia y respondido a ellas —pero con el efecto de frenar el avance a favor de la desalinización—. Cada tantos años en Israel se disfrutaba de un invierno con lluvias copiosas. Y en cada oportunidad el mar de Galilea y los acuíferos del país se volvían a colmar de agua. Los políticos de la Comisión del Agua de Israel y los del Ministerio de Finanzas lo utilizaban como argumento para postergar cualquier compromiso con el proceso de desalinización.

Dos profesores del Instituto Technion pensaron que la indecisión era irresponsable y querían intentar reorientar las prioridades hídricas nacionales. «Esto fue antes de que se comenzara a hablar del cambio climático, pero sabíamos que era cuestión de tiempo que Israel padeciera otra sequía —señala el profesor Rafi Semiat, experto en desalinización—. Inevitablemente, una de esas sequías nos iba a superar»[56].

Semiat y un colega del Instituto Technion, el profesor David Hasson, decidieron tratar de influenciar el diseño de políticas. «Conscientes del tiempo de elaboración para cualquier proyecto de infraestructura —indica Semiat—, queríamos que los dirigentes dejaran de valerse de uno o dos años de lluvia como excusa para eludir la inevitable decisión de que era necesaria una solución tecnológica avanzada para resolver este problema»[57]. Los profesores crearon la Sociedad Israelí de Desalinización y organizaron una reunión anual a partir de 1995 con el fin de educar sobre el proceso y proponerlo como solución.

Lo que resultó aún más importante es que algunos líderes de ambos partidos mayoritarios llegaron a creer que no era suficiente apostar por las copiosas lluvias de invierno y por soluciones relativamente fáciles[58]. Ariel Sharon, futuro primer ministro de la nación, que en ese entonces era ministro de Infraestructura, concluyó que, más temprano que tarde, la desalinización se convertiría en una necesidad[59]. Cuando el Gobierno del cual Sharon era funcionario fue reemplazado en las elecciones nacionales de 1999, el nuevo ministro de Finanzas, Avraham Baiga Shochat, había llegado en forma independiente a la conclusión de que el proceso de desalinización era algo que se debía estudiar de cerca.

Shochat ya había ocupado el cargo de ministro de Finanzas durante el período de Gobierno que se inició en 1992 y en esa función había participado en diversas iniciativas para encontrar una solución de infraestructura al problema del agua, anticipándose al momento en que una sequía grave azotara la región. Sin embargo, durante su primer mandato como ministro, el tratamiento de la desalinización y otras soluciones se posponían cada vez que se producían lluvias copiosas. A fines de 1999, de vuelta en el Gobierno y en la misma cartera, Shochat convocó a un grupo de ministros del Gabinete para lograr un consenso sobre la pertinencia de aventurarse en la desalinización[60].

Antes de avanzar, quería asegurase de no contar con ninguna otra alternativa que funcionara. Una propuesta que recibió mucha atención fue importar agua de Turquía[61], en ese momento aliado político y militar cercano a Israel. Aunque en la actualidad Turquía tiene problemas hídricos, sobre todo a consecuencia del mal control y la sobreexplotación del recurso, en 2001 todavía era una nación rica en agua que deseaba monetizar su superávit hídrico. Las Fuerzas Armadas israelíes también manifestaron su apoyo a la idea porque serviría para profundizar las relaciones entre ambos países[62]. Pero tras analizar varias alternativas, la opción turca fue descartada por razones logísticas y de precio. Ponderando hoy el antagonismo turco contra Israel, la decisión de no depender de Turquía para obtener agua demostró ser también un acierto geopolítico[63].

Shochat y el gabinete de ministros tuvieron que tomar otra determinación importante: o el Gobierno se encargaba de la construcción de la planta desalinizadora o se convocaba a licitación para que la administrara una empresa privada, ciñéndose a estrictos parámetros de control. Israel tenía una larga trayectoria de entidades gubernamentales que administraban grandes proyectos, y Mekorot, la multifacética empresa nacional, tenía probada experiencia en procesos de desalinización de agua salobre continental.

Sin embargo, Ronen Wolfman y otros funcionarios del departamento de Presupuesto hacía poco tiempo habían construido una autopista con una empresa privada y, a pesar de no estar a favor de las instalaciones desalinizadoras, estaban seguros de que una entidad privada sería superior a Mekorot o a cualquier otro organismo público, independientemente de la experiencia que estos pudieran tener en desalinización. «No solamente serían otras las espaldas que cargaran con el coste del proyecto, sino que estaba seguro de que el sector privado obtendría un mejor resultado que el Gobierno e incluso que una empresa estatal como Mekorot», señala Wolfman, nacido y criado en un kibutz, quien irónicamente luego fue designado director general de Mekorot y en la actualidad es uno de los líderes de Hutchison Water, empresa de servicios de agua sino-israelí que tiene una participación en la mayor planta desalinizadora de Israel[64].

El Gabinete eligió tomar el camino de lo privado; optó por un consorcio integrado por IDE, de Israel, Veolia, de Francia, y otras empresas. El principal elemento que consideraron cuando se seleccionó al ofertante fue la certeza de que sus socios tuvieran capacidad de gestión suficiente para gestionar la planta desalinizadora durante los veinticinco años de vigencia del contrato y no solo su experiencia en el proceso de desalinización y capacidad de financiación. La planta sería construida en la costa del mar Mediterráneo en Ashkelón, Israel, y gestionada por el consorcio IDE-Veolia. Al final del plazo se transferiría la titularidad al Gobierno. Como contraprestación, este se comprometía a comprar un volumen fijo de agua por año y a pagar un presupuesto anual definido que les permitiera a los socios tener un flujo de fondos garantizado[65].

Durante la etapa de diseño de la planta, IDE y Veolia tuvieron que tomar varias decisiones importantes; tal vez la más importante fuera determinar qué tecnología emplear para el procesamiento del agua marina. Algunos años antes IDE había cambiado el mundo de la desalinización con el método MED con tubos de aluminio y había utilizado con éxito esa tecnología en varias plantas construidas en otros países. Hubiera sido lógico adoptarla también en Ashkelón. En cambio, los socios decidieron hacer uso de una idea con todavía mayor eficiencia energética denominada «ósmosis inversa» (OI), con la cual IDE tenía mucha menos experiencia. Casualmente, la ósmosis inversa tenía una fuerte conexión con Israel.

ÓSMOSIS INVERSA: UN ENORME PASO AL FRENTE

El agua marina es una mezcla de agua pura, sal y otros minerales. Cuando pasa por el proceso de ósmosis inversa, atraviesa una membrana y, como resultado, el agua pura sigue una dirección y las moléculas de sal, otra. El fango salitroso remanente se denomina «salmuera» y se devuelve al mar. Se puede utilizar el mismo proceso para extraer minerales u otros materiales indeseables del agua fuente. Pero más allá de las partículas a extraer, la membrana es el elemento esencial.

Cuando se creó la membrana de OI, no se tuvo en mente el agua marina sino el agua salobre. Esta última es menos salada que la de mar y se encuentra en los llamados acuíferos fósiles, que contienen agua acumulada en eras geológicas anteriores y que se mantuvo intacta el tiempo suficiente como para que mayor o menor cantidad de sal y minerales se lixiviaran hacia la fuente subterránea. También se produce agua salobre cuando se ponen en contacto agua marina y agua dulce, como ocurre cuando un río desemboca en el mar.

A comienzos de la década de 1960, cuando Sidney Loeb, que era oriundo de Kansas, tenía más de cuarenta años, comenzó a preparar su doctorado en la Universidad de California en Los Ángeles (UCLA) sobre un campo de la ingeniería química que se encontraba en evolución. Loeb investigaba si el agua salobre podría purificarse y convertirse en agua dulce por medio de una membrana especialmente construida. Trabajaba con un compañero de laboratorio y desarrolló una con nanoorificios que tenían el tamaño suficiente como para permitir el paso del agua pura y detener el de las partículas de sal y de otros minerales disueltos[66].

En 1965 la membrana de Loeb fue trasladada a un pequeño pueblo de California llamado Coalinga para realizar un ensayo. El agua disponible en el lugar tenía un contenido de minerales tan elevado que no resultaba potable. Para el consumo, debía traerse el agua en tren desde otro pueblo. Este ensayo no solo cambió el futuro de Coalinga sino el de la desalinización, dado que con la membrana de Loeb se logró purificar el agua que antes no era potable[67].

Si Loeb hubiera tenido instinto de negocios, habría comercializado la membrana de OI. Pero en cambio, solicitó una patente y luego no hizo nada. Justo en esa misma época comenzó a tener problemas matrimoniales. Como necesitaba un trabajo y dado que en California estaba permitido divorciarse sin mediar juicio en caso de que la pareja no hubiera convivido durante un año, en 1996 aceptó una oportunidad de ir a Israel para emprender un proyecto de nueve meses. Fue su primera visita al país. Volvió a nacer a partir de ella. Y los nueve meses previstos se transformaron en toda la vida[68].

Loeb, quien en su país era un científico mediocre al que nadie prestaba atención, fue aceptado en Israel como un gran pensador. Se creía que el desierto del Néguev ocultaba debajo de la arena billones de litros de agua cargada de minerales. Algunos de los acuíferos fósiles fueron utilizados para el magro desarrollo de la región; sin embargo, las iniciativas de desalinización continentales eran costosas y se creía que no valían la pena. Se pensó que la membrana de Loeb era una posible solución. Hubo un experimento exitoso de desalinización de agua salobre en el sur del Néguev, en el kibutz Yotvata. El estadounidense se convirtió en una sensación local en la comunidad científica[69].

Además del reconocimiento profesional, se enamoró de una mujer que venía de Inglaterra y se había mudado a Israel en 1946, cuando todavía era adolescente. Y a pesar de que Loeb era un judío estadounidense asimilado, su visita coincidió con la Guerra de los Seis Días, lo cual despertó en él profundos sentimientos de identidad nacional.

Permaneció en el país durante casi tres años y luego volvió a Los Ángeles a divorciarse de su esposa. Pronto se casó con Mickey, su amor británico-israelí. Pero no era posible transferir la estima que recibía en Israel a su país natal. Durante su regreso a los Estados Unidos no se le ofreció ningún puesto académico, y un breve esfuerzo por establecer una empresa consultora se desvaneció nada más comenzar. Cuando el Instituto Néguev (que luego se transformaría en la Universidad Ben Gurión) lo invitó a formar parte del cuerpo docente en el área de Ingeniería química, aceptó sin dudarlo[70].

De regreso en Israel, Loeb presentó su membrana de OI a Nathan Berkman y otras personas, pero estos no creyeron que fuera una solución mejor que el proceso MED de IDE[71]. «Sid no tenía habilidades comerciales —señala Mickey—. Desde que solicitó la patente de ósmosis inversa recibió 14 000 dólares en regalías. ¿Te das cuenta? ¡14 000 dólares por una idea que propició una industria multimillonaria!»[72].

Un observador más imparcial coincide con esta valoración de Mickey Loeb sobre su marido. «Sidney Loeb fue a la ósmosis inversa lo que los hermanos Wright a la aviación, Henry Ford al automóvil y Thomas Edison a la luz eléctrica —señala Tom Pankratz, estadounidense, veterano de la industria y también editor del *Water Desalination Report*—. Por supuesto que hubo otros que hicieron las cosas mejor después de que ellos comenzaron, pero ellos fueron los fundadores. Sidney Loeb fue el padre de la ósmosis inversa. Pero sencillamente no se le retribuyó ni con fama ni con dinero, como a los demás»[73].

Desde cualquier punto de vista, Loeb era un hombre extremadamente amable y humilde. Y sin lugar a dudas, llegar a vivir para ver adoptada su membrana de OI en la planta desalinizadora de Ashkelón convalidó el trabajo de toda su vida. Asistió a la apertura en 2005, pero falleció tres años después, antes de poder comprobar cómo la desalinización mediante ósmosis inversa cambiaría Israel y el mundo. La ósmosis inversa pasó de utilizarse de manera limitada en la remoción de la sal y los minerales del agua salobre continental a transformarse en la tecnología líder, responsable de la desalinización del 60 por ciento del total de agua salada procesada en las plantas del mundo entero[74]. A medida que vayan quedando inactivas las instalaciones más antiguas, la filtración por membranas tendrá un rol cada vez más preponderante.

El agua desalinizada se fabrica y por eso siempre será más costosa que las fuentes naturales, como la lluvia, los lagos, los ríos e incluso los acuíferos. Pero la planta de Ashkelón fue una sorpresa. Debido al empleo de la membrana de ósmosis inversa, el agua no solo era la de mejor calidad de Israel en cuanto a limpieza, baja salinidad y transparencia, sino que terminó costando un 50 por ciento menos que cualquiera de las estimaciones entregadas al Gabinete cuando decidió avanzar con el proceso de desalinización. Como el precio era tan bajo, el Gobierno le solicitó al consorcio IDE-Veolia que duplicara la producción diaria para llegar a poco menos de 303 millones de litros de agua desalinizada[75].

Pero la inauguración de Ashkelón en 2005 fue solamente el comienzo.

A lo largo de la costa mediterránea de Israel se abrieron otras plantas desalinizadoras, una en Palmachim, en 2007, y otra en Hadera, en 2009. La megaplanta de Sorek se inauguró en 2013. Si bien Palmachim y Hadera incorporaron sus propias innovaciones, esta última es una maravilla de la ingeniería y de la creatividad financiera. A fin de bajar los costes, utiliza franjas de electricidad a bajo coste o en períodos de menor demanda durante el día y la noche, hazaña que suena fácil, pero no lo es[76].

El valor de las propiedades sobre la playa es muy elevado. Por esa razón, Sorek se construyó a un kilómetro y medio aproximado de distancia del Mediterráneo y a unos tres kilómetros de donde se capta el agua marina primero, y luego, con una tubería independiente, se devuelve la salmuera hipersalada al mar por medio de un difusor. Dado que existen zonas construidas entre la costa y Soreq, las tuberías debieron instalarse bajo tierra pero sin la posibilidad de excavar. Los conductos hacia el Mediterráneo fueron construidos mediante el proceso de hincado de tuberías, a través de la instalación de tubos sin zanja con gran presión para poder atravesar la superficie.

Con un coste de construcción de cuatrocientos millones de dólares, tal vez Sorek no pueda emularse en todos lados, pero su tecnología innovadora, sobre todo en cuanto al manejo de la energía y los ahorros se introducirá gradualmente en todas las plantas de OI que se construyan en el futuro. La planta, que fue construida por IDE y la empresa sino-israelí Hutchison Water, incorpora protecciones ambientales que prevén la limpieza del agua y la seguridad ictícola, que casi no se contemplaban antes.

Con Ashkelón, Palmachim, Hadera, Sorek y otra —gestionada por Mekorot— en Ashdod, junto con las plantas desalinizadoras de agua salobre por ósmosis inversa, Israel actualmente produce casi 1900 millones de litros de agua dulce a partir de fuentes hídricas saladas todos los días. Diez años atrás solo algunos dispositivos desalinizadores para agua salobre estaban en funcionamiento, y había una pequeña planta para tratamiento de agua marina en Eilat, ciudad que se encuentra en el extremo sur de Israel, lejos del Mediterráneo. De representar el cero por ciento hace una década, si se pudiera distribuir el agua desalinizada directamente a los hogares y no fuera parte de la mezcla de agua dulce que incluye la obtenida de los acuíferos, los pozos y el mar de Galilea, representaría el equivalente al 94 por ciento del consumo residencial del país[77].

La desalinización transformó por completo el perfil hídrico de Israel, y sus efectos se perciben en toda la sociedad. Su aplicación generalizada tuvo grandes implicaciones en el medioambiente, la economía, la infraestructura, la armonía social, la salud pública, así como también en sus vínculos con palestinos, jordanos y demás vecinos. En cada uno de estos aspectos, Israel comenzó a ver beneficios que probablemente se incrementen con el tiempo.

Como es obvio, tener mayor cantidad de agua disponible modifica la relación del país con la naturaleza y con los cambios en los patrones climáticos. «Nos adelantamos al problema del cambio climático —señala Shimon Tal, exjefe de la Comisión del Agua de Israel—. No se trata solo de la desalinización, sino que, si al mayor volumen de agua desalinizada le sumamos todas las demás iniciativas en las que estamos trabajando, nos volvemos prácticamente inmunes a las condiciones climáticas adversas. Las sequías azotaron Oriente Medio desde la época de la Biblia. Ahora Israel es capaz de soportarlas, incluso si son prolongadas. Por eso agricultores y empresarios pueden planificar sin tropezar con los obstáculos indeseables de la naturaleza»[78]. El buen desarrollo económico del país, que se mantuvo estable durante años, seguirá sujeto a los efectos de las distintas coyunturas comerciales y de la competencia global, pero la escasez de agua no será un obstáculo para el crecimiento de la industria, el turismo o la agricultura.

Si bien resulta tentador pensar que la desalinización en sí misma resolvió todos los problemas hídricos de Israel, no es exactamente así. La seguridad hídrica se logró por una combinación de diversas técnicas y proyectos diferentes. Es posible que la desalinización sea la parte más importante de la mezcla, pero no puede sobrevivir sola. Es demasiado costosa, y el riesgo para la seguridad hídrica, muy elevado como para permitir que se transforme en la única o la principal fuente de agua del país.

Sin embargo, toda esta nueva fuente de agua desalinizada hace frente a uno de los muchos problemas de seguridad nacional. Debido a que la agricultura representa una porción tan exigua del PIB de Israel, y dado que el país cuenta con reservas en moneda extranjera, se podría haber decidido prescindir del sector agrícola y utilizar alimentos importados, en lugar de producidos localmente. Solo con esa única decisión, no habría sido necesario construir las plantas desalinizadoras ni pedirles a los ciudadanos que limitasen el consumo diario. Pero los que se dedican a la planificación estratégica en Israel son muy conscientes del aislamiento regional del país y de la inestabilidad de su situación geopolítica. Si bien no produce todos los alimentos que consume —importa la mayoría de los piensos para animales—, el país brega por su autonomía o autosuficiencia con los alimentos producidos localmente. Con el agua asegurada, es poco probable que cualquier combinación de guerra, embargo o sequía traiga como consecuencia la falta de alimentos para el pueblo de Israel.

«La desalinización significa que no dependes de nadie —señala Ilan Cohen, director general de la oficina del primer ministro en los Gobiernos de Ariel Sharon y Ehud Olmert—. A pesar de que tuvimos que recortar otras partidas del presupuesto nacional, seguimos adelante con la infraestructura para desalinización. Nos permite controlar nuestro destino, algo importante para cualquier país, pero especialmente para nosotros mientras estemos rodeados de enemigos»[79].

Además, la agricultura en Israel, como en muchos otros países, representa más que una fuente de alimentos o un sector que contribuye a la economía. Cumple una función social importante que se contrapone con el aporte del 2,5 por ciento al PIB. La población de Israel está muy concentrada en unos pocos núcleos urbanos. Las ciudades tienen escasos espacios verdes y nadie vive muy lejos de los establecimientos rurales y de los campos en este país pequeño, de modo que los sectores agrícolas actúan como un factor clave en el paisaje natural.

Las colonias agrícolas no solo amplían el desarrollo nacional y contribuyen a limitar la expansión urbana, sino que también mantienen la tradición de ubicar comunidades adyacentes a las fronteras del país[80]. Comenzó siendo una reserva de seguridad contra la infiltración y también sirve para fijar las fronteras en una región colmada de actores que con frecuencia desafían los límites.

Los nuevos recursos hídricos constituirán un beneficio cada vez mayor para el medioambiente del país. Ya circula más agua por los ríos de Israel, y las nuevas fuentes de agua contribuyen a resolver un problema de gran magnitud: los acuíferos del país corrían un gran riesgo de sobreexplotación.

Con cinco plantas desalinizadoras funcionando en el Mediterráneo, Israel logró reducir costes al evitar eliminar toda la sal. No habría resultado ilógico reducir los niveles de sal hasta equiparar el perfil de sal del mar de Galilea y de las otras fuentes hídricas del país. Dado que los humanos no detectan la sal hasta que esta no llega a niveles extremadamente altos, no había necesidad de disminuirlo hasta alcanzar los valores extremadamente bajos logrados. Pero como resultado de este proceso de desalinización —sumado al hecho de que en Israel se mezclan las distintas fuentes hídricas en un abastecimiento integrado—, la introducción de agua altamente desalinizada, casi libre de sal, implica que el contenido de sal ingerido por la nación disminuirá, lo cual redundará en beneficios para la agricultura y la salud pública.

El agua de riego no será tan salada, y esto reducirá el impacto sobre el suelo y los cultivos. Además de disminuir el contenido de sal del agua potable de todos, lo que representa un posible beneficio para la salud, el proceso de desalinización también reducirá la concentración de nitratos presentes en el Acuífero Costero, que podrá recargarse y diluirse, para beneficio de las mujeres embarazadas y los bebés[81].

Todos estos efectos positivos —y otros, como una menor tasa de recambio de las calderas y maquinarias industriales debida a una menor acumulación de minerales— tuvieron un impacto económico inesperado y produjeron un aumento del PIB de cientos de millones de dólares anuales, así como una reducción efectiva del coste del agua desalinizada, que llegó a un tercio del precio, lo cual ya era más bajo de lo previsto[82]. Israel ha descubierto hace poco enormes yacimientos de gas natural a pocos metros de la costa, que podrán utilizarse para alimentar las plantas desalinizadoras. Por esa razón, los costes continuarán bajando y los beneficios aumentando.

Las oportunidades que se plantean para profundizar la cooperación con los países vecinos constituyen un beneficio intangible que surge del aumento de abastecimiento de esta nueva fuente de agua de Israel. Según lo previsto por el tratado de paz de 1994 con el Reino de Jordania y los Acuerdos de Oslo II con la Autoridad Nacional Palestina de 1995, Israel abastece a ambos de agua[83]. En la medida en que el cambio climático, el crecimiento de la población o la prosperidad les generen a los palestinos o a Jordania una mayor necesidad de recursos hídricos, la capacidad que tiene Israel de producir mayores volúmenes de agua desalinizada le permitirá posicionarse como un respaldo para los países vecinos hasta que estos desarrollen sus propias fuentes alternativas de agua o hasta que cambien los patrones climáticos. La interdependencia de las partes involucradas generará nuevas oportunidades de convivencia y, posiblemente, también sirva como preludio de un acercamiento.

Israel, entretanto, mientras su población se incrementa y el suministro natural de agua se reduce, tiene la certeza de que, más allá del crecimiento poblacional o de las necesidades hídricas de su economía, el agua nunca será una preocupación. A pesar de que en la actualidad no hay plantas desalinizadoras en construcción, los planificadores han reservado lugares para otras, de ser necesarias.

Desde sus orígenes Israel tuvo que construir la sociedad sin recursos naturales, como abundante agua o fuentes energéticas, como petróleo y gas. Por esa razón la capacidad intelectual y la innovación surgieron como los principales factores que impulsaron su economía y como el principal vehículo que le permitió saltar de la región al mundo. Con el reciente descubrimiento de gas natural cerca de las costas y de reservas potencialmente importantes de gas esquisto en el desierto del Néguev, que todavía tienen que desarrollarse a un precio que resulte comercialmente razonable, es posible que en los próximos años cambie el modelo económico de Israel. De hacerlo, la abundancia de agua —garantizada sobre todo por la desalinización— contribuirá al proceso y lo acelerará. Probablemente esta continuará siendo, durante mucho tiempo, la nación de emprendedores, pero tal vez madure hasta llegar a transformarse en una «nación con recursos».

Las empresas de agua de Israel lo ayudarán a alcanzar el liderazgo global en el campo de la desalinización y le darán un mayor impulso a la economía basada en la ciencia. Con la utilización de membranas nuevas, algoritmos para consumo de electricidad en periodos de baja demanda y la construcción de grandes plantas desalinizadoras, Israel se encuentra a la vanguardia en todos los componentes para el proceso de desalinización con muy pocas otras naciones.

La crisis hídrica mundial no se va a poder resolver si no se generaliza el consumo de agua desalinizada. Hoy, debido a la aceleración de la tendencia migratoria, casi la mitad de la población del mundo vive a muy poca distancia de la costa, distancia que puede zanjarse con una tubería relativamente corta[84]. Para consumo agrícola, industrial o residencial, a los países y regiones no les quedará otra opción que complementar los recursos hídricos existentes. Incluso lugares con abundancia de agua como la ciudad de Nueva York tal vez decidan construir una planta desalinizadora como refuerzo por razones de seguridad o medioambientales. La experiencia y el conocimiento de Israel en el campo de la desalinización, que lo ayudaron a resolver sus propios problemas hídricos, podrían servir a los demás.

Ilan Cohen, exasesor ejecutivo de los primeros ministros Sharon y Olmert, señala que la desalinización va a cambiar la manera en la que concebimos el agua. «El agua ya no es un recurso, y no se la debe concebir como tal. A partir de la desalinización, se transformó en una cuestión meramente económica. Ya no podemos seguir pensando en ella en términos de cómo, sino de cuánto. Si se piensa en el agua como un bien por producir, se convierte exclusivamente en una cuestión de costes. Existirá la posibilidad de obtener la cantidad y la calidad de agua que se desee, mientras se esté dispuesto a pagarla».

Para Cohen, lo revolucionario de la desalinización le hace evocar otra revolución. «El agua es hoy para nosotros lo que eran los alimentos en la Antigüedad —señala—. El momento en que el hombre logró producir su propio alimento constituyó un cambio de paradigma. Cuando comenzamos con la desalinización y la reutilización de las aguas residuales, se produjo un cambio de paradigma. Hoy estamos en un momento parecido al surgimiento de la agricultura. El hombre prehistórico debía desplazarse a los lugares donde había alimentos. Actualmente la agricultura es una industria. Hasta hace poco debíamos ir adonde había agua; pero ya no es necesario»[85].

Actualmente en Israel la desalinización representa solo un elemento dentro un programa flexible, integrado y sofisticado de gestión integral de los recursos hídricos, pero con el tiempo probablemente se lo considere el más importante. Incluso en los albores de la desalinización, líderes por demás pragmáticos como Lyndon Johnson, David Ben Gurión y Levi Eshkol soñaban cómo la desalinización permitiría combatir la pobreza y promover la paz en el mundo. La paz puede todavía sernos esquiva, pero la desalinización ha dejado de ser un sueño.

7

Renovación del agua de Israel

> Los ríos no hacen nada; más bien les ha-
> cemos cosas a los ríos.
>
> David Pargament

Los Juegos Macabeos a veces se conocen como los Juegos Olímpicos judíos. Se llevan a cabo cada cuatro años y reúnen a los mejores atletas judíos del mundo durante dos semanas. Para muchos judíos, participar en ellos, tanto como atletas o como espectadores, es la conexión más importante de su vida con Israel.

Fueron concebidos como una competición global que tendría lugar en la Tierra de Israel, a diferencia de los Juegos Olímpicos, en los cuales se inspiraron, que cambian de sede cada vez que se llevan a cabo. Los primeros Juegos Macabeos, en 1932, atrajeron a trescientos noventa atletas de dieciocho países.

Hubo una segunda edición en 1935, pero el surgimiento del nazismo en Europa impidió que volvieran a convocarse hasta 1950. Ese año, ochocientos atletas provenientes de diecinueve países participaron en los primeros juegos celebrados en el Estado de Israel independiente. La competición constituyó la primera reunión mundial importante de la comunidad judía con posterioridad al Holocausto.

Para 1997 ya tenían su periodicidad actual: se realizaban cada cuatro años. Eran extremadamente populares. Se había construido un estadio para 50 000 espectadores en las afueras de Tel Aviv para la ceremonia de inauguración y para los eventos principales. El acontecimiento atrajo visitantes de todo el mundo, y más de cinco mil competidores provenientes de treinta y seis países[1]. Los Juegos Macabeos también se habían transformado en una declaración que marcaba la vital importancia que tenía Israel para los judíos del mundo. Pero la noche anterior al comienzo de los juegos de 1997 sobrevino la tragedia.

Para la ceremonia de apertura se había erigido un puente peatonal provisional sobre el Yarkón. Los atletas y sus entrenadores iban a marchar desde la orilla más alejada del río hacia el estadio. Los equipos estaban ordenados alfabéticamente. El austríaco, el primero en subir al puente, en su mayoría logró cruzar[2]. Pero cuando se sumó el peso de los aproximadamente cuatrocientos atletas y entrenadores de la delegación de Australia —la segunda, en el orden alfabético hebreo, después de Austria—, se produjo el colapso de la infraestructura de dieciocho metros de largo. Muchos de los austríacos y la mayoría de los australianos cayeron al río[3].

Sorprendentemente, a pesar de que los cuerpos caían unos sobre otros en un río sin ninguna iluminación, nadie se ahogó esa noche. Aunque fue trágico, milagrosamente un solo participante, un lanzador de Sídney, falleció en el lugar del hecho como consecuencia de las heridas causadas por la caída. Muchos otros fueron ingresados con fracturas o por efectos de la inhalación de agua. Pero a pesar de que gran parte de los deportistas no pudieron intervenir en los Juegos, el sentimiento imperante era que podría haber sido mucho peor[4].

A la mañana siguiente el estado de los atletas se había deteriorado. Durante la noche siete de los australianos empeoraron y su situación se tornó crítica. En las semanas posteriores tres de los pacientes, que antes estaban fuera de peligro, fallecieron. Los médicos e investigadores de inmediato descubrieron que los sedimentos del río Yarkón estaban extremadamente contaminados. La caída del puente y de los cuerpos había agitado el lecho del río. Al parecer, en el poco tiempo que los atletas permanecieron en el agua habían inhalado la mezcla nociva del fondo. Un ambientalista israelí denominó al Yarkón «una trampa de pestilencia, mugre y muerte»[5].

La caída del puente fue una gran vergüenza y un hecho al que se volvía una y otra vez en Israel. En el evento internacional que más los henchía de orgullo —en el cual recibían a los judíos del mundo—, Israel no pudo brindar un entorno seguro a sus visitantes. Se adjudicaron culpas por doquier: a los diseñadores del puente, al comité organizador de los Juegos, a la sociedad israelí en su conjunto. Hasta se le llamó la atención al primer ministro Benjamin Netanyahu, que en ese momento cumplía su primer mandato como jefe de Gobierno, por permitir que continuara la ceremonia de inauguración tras la caída del puente. Michael Oren, quien doce años después se convertiría en embajador en los Estados Unidos de otro Gobierno de Netanyahu, en ese momento manifestó a los periodistas que el hecho era un claro reflejo de «la decadencia de la sociedad»[6].

La reacción popular de Israel primero fue de furia por la burda construcción, y luego, de desacuerdo en cuanto a si se debería haber cancelado la ceremonia de apertura. Se llevó a juicio, se condenó y se envió a prisión a muchos de los involucrados en el diseño, construcción y supervisión del malogrado puente. Pero el episodio generó una concienciación general sobre el problema, antes reservado a funcionarios y ambientalistas, de que «el Yarkón, el río que circulaba por las áreas más densamente pobladas de Israel, estaba en un estado calamitoso y [que] era necesario cambiar esa situación»[7].

En los años siguientes todos los ríos del país fueron sometidos a renovaciones, restauraciones y reacondicionamientos. Sin embargo, hay que seguir actuando para que recuperen las condiciones óptimas. Si bien la legislación ambiental y la aplicación de las reglamentaciones ayudaron a devolverles la vida, el desarrollo de nuevas fuentes hídricas seguramente ha sido el factor principal. La nueva abundancia de agua —y la incesante demanda actual de tratar y reutilizar aguas residuales— alivió la presión sobre los ríos. No es necesario extraer tanta agua, es menor el volumen de las residuales que se descarga en sus cauces y existe mayor disponibilidad de agua para aumentar el caudal en aquellos lugares y momentos en que más se necesita.

La restauración de los cursos de agua en Israel fue un largo proceso que comenzó más o menos en la época de la caída del puente de los Macabeos y está todavía en curso. No obstante, la forma en la cual Israel llegó a repensar los ríos —especialmente el rol del excedente de agua en su restauración— sirve como modelo a las comunidades y a los países del mundo.

«La gente necesita acceso a la naturaleza»

Aunque el ambientalismo en la Tierra de Israel es tan antiguo como la Biblia[8], y los pioneros sionistas celebraron el regreso a su antiguo hogar con una manifiesta reverencia a la tierra[9], las presiones económicas siempre tuvieron preminencia sobre las ambientales, especialmente con anterioridad a que la conservación de los ríos fuera una preocupación importante en cualquier lugar del mundo. La vitalidad económica del país llegó mucho antes que su bienestar ambiental.

En las primeras décadas desde el surgimiento del Estado de Israel, los ríos y la protección ambiental en general no eran prioritarios. Luchando por la vida o la muerte en cada frontera y con una gran cantidad de inmigrantes que absorber, en su mayoría empobrecidos y provenientes de distintos países, la seguridad y el desarrollo económico fueron el principal interés del Gobierno y de la sociedad. El Fondo Nacional Judío (JNF, por su sigla en inglés) era custodio de los bosques y plantaba millones de árboles para crear sombra y también como forma de anclaje del suelo[10]. Sin embargo, no existía ninguna organización gubernamental o sin fines de lucro que custodiara los cursos de agua de Israel.

En esos primeros años se había llegado al consenso de que los ríos del país debían servir para la agricultura y la economía, lo cual llevó al bombeo río arriba a fin de extraer el agua para riego antes de que se contaminara. Entretanto, aguas abajo, se permitió que la mayoría de los ríos costeros del país —o sea, los cursos anuales, que fluyen de este a oeste y desaguan en el mar Mediterráneo— se transformaran en canales abiertos para aguas residuales y basureros municipales. Si las industrias debían deshacerse de subproductos industriales o químicos, también los dirigirían al río más cercano para su disposición.

En principio, los ríos de Israel estaban protegidos por una serie de leyes, que comenzaban con la Ley de Recursos Hídricos de 1959[11], y una norma integral sobre ríos y cursos de agua de 1965[12]. Pero al margen de la existencia de legislación, los ríos se explotaban por su valor práctico.

El Yarkón es un claro ejemplo. Su espiral de muerte comenzó en 1955 con el desvío de sus aguas para alimentar el plan de riego Yarkón-Néguev —la etapa II del plan de Simcha Blass—, que luego fue incorporado a un sistema mayor cuando comenzó a funcionar el Acueducto Nacional, en 1964[13]. La urbanización también representó un factor importante en la decadencia del río. A la poca agua que todavía fluía a lo largo de los casi veintiocho kilómetros de longitud del Yarkón no se le daba casi ninguna otra utilidad. Por eso las ciudades y pueblos, en constante crecimiento, estaban conformes con que el río constituyera un medio económico para deshacerse de los efluentes municipales en una época en la que las aguas residuales se veían solo como una molestia.

Cuando Blass encabezaba el departamento gubernamental encargado de la utilización del agua a comienzos de los años 50, se manifestó preocupado por la sobreexplotación del río. Proféticamente también escribió que el Yarkón sufriría daños permanentes si continuaba aumentando la cantidad de aguas residuales que se vertían y disminuía la cantidad de agua disponible para mover los desechos y formar sedimentos naturales en el río. A Blass no lo movían inquietudes ambientales directamente, sino la preocupación pragmática de que saquear el Yarkón tendría consecuencias involuntarias. Podría incluso arruinar el acuífero que corría por debajo del río costero más extenso de Israel[14].

Ya en 1988, cuando el Gobierno llevaba más de una década debatiendo sobre su contaminación de manera irregular y aleatoria, se estableció la Autoridad del Río Yarkón. El nuevo organismo tenía las funciones específicas de desarrollar y poner en práctica un plan de rehabilitación. Tras algunos años de modesta actividad, en 1993[15] se contrató para dirigirlo al doctor David Pargament, experto en integración y administración de recursos hídricos, quien desde entonces continúa en el cargo.

Pargament es un apasionado de los ríos en general, y del Yarkón en particular. Es tanto un filósofo como un ejecutivo pragmático. Cuando uno lo ve por primera vez, parece uno de esos dobles de Santa Claus de los grandes almacenes, con un voluminoso pecho, resonante voz, gafas de montura metálica y una tupida barba blanca. Lo único que lo aleja un poco del personaje es el pelo blanco recogido en una coleta. «No existe conexión alguna, en ningún lugar, entre la ciudad y la cuenca —señala Pargament, haciendo referencia a esa superficie grande que desagua en un lago, río u océano—. En muchos lugares del mundo la gente se vio alejada de la naturaleza y, más especialmente, del curso natural del agua. Rutas, trenes y edificios atraviesan el plano hidrológico. La cuenca y todos sus afluentes alguna vez estuvieron conectados, pero hoy están todos separados. La Autoridad del Río Yarkón tiene la tarea de reconectar la cuenca con la gente»[16].

En realidad, la organización que Pargament dirige actúa como custodia del Yarkón. Desde esa función, se opone a aquellos que lo vulneran. Dentro de lo posible, evita el desarrollo o lo guía hacia el cumplimiento de sus necesidades, mientras encara su rehabilitación y la de sus márgenes, y restablece sus hábitats naturales[17]. «El mejor escenario para la Autoridad del Río Yarkón sería recuperar toda el agua y hacer desaparecer el desarrollo —señala—. El peor es justamente lo contrario, uno en el cual los desarrolladores encauzan el río en un canal de cemento. Pero no se va a cumplir ninguno de los dos». Como si fuera la voz del río, Pargament pregunta: «Siendo realista, ¿qué puedo lograr? Puedo lograr algo intermedio que nos permita definir el volumen de agua que fluirá y la calidad de esta»[18].

Para compensar el agua que todavía se extrae del Yarkón y garantizar un caudal regular, se bombea hacia él agua dulce de alta calidad[19]. La que actualmente se le asigna (así como a otros ríos) para mejorar su salud y por el valor que le brinda a la sociedad podría utilizarse para agricultura u otros fines económicos.

«Debemos hacernos cargo de los ríos, los parques y las zonas recreativas que los rodean —señala Pargament—. Israel es un país pequeño y densamente poblado, y estamos todos aglomerados en el centro alrededor del Yarkón. Pero cuanta mayor superpoblación hay en un lugar, mayor es la necesidad de parques, ríos y zonas recreativas, porque la gente necesita acceso a la naturaleza y a los espacios verdes. Ante una sequía o sin ella, es necesario regar el césped y los árboles. Y tenemos que dejar que el agua fluya por los ríos»[20].

No todos los ríos de Israel gozaron de un renacimiento como el Yarkón. La de este río es una historia de éxito, aun con advertencias, excepciones y recuerdos dolorosos como las consecuencias de la caída del puente de los Macabeos.

Especies ictícolas que se creían desaparecidas regresaron. Los peces se alimentan de mosquitos, y así mantienen controlada su cantidad en las cercanías de Tel Aviv, así como de otras ciudades que se encuentran en las márgenes del Yarkón. Los pájaros se sumergen para capturar sardinas autóctonas y otros peces. La vida vegetal que había desaparecido está desarrollándose de nuevo. La costa del río se transformó en el lugar favorito de corredores, caminantes, parejas que salen de paseo y hasta de las familias que organizan picnics. Los kayakistas israelíes guardan sus piraguas a pocos pasos de la ribera. Equipos de remo europeos vienen a entrenar en invierno cuando sus ríos se congelan.

«A pesar de que sigue habiendo cosas por hacer, creamos un río Yarkón que sirve intereses de lo más diversos —señala Pargament—. Se respeta el medioambiente. La agricultura recibe el agua que necesita. Y la gente tiene un río para disfrutar. Todavía hay algunos otros que reacondicionar, limpiar y restablecer en Israel, pero el Yarkón es un modelo que funciona»[21].

UN LAGO EN EL DESIERTO

A pesar de que al Habesor se lo denomina «río», sus aguas discurren por su cauce solo treinta y cinco días al año[22]. Tras las tormentas del invierno la lluvia se escurre desde Hebrón hacia Cisjordania y viaja rápidamente cuesta abajo, bordeando la antigua ciudad de Beersheba, descendiendo por el oeste del Néguev y pasando por la Franja de Gaza, donde el viaje concluye y el remanente de agua descarga en el mar Mediterráneo. Durante gran parte del período de lluvias torrenciales, intempestivas, que se suceden de noviembre a marzo todos los años, el río Habesor actúa como conducto de las inundaciones de invierno resultantes, que duran apenas algunas horas cada vez. Continúa húmedo, tal vez embarrado durante un tiempo, pero como ocurre con todos los ríos del desierto, pronto el enorme caudal repentino no es más que un recuerdo.

Cuando en la década de 1960 comenzó a construirse la infraestructura vial de Beersheba y la zona circundante del Néguev, se encontraron grandes cantidades de grava debajo del río. Para utilizarla en los cimientos de las carreteras locales, se realizaron excavaciones en los meses de primavera y verano. A lo largo de sus ochenta kilómetros de longitud se crearon más de cuarenta hectáreas de pozos de extracción de diversa profundidad. Además de que la escena resultaba desagradable a la vista, se formaban charcos de agua estancada sobre estos pozos al final de las lluvias invernales. Constituían un caldo de cultivo para los mosquitos y afectaban a la gente de Beersheba y alrededores.

Este río también servía como conducto para desechos humanos, agrícolas e industriales, tanto para la zona del gran Hebrón como para la de Beersheba. Muchas veces se acumulaban aguas residuales sin procesar en los pozos de grava, que permanecían sucios a pesar de las lluvias torrenciales. Ubicados en los alrededores del río, se transformaron en tierra de nadie, plagada de contaminación, y pasaron a ser vertederos de escombros de la construcción, electrodomésticos descartados e, incluso, automóviles sin valor ni para el desguace.

De vez en cuando, debido a una gran tormenta invernal, el río crecía hasta salirse de su cauce, arrastrando consigo gran cantidad de restos desagradables, que se secaban allí donde quedaban, bajo el sol del desierto. Esta llanura inundable se transformó en la frontera sur real de Beersheba, que era la cuarta zona metropolitana más importante de Israel.

En 1996, tras una inundación de esa naturaleza, el Gobierno terminó los planes existentes que preveían la creación de once Autoridades de Río, organismos independientes que emulaban el modelo de la Autoridad de Río Yarkón. Cada una de ellas tendría la responsabilidad de controlar y rehabilitar uno de los principales (en términos relativos) y sus afluentes, con una cobertura total de treinta y un ríos y cursos de agua israelíes[23]. El Habesor y su afluente, el Beersheba, eran supervisados por la Autoridad Shikma-Habesor, de la cual en 1997 se nombró director al doctor Nechemya Shahaf, experto en control de ríos y economista.

Para Shahaf se necesitaba un plan a largo plazo, pero desde el comienzo vislumbró un potencial que nadie había visto antes. Si bien el desarrollo en las cercanías de un río con frecuencia resultaba un factor precursor de su contaminación y su degradación, Shahaf lo entendió como su salvación. A pesar de que interrumpió formas de aprovechamiento tales como la extracción de grava o el vertido de residuos, no adoptó como premisa que «toda explotación es mala».

«Rápidamente quedó claro que la Autoridad tenía una incumbencia mucho mayor que el río y las cuestiones ambientales relacionadas —señala—. Cuando se crearon las Autoridades, se entendió que utilizarían un enfoque integrador que consideraría al río desde distintos ángulos»[24].

Esto significaba para Shahaf mucho más que la primera y necesaria tarea de limpieza del río y relleno de los pozos. Él visualizaba el crecimiento de la ciudad de Beersheba hacia el sur con un nuevo barrio de lujo en el lugar donde se encontraba la llanura inundable. «Sabía que no iba a ser fácil —dice—. Ese era el sector de la ciudad que todos evitaban. Ninguno de los desarrolladores [inmobiliarios] invertiría dinero en una zona con tan terrible reputación. Pero si estaba en lo cierto, Beersheba no solo tendría un nuevo barrio, sino una mejor imagen de sí misma». Shahaf creía que el límite de la llanura inundable podía rediseñarse, y ampliarse así tanto el perímetro de la ciudad como el límite externo de desarrollo de esa tierra, que hasta entonces estaba deshabitada.

En 2003 Shahaf concluyó un plan maestro a cinco años que comprendía un elemento extraño, especialmente debido a que la ciudad se encontraba en el extremo norte del desierto del Néguev. El plan incluía el desarrollo de un parque enorme —un 50 por ciento más grande que el Central Park de Nueva York— a lo largo de una franja de ocho kilómetros junto al río Beersheba. Para construirlo sería necesario restaurar el río y fortalecer sus márgenes de modo que quedaran protegidas de una inundación que pudiera ocurrir una vez cada cien años. Para que el sueño resultara aún más fantasioso, expresó que la pieza central del Parque del Río Beersheba sería un lago de ciento cuarenta y siete hectáreas, pero ubicado en un lugar donde no había agua disponible[25].

Shahaf encontró el primero de muchos socios claves en Russell Robinson, director general de la organización estadounidense autónoma del Fondo Nacional Judío. A pesar de que la institución tenía vínculos históricos con la «sede central» israelí, Robinson desde hacía tiempo manejaba la gran organización de caridad con sede en los Estados Unidos de tal modo que trabajaba de forma conjunta con el grupo de Israel cuando resultaba adecuado y también actuaba de manera independiente cuando se le presentaban oportunidades que los israelíes todavía no estaban listos para asumir. Es difícil encontrar un proyecto relacionado con el agua en Israel —o cualquier otro tema ambiental— que no reciba asesoramiento o financiación del JNF israelí, del estadounidense, de subsidiarias en otros países o de todas estas organizaciones.

Robinson vio en el parque un potencial catalizador de un sueño que abrigaba desde hacía mucho tiempo, aún más ambicioso que la restauración del río Beersheba, a pesar de creer que ese proyecto era importante. Quería hacer un «cambio drástico» en la región del Néguev. Sin embargo, los logros de la filantropía tenían un límite. Para que se cumpliera su anhelado sueño, el Néguev necesitaría una mayor base comercial e imponible, las cuales, según creía, podrían comenzar con la duplicación de la población de Beersheba, que en ese entonces rondaba las 200 000 personas.

El parque, pensó Robinson, podría constituir una pieza dentro de un todo mucho más grande que también requeriría desarrollo económico, compromiso con los pobres de la región (incluidos los nativos beduinos) y el desarrollo de una estrategia para que los millones anuales de turistas comenzaran a pensar en el Néguev como destino al visitar Israel[26]. Robinson y la Junta Directiva del JNF de los Estados Unidos empezaron comprometiendo osadamente varios millones de dólares por parte de la organización. Con el tiempo, las donaciones del JNF estadounidense llegaron a miles de millones para el parque del río y para el desarrollo del Néguev[27].

Durante el proceso, se incorporó el JNF de Israel y también el Gobierno nacional. Cada uno realizó grandes aportes y otorgó importantes subsidios. Ruvik Danilov, dinámico alcalde electo en Beersheba en 2008, se transformó en la cara pública del proyecto. Celebraba por igual los pequeños hitos, como la apertura de una sección de césped en el parque, y los grandes, como la inauguración en 2013 del mayor anfiteatro de Israel, que se encuentra dentro del recinto.

Como ocurre cuando se construyen otros parques municipales grandes en los Estados Unidos y Europa, el Parque del Río Beersheba va a estar en desarrollo durante un tiempo prolongado. Y como toda evocación artificial y urbana de la naturaleza llevada a una ciudad en crecimiento, la esperanza es que sirva para afianzar la vida municipal. Ya hay otras iniciativas en el Néguev que han comenzado a utilizar los ríos como herramientas de renovación urbana, incluso la ciudad beduina de Rahat, que se encuentra a unos dieciséis kilómetros al norte de Beerseba[28].

La inauguración del lago, que es el corazón del parque, está prevista para el año 2020. Su profundidad media será de un metro y medio —a pesar de los más de noventa centímetros anuales que se perderán como consecuencia de la evaporación causada por el sol del desierto del Néguev—. Se recargará con agua extraída del mismo lugar que la que se utilizará para regar el césped, las plantas y los seis mil árboles plantados en el parque.

Resulta sorprendente que el agua proveniente de las tormentas de invierno que corre por los ríos Habesor y Beersheba no se desvíe para emplear en el lago o en la tierra del parque. Se dejará fluir hasta un depósito para agua de lluvia donde millones de litros se juntan durante el invierno en el oeste del Néguev para luego irrigar los cultivos cercanos.

Shahaf tenía otros planes para el lago y el parque. En vez de utilizar el agua que se captaba de las tormentas invernales, haría un uso generalizado de las aguas residuales provenientes de los hogares de Beersheba tras someterlas a tres etapas de tratamiento y purificación. «Parecería que el agua que se va a utilizar para el lago y para el riego del parque podría, en cambio, usarse para la agricultura, pero no todo tiene que ser tan práctico —señala Itai Freeman, planificador estratégico, que estuvo vinculado con el proyecto del parque Beersheba—. Cuando hay suficiente agua disponible, surge el interrogante sobre cómo definir la calidad de vida. Una de las preguntas que uno debe hacerse es: ¿cuánto hay que andar para tenderse a disfrutar de un espacio verde? ¿Cuánta distancia debe recorrer una familia para poder sentarse en un parque bajo un árbol? Estas preguntas tienen que ver con la calidad de vida. La mayor producción de cultivos también es importante, pero la vida es mucho más que eso»[29].

La visión de transformar Beersheba ya ha comenzado a convertirse en realidad. Una persona que visitó hace poco el sur de la ciudad, donde solía haber un basurero y próximamente estará el parque, se fijó un cartel a poca distancia, al pie de un complejo de apartamentos de varios pisos que estaba en construcción. El cartel, en idioma hebreo, anunciaba algo inimaginable hasta hace algunos años: «Venta de apartamentos de lujo con vistas al Parque del Río Beersheba».

«Ningún río se pudo restaurar completamente»

El auditor del Estado está siempre espiando por encima del hombro de todo funcionario del Gobierno israelí. Es un burócrata independiente cuyo puesto parece combinar las mejores características de un periodista de investigación, un contador forense y un Defensor del pueblo. Tiene una autoridad muy amplia para auditar organismos gubernamentales e investigar abusos, despilfarros y malas gestiones. Ejerce un control muy exhaustivo y garantiza que las inversiones resulten más eficientes y honestas.

Uno de los informes integrales recientemente elaborados por el auditor se dedicó a evaluar el estado de las iniciativas de rehabilitación de los ríos de Israel. El documento combinaba elogios y críticas, a la vez que ofrecía sugerencias de mejora. Si bien reconocía un avance evidente en cada uno de los ríos, el funcionario instaba al Gobierno a invertir más para acelerar el proceso[30].

Los ríos son resilientes cuando se les da la posibilidad. Con bastante tiempo y la suficiente agua fluyendo por su cauce, casi todo río contaminado tiene la capacidad de renacer. Pero si hay actividad económica alrededor de todos los cursos de agua, ninguno de los de Israel tendrá la posibilidad y la capacidad de volver a su estado natural. El hombre tendrá que intervenir para mejorar la situación causada por sus actividades o su abuso, pero de hecho siempre habrá un equilibrio entre intereses económicos y restauración ambiental.

A pesar de que es necesario realizar más inversiones y hacer más esfuerzos, los ríos de Israel resultaron afortunados beneficiarios de dos tendencias macro. Estas fueron el surgimiento del ambientalismo y el desarrollo de una infraestructura nacional integral concentrada en las aguas residuales y la desalinización.

En Israel, al igual que en el resto del mundo, el ambientalismo constituyó una preocupación secundaria hasta hace pocas décadas. En la década de 1990 se comenzaron a promulgar leyes que exigían la disposición segura de subproductos químicos e industriales[31]. Como consecuencia de una aplicación más estricta de dicha normativa ambiental, las empresas que solían contaminar encontraron maneras de cambiar las prácticas de producción o de contar con plantas de tratamiento in situ para no descargar aguas residuales portadoras de elementos nocivos.

También tuvo un gran efecto la decisión de reutilizar para actividades agrícolas las aguas residuales de los municipios. A pesar de que no se pensó en los ríos como beneficiarios principales o directos de esta política, uno de los efectos del tratamiento universal de las aguas residuales y de su reutilización fue eliminar de los ríos todo lo que se vertía por los desagües de cada cocina y cada baño de Israel. En tanto los cursos de agua se sofocaran con material orgánico que los privaba de oxígeno, los peces y también la flora serían incapaces de sobrevivir.

En los últimos años, durante los cuales el país tuvo una mayor dependencia del agua desalinizada para uso residencial, se logró aliviar la presión sobre los cursos superiores de los ríos. El proceso de desalinización permitió una mayor producción de agua; entonces fue posible darse el lujo de extraer menos de los ríos. Estos pasaron a tener mayor caudal y así mejoró la limpieza natural de la que gozan los ríos sanos.

El cambio de actitud fue tan importante como las nuevas leyes y la infraestructura. Cuando claramente comenzaron a sentirse los beneficios de la política ambiental, y cada ciudad pudo ir observando cómo la otra repensaba con éxito su interacción con el río, surgió una mirada renovada. Los ríos dejaron de ser elementos monstruosos, carentes de valor, y pasaron a transformarse en partes centrales del paisaje visual y emocional de cada comunidad. Los residentes locales comenzaron a sentirse atraídos por ellos para sus actividades de ocio y recreo, cambio percibido por los desarrolladores inmobiliarios. Los barrios que se crearon o restauraron en las cercanías de los ríos, que antes se evitaban, se sumaron a la dinámica del círculo virtuoso del resurgimiento.

Pero a pesar de los cambios realizados en los últimos años, el daño ocasionado durante décadas no se resolverá fácilmente. El auditor del Estado reconoció un gran avance durante los veinte años posteriores a la creación de la iniciativa para los ríos en la agencia de protección ambiental israelí. Sin embargo, el último informe reclamaba que ni uno solo de los treinta y un ríos y cursos de agua del país había sido completamente rehabilitado desde su cabecera hasta su desembocadura —ni siquiera el Yarkón, el Habesor o el Beersheba—[32].

«Ahora somos un país rico en agua»

En un viaje a Israel que hizo en 1970 el senador Henry Jackson parece que creyó que lo estaban engañando cuando lo llevaron al Jordán. Después de que le aseguraran que no era ninguna broma, se cree que dijo que el prestigio universal del río era «un acto de un genio en relaciones públicas». En otro momento, Henry Kissinger supuestamente aseguró que tenía «más reputación que agua»[33]. Apócrifos o auténticos, los comentarios del senador y del secretario de Estado reflejan la dualidad que rodea al más famoso del mundo entre los ríos de Israel.

Hay un Jordán que es un lugar de inspiración, imaginación, devoción religiosa, espirituales de esclavos y canciones folclóricas. Ese río —«profundo y ancho», «fresco y frío»— es donde, según dice la canción, «Miguel rema en el bote hacia la costa». Fue el que los Hijos de Israel cruzaron hacia la Tierra Prometida después de cuarenta años deambulando, tras el éxodo de Egipto, y el mismo donde Juan el Bautista sumergió a Jesús. Pero el río Jordán que vieron Kissinger y Jackson, así como probablemente otros visitantes insatisfechos, es en su parte más extensa poco más que un arroyo poco profundo que en muchos lugares puede vadearse de un salto.

Constituye dos ríos en uno, pero de otra manera. El curso superior —la sección que suma afluentes de una cuenca que llega desde el norte, el este y el oeste, y desemboca en el mar de Galilea— tiene agua de calidad que, de tener algún tipo de contaminación, serían solo heces de las vacas que pastan aguas arriba en el Líbano. El curso inferior desemboca en el mar de Galilea solo en cantidades controladas. El río discurre en meandros en dirección sur hacia el mar Muerto. Capta vertidos agrícolas, contaminación de los criaderos de peces y aguas residuales domiciliarias de las comunidades israelíes y palestinas ubicadas a lo largo de su extensión, mientras disminuye en volumen y calidad en el camino. El río Jordán, que es el más largo de Israel, tiene una extensión total, incluyendo el curso superior y el inferior, de solo doscientos cincuenta y un kilómetros.

Desde el punto de vista político, este río y sus afluentes constituyeron una fuente de conflicto entre Israel y sus vecinos en dos momentos diferentes, en las décadas de 1950 y 1960. La primera controversia, tal como se relata en el capítulo 2, se resolvió en 1954 con la mediación de Eric Johnston, embajador especial del presidente Eisenhower. Esto condujo a un acuerdo de facto por el cual Israel, Siria y el Reino de Jordania, cuyo nombre deriva del río, compartirían las aguas del Jordán[34].

El segundo conflicto se desencadenó porque Siria comenzó un proyecto de desvío de agua de uno de los afluentes, cuyo propósito era privar a Israel de una de sus fuentes importantes de agua. Dicho proyecto casi con certeza estaba menos relacionado con el agua que con la ostentación de poderío militar por los beneficios políticos internos que le traería al gobernante sirio. De cualquier modo, habría sido prohibitivamente costoso concluir el proyecto de desvío de aguas e impracticable desde el punto de vista de la ingeniería, aun si se hubiera construido en un lugar pacífico, y de hecho este no lo era. Siria comenzó la obra, pero pronto perdió el apoyo de Egipto, el Estado árabe más poderoso. El proyecto llegó a su fin con un único ataque israelí en 1964: una notificación precisa para Siria de que Israel podía desbaratar el desvío del río cuando quisiera, sin importar la inversión monetaria y de capital político realizada.

A pesar de que Siria nunca abandonó formalmente el proyecto, este se tornó irrelevante. El acuerdo de la Guerra de los Seis Días resolvió el problema porque Israel tomó el control de los Altos del Golán, que desde entonces formaron parte de una zona de reserva estratégica. Con ello, también pasó a controlar los afluentes del Jordán, un beneficio adicional para el país y su seguridad hídrica. Si bien los Altos del Golán se siguen considerando un territorio en disputa, resulta poco probable que Israel renuncie a estas valiosas tierras elevadas sin contar tanto con garantías de seguridad como con claridad respecto de los derechos sobre el agua del río.

Hace poco tiempo el curso inferior del Jordán ha sido un móvil de cooperación e incluso de paz entre Israel y el Reino de Jordania. Las dos naciones que limitan con el río firmaron un tratado de paz en 1994 y normalizaron las relaciones; hasta llegaron a establecer el control conjunto de los recursos hídricos compartidos. Sin embargo, antes ya habían tenido formalmente relaciones pacíficas y habían trabajado juntos en forma tácita en el control de este río, lo cual fue un símbolo de construcción de confianza que «allanó el camino para la paz entre ellos»[35].

Tras la firma del tratado de paz, el Reino de Jordania recibió un fuerte impulso de Israel para el control y el abastecimiento de recursos hídricos. Este último aceptó suministrarle a su vecino casi 53 000 millones de litros de agua por año de sus propios recursos. Más aún, como no tenía un lugar donde almacenarla, Jordania llegó a un acuerdo con Israel para conservar en el mar de Galilea las reservas de agua del río Yarmuk —afluente del curso inferior del Jordán que se encuentra bajo el control del reino y define la frontera norte con Siria—. Al reino se le permite hacer uso de las reservas que tiene almacenadas allí a su voluntad[36].

A pesar de que es extremadamente positivo que las dos naciones hayan logrado que las secciones del río que comparten se transformen en un límite internacional pacífico, resulta poco probable que en un futuro cercano cambie mucho la calidad ambiental del Jordán inferior sin que se ponga en práctica un enfoque renovado. El superior —fuente principal de agua dulce de Israel— seguirá manteniendo su caudal y continuará siendo un lugar popular para los que quieren hacer piragüismo en las aguas más difíciles. En comparación, el inferior mantiene solo un hilo de agua por la poca cantidad que se permite que salga del mar de Galilea.

Ram Aviram, exembajador israelí para asuntos hídricos internacionales y actual profesor de Políticas hídricas del Tel Hai College, en la Alta Galilea, presentó una idea nueva para el resurgimiento del Jordán inferior. Aviram cree que la parte sur del río necesita más agua por su propio bienestar. «Debido a la política de control de caudal, el Jordán inferior transporta menos del 10 por ciento del agua que solía llevar hace cien años», señala Aviram. El concepto que plantea revitalizaría esta sección del río desde el extremo sur del mar de Galilea hasta el inicio de la frontera con Cisjordania[37].

Sugirió tomar aguas residuales sumamente tratadas provenientes de ciudades israelíes como Tiberíades y Beit Shean, que ahora se utilizan para agricultura, y verter allí casi 19 000 millones de litros al año. «Si se revitaliza el Jordán inferior, podría transformarse en un lugar de recreo, turismo, experiencias religiosas y avistaje de aves», declara Aviram. También cree que le daría un impulso a la economía jordana, lo cual beneficiaria al reino y también a Israel, que está deseoso de ver prosperar al país vecino.

«Con el acceso que tenemos a la desalinización, la eficiencia en los procesos agrícolas y el agua recuperada —señala Aviram— podemos darnos el lujo de desviar agua por motivos ecológicos. Cuanta más agua fluya por el Jordán, más saludable estará. Ahora somos un país rico en agua y podemos comportarnos en consecuencia con este río, al igual que en otros lugares»[38].

El agua que se deja correr por los ríos de Israel y el enorme lago artificial adyacente al desierto de Beersheba representan una metáfora para la transición en la que se encuentra el país. Alguna vez Israel abusó de los recursos hídricos naturales, al igual que todas las naciones sometidas a la escasez de agua. Ahora que disfruta de la abundancia, puede darse el lujo de renovar los ríos, desarrollar actividades recreativas acuáticas y tener creatividad en el uso de los activos hídricos.

Es probable que aquellas naciones que no buscan respuestas tempranas a la escasez de agua sufran como corolario la degradación ambiental. Entre otros desastres, los acuíferos se agotarán, aumentará la contaminación de los ríos y morirán tanto peces como vida silvestre. Cuando el agua es más que la estrictamente necesaria, los ríos pueden seguir su curso y mejora no solo el nivel sino también la calidad de vida.

«UN SISTEMA HÍDRICO FLEXIBLE E INTEGRADO»

A pesar de su nombre, el mar de Galilea no es un mar. Es un lago. Durante mucho tiempo representó la fuente más grande e independiente de agua dulce, y constituyó el mayor aporte al Acueducto Nacional. También es un centro de recreo, destino de turistas y peregrinos cristianos, y alberga una pequeña industria pesquera. En la actualidad se obtiene mayor cantidad de agua del proceso de desalinización que del lago, e incluso antes de contar con esta tecnología, se extraía anualmente más agua de los diversos acuíferos del país que del mar de Galilea.

No obstante, el mar de Galilea cumplió un papel preponderante en la conciencia nacional como barómetro de los problemas hídricos del país y, por momentos, como reflejo del estado de ánimo nacional. «Cuando Israel sufría sequías —señala Shimon Tal, exdirector de la Comisión del Agua de Israel—, todo el mundo conocía el nivel del mar de Galilea. Lo anunciaban en el telediario de la noche y en los periódicos matutinos. Si parecía que se estabilizaba, la gente se ponía contenta. Si se acercaba al límite inferior, número que todos parecían conocer, la gente se ponía ansiosa por el futuro y era más cuidadosa con el agua que usaba»[39].

El mar de Galilea geológicamente pertenece a la falla sirio-africana, una profunda depresión que se extiende a lo largo de miles de kilómetros. Su punto más bajo se encuentra al sur del mar de Galilea, donde el Jordán inferior desemboca en el mar Muerto, que también es un lago. El mar de Galilea se encuentra a unos doscientos metros por debajo del nivel del mar.

El ascenso y descenso de su nivel de agua —oscilación que ronda los cuatro metros y medio— denota su nivel de afectación. Por encima de una línea roja imaginaria, es probable que se inunde la zona circundante al lago, y por debajo, existe temor de que se produzca un daño geológico permanente. En caso de excedente de agua, se puede ajustar rápidamente aumentando el caudal hacia el Jordán inferior, que se encuentra al sur del mar de Galilea. Pero durante períodos de sequía, todo el país estaba pendiente del límite inferior, rojo e imaginario. Ninguna autoridad del área hídrica quería probar las implicaciones para el futuro del agua del país si el lago se explotara muy por debajo del nivel establecido por consenso para evitar posibles peligros.

Además del riesgo para el lago, también existía el riesgo de sobreexplotar los acuíferos de Israel. Los dos principales sistemas de acuíferos se extienden de norte a sur. Uno, adyacente a las costas del Mediterráneo, que se denomina Acuífero Costero, es un recurso de escasa profundidad. El otro, que corre debajo de las montañas de Samaria y los montes de Judea, extendiéndose más hacia el oeste, se llama Acuífero de la Montaña. Si se sobreexplotara el Acuífero Costero, entraría agua de mar. El Acuífero de la Montaña también corre riesgo de sobreexplotación y contaminación, pero no de degradarse con agua de mar.

A diferencia de lo que ocurre con un acuífero subterráneo, que es un sistema cerrado, la evaporación es un problema para agua superficial como la de un lago. Esta se agudiza más todavía en un clima cálido, con una superficie por debajo del nivel del mar y muy pocos días nublados durante tres estaciones del año. La evaporación demanda casi tanta agua como la que se desvía desde el mar de Galilea para consumo nacional. En un año normal se pierde por evaporación un metro y medio de agua de la superficie del lago. Tras algunos años de sequía, las costas del mar de Galilea retrocedieron tanto que en aquellas que quedaron expuestas se encontraron tesoros arqueológicos —incluso un bote de pesca que, se cree, data de los tiempos de Jesús—[40].

Hoy en día, con una población nacional que continúa creciendo y una economía pujante, el mar de Galilea está estabilizado. Las retiradas de agua están limitadas a un volumen que lo mantendrá dentro de la franja delimitada por las líneas imaginarias rojas que indican su buen estado de salud. En la actualidad el lago de agua dulce, al igual que Israel, es en gran medida inmune a las fluctuaciones climáticas e incluso a las sequías de uno o dos años. Es probable que los temores del límite rojo inferior del mar de Galilea se desvanezcan y se transformen en un recuerdo generacional de una época pasada.

No obstante, como el mar de Galilea continúa siendo responsable de una parte más pequeña, pero sin duda importante, del agua potable del país, se sigue sometiendo a control científico. Los microbiólogos y especialistas en química verifican permanentemente la presencia de cuerpos extraños, la transparencia del agua, la salinidad y una lista inagotable de factores diferentes. Hace décadas que Mekorot viene registrando los valores del agua del mar de Galilea porque cree que mediante la recolección de datos se pueden obtener tendencias valiosas[41]. Toda esta información disponible le sirve para identificar en el agua la presencia de microbios, pesticidas, incipiente proliferación de algas u otras amenazas que pongan en riesgo el abastecimiento de agua, o bien anomalías debidas al cambio estacional de un parámetro, antes de que constituyan una amenaza para el suministro de agua potable[42].

El control del lago condujo al despliegue de la infraestructura nacional de agua de Israel. Después de que en la década de 1990 se detectaran ciertos microcontaminantes mientras se realizaban las pruebas de calidad de rutina, se tomó la decisión de construir la Planta de Filtración Eshkol en Beit Netofa, treinta y dos kilómetros al oeste del mar de Galilea. La planta, que se encuentra entre las más grandes del mundo, es un centro de alta tecnología que controla y filtra el agua proveniente del lago. La sala de control de la planta de Mekorot no tiene gran cantidad de personal, pero cuenta con varios monitores coloridos para alertar a los ingenieros de guardia sobre cualquier cambio en la calidad del recurso.

Si bien los israelíes no hablan abiertamente con extraños sobre las defensas dispuestas contra los atentados terroristas, resulta claro que el personal de la Planta de Filtración Eshkol se enteraría de inmediato si hubiera presencia de sustancias tóxicas en el suministro de agua, provocadas ya sea por actividades terroristas, por un accidente o por causas naturales. De igual manera, si entraran en el agua algas o algún cuerpo extraño no deseado, los monitores emitirían una alerta inmediata[43]. A consecuencia de ese control y filtrado, la calidad del agua de red que disfrutan los ciudadanos israelíes se suele asociar con fuentes hídricas más costosas. «Sé que mucha gente cree que el agua envasada es más segura que la del grifo —dice el doctor Bonnie Azoulay, biólogo acuicultor de Mekorot—, pero al microscopio no hay diferencia entre el agua envasada de Israel y el agua de red. El agua del grifo aquí es limpia y segura, y esa es la que tomo»[44].

Además del control, Israel se esfuerza en maximizar la cantidad de agua que cae al mar de Galilea y la cuenca circundante. Desde finales de la década de 1950 se dedica a la siembra de nubes con ioduro de plata en los meses de invierno para mejorar el nivel de precipitaciones[45].

Ya en la década de 1960 el país había invertido gran cantidad de recursos a fin de probar el proceso de siembra de nubes y había desarrollado un saber que fue reconocido mundialmente sobre el momento y el modo de sembrar. Se cree que mediante esta técnica es posible aumentar en un 18 por ciento las precipitaciones que caen sobre la cuenca del mar de Galilea y en alrededor de un 10 lo que cae específicamente en el lago. Este, así, puede recibir más de 37 800 millones de litros adicionales por año. El procedimiento de siembra de nubes le cuesta anualmente a Mekorot un millón y medio de dólares, con lo cual el agua no resulta demasiado costosa[46].

La menor dependencia del mar de Galilea suma el beneficio de un perfil más saludable para todos los recursos hídricos de Israel. El mar de Galilea reposa sobre una capa de sal, que se abre camino hasta el agua del lago[47]. También hubo manantiales salados que filtraban sus aguas hacia el lago, hasta que mediante un proyecto de desvío se redirigieron hacia el Jordán inferior[48]. Debido a estas intrusiones, el agua del mar de Galilea siempre tuvo un elevado contenido de sal.

Desde que se incorporaron la desalinización y el tratamiento de aguas residuales a la oferta nacional de agua, se extrae un tercio menos por bombeo del lago cada año. En consecuencia se consume mucha menos sal en Israel, y muchísima menos llega a las explotaciones agrícolas tras el proceso de tratamiento de las aguas residuales. El agua excedente que queda en el lago contribuye a la estabilización ecológica del mar de Galilea, que tiene menos oscilaciones de nivel producidas por los caprichos del clima[49].

«Desde el punto de vista operativo y funcional —señala Shimon Tal, excomisionado de recursos hídricos—, transformamos el mar de Galilea en un embalse. Podemos recurrir a él cuando es necesario y también acumular reservas para un período de sequía. Disponemos de un mayor volumen de agua para la naturaleza y nos es posible aumentar el caudal del río Jordán. Además, podemos utilizar menos agua desalinizada, que es costosa, o darles a los acuíferos uno o dos años de tiempo para que se recarguen, al someterlos a una menor demanda. El mar de Galilea continúa siendo una pieza fundamental del abastecimiento, pero ahora forma parte de un sistema hídrico integrado, flexible, maduro y resiliente. Ya a nadie le quita el sueño el límite rojo inferior del mar de Galilea»[50].

Levi Eshkol, fotografiado en 1947, fue uno de los padres fundadores del Estado de Israel. Ejerció como primer ministro (el tercero que tuvo el país) entre 1963 y 1969, y lo lideró durante la Guerra de los Seis Días de 1967. Sin embargo, tal vez el mayor legado de Eshkol sea el liderazgo que demostró para fomentar el desarrollo de la infraestructura hídrica nacional, incluyendo su papel como cofundador de Mekorot, la empresa nacional de agua de Israel, en 1937. (Kluger Zoltan / Oficina de Prensa del Gobierno de Israel).

Suncha Blass, el visionario israelí del agua, fue la figura clave en cada una de las decisiones de planificación o de ingeniería de sistemas hídricos israelíes desde los años 30 hasta mediados de los 50, cuando una disputa de poder lo llevó a renunciar intempestivamente a su poderoso cargo en el Gobierno. Dejó como legado la transformación del perfil hídrico nacional, que tiene implicaciones aún en la actualidad. Cuando Blass estaba prácticamente retirado, inventó el riego por goteo, que generó una revolución en las técnicas de riego del mundo.

Cuando en 1938 Walter Clay Lowdermilk, científico estadounidense especialista en Ciencias del suelo, se encontraba de viaje por Palestina enviado por el Departamento de Agricultura de los Estados Unidos, quedó fascinado con las técnicas de recuperación del suelo y de control del agua que empleaban los pioneros sionistas. En adelante lo propuso como modelo de desarrollo económico para Oriente Medio y las regiones áridas en general. Lowdermilk y su esposa se volvieron devotos de la causa de una patria nacional judía. Aquí aparece en 1953 en un programa de radio de Israel. (David Eldan / Oficina de Prensa del Gobierno de Israel).

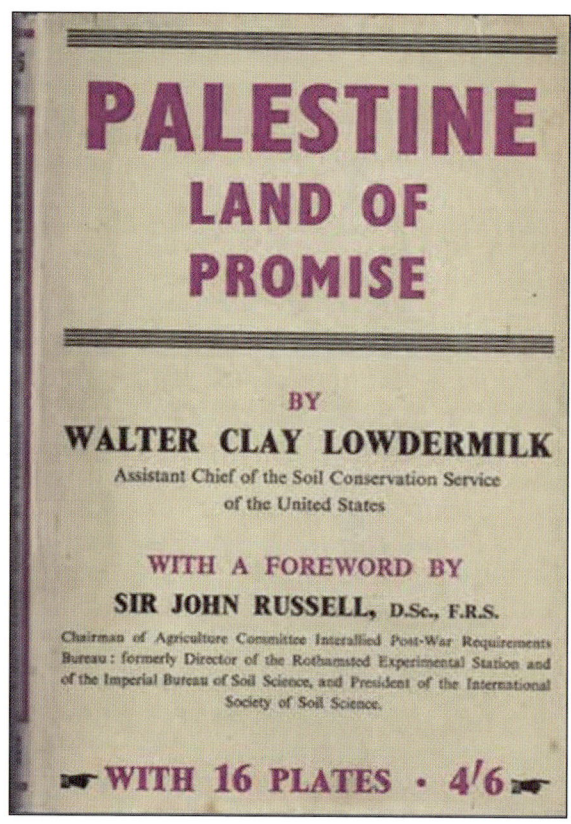

El libro de Walter Clay Lowdermilk Palestina, tierra de promisión, publicado en 1944, no solo fue un homenaje al resurgimiento sionista de Palestina, sino también una guía sobre cómo administrar el agua para asegurarles a millones de inmigrantes que podrían vivir una vida segura en cuanto a disponibilidad de este recurso. El libro se transformó en un hest selfer y tuvo once reimpresiones. A pesar de que el plan de Lowdermilk no se puso en práctica, sirvió como argumento principal contra las limitaciones impuestas por los británicos a la inmigración judía a lo que luego constituiría Israel. (Westher Hess).

El conocimiento israelí en perforaciones profundas para encontrar agua inicialmente se desarrolló para contribuir al asentamiento y la agricultura en las zonas periféricas. Los pozos tenían como finalidad suministrar agua a las granjas colectivas Eleven Points en el norte del desierto del Néguev, primero en el kibutz Nir Am, que se observa aquí en 1947. Más adelante, en Israel, se harían perforaciones de aproximadamente 1600 metros de profundidad. (Kluger Zoltan / Oficina de Prensa del Gobierno de Israel).

El establecimiento de las colonias agrícolas en el desierto del Néguev constituyó una parte esencial del plan sionista para lograr la creación del Estado. Se utilizó el agua encontrada en el Hbutz Nir Am y se construyó una red con las tuberías británicas de la época de la Segunda Guerra Mundial para suministrar agua a las fincas periféricas. Aquí se observa la recepción de una partida de tuberías entre las arenas del desierto en 1947. El kibutz Hatzerim se conectó a la Tubería de Champaña, así denominada por el alto coste de las tuberías, pero que vahó la pena, dado que permitió el desarrollo de la agricultura en el norte del Néguev. (Archivo del Kibutz Hazterim).

La futura primera ministra de Israel, Golda Meir, aparece a la izquierda conversando con Walter Clay Lowdermilk y su esposa Inez en Jerusalén, en 1956. A pesar de las privaciones y el racionamiento de alimentos que prevalecían en esa época, los Lowdermilk decidieron vivir en Israel. Meir y los Lowdermilk compartían un interés: ayudar a los pueblos y naciones más pobres del mundo. Cuando Meir ejerció como ministra de Relaciones Exteriores, estableció un programa para brindar asistencia a muchos países, especialmente de África, que continúa hasta el día de hoy. (David Rubinger / Oficina de Prensa del Gobierno de Israel).

El Acueducto Nacional de Israel fue una maravilla de la planificación y el diseño para la que también fue necesaria la invención de nuevas técnicas de ingeniería. Fue un proyecto de infraestructura al estilo Robin Hood, destinado a transportar agua desde el norte, relativamente rico en agua, a las granjas del sur que carecían de este recurso. Aquí aparece el jefe de ingenieros, Aaron Wiener —con su hija Ruti, detrás— fotografiado en 1957 cuando presentaba el plan para el Acueducto. Wiener desarrollaría Tahal, la división de planificación de sistemas hídricos del Gobierno que luego se convertiría en un organismo líder de planificación e ingeniería de este tipo de sistemas para países menos desarrollados. (Familia de Aaron Wiener).

La construcción del Acueducto Nacional fue el proyecto de infraestructura más costoso per cápita de la historia de Israel. También fue el de mayor envergadura. Dividió al país en dos entre 1959 y 1964 con excavaciones, construcción y tendido de enormes cañerías. En una visita de inspección, el primer ministro israelí David Ben Gurión, en el centro, y Aaron Wiener, a su derecha, se ven empequeñecidos por una de las tuberías troncales del Acueducto Nacional. (Familia de Aaron Wiener).

El Acueducto Nacional fue un enorme proyecto de obra pública que empleó miles de obreros. Para acelerar el trabajo, las cuadrillas a veces excavaban desde ambos extremos. En esta foto, los operarios que horadaban las rocas para construir el túnel se encuentran con los del lado opuesto. A pesar de la magnitud descomunal del proyecto, la construcción se hizo en solo cinco años. Una vez terminado, el sistema transportaría miles de millones de litros de agua al Néguev, cumpliendo con la promesa de Ben Gurión de que Israel haría florecer el desierto. (Daniel Resenblum / Mekorot).

La infraestructura para el transporte del agua era fabricada para durar. El Acueducto Nacional de Israel tenía la exigencia adicional de resistir los atentados. Debía también ser igual de eíicaz en una amplia gama de altitudes y perfiles climáticos diversos, como los inviernos fríos de Galilea o Jerusalén y los veranos sofocantes del desierto del Néguev.

Aquí se observa una tubería enorme emplazada en una formación rocosa que está a punto de ser conectada. Los trabajadores posan para la cámara en esta fotografía tomada a comienzos de la década de 1960.

Tras años de inconvenientes y sacrificios, el Acueducto Nacional se inauguró en junio de 1964. Casi inmediatamente logró una transformación del país, y su legado se percibe aún hoy. A pesar del sentimiento de orgullo nacional, por razones de seguridad no hubo una gran celebración pública para destacar la inauguración. Aaron Wiener, de Tahal, estuvo entre los que tuvieron el honor de accionar una válvula para que comenzara la circulación de agua. (Daniel Resenblum / Mekorot).

חבל על כל טיפה

Comenzando en la escuela primaria, el plan de estudios tradicional de Israel incluye lecciones sobre conservación, considerada responsabilidad de todos. Como parte de esa formación, a los alumnos se les enseña cómo bañarse y cepillarse los dientes utilizando eficientemente el agua. Cuando los niños crecen y llegan a adultos, el uso eficiente está arraigado y constituye una parte importante de sus vidas. Este póster de aula de 1960 les recuerda a los alumnos que «Es una lástima derrochar aunque sea una gota». (Ze'ev Lipman).

Israel honra postumamente al primer ministro Levi Eshkol en 1985 en su billete de menor denominación, el entonces flamante papel de cinco nuevos séqueles. Reconociendo su legado en el desarrollo de la infraestructura de agua del país en general, y del Acueducto Nacional en particular, los diseñadores del billete incluyeron una representación artística de una tubería con agua que fluía desde los cerros del norte de Israel hasta las arenas del sur.

Los sellos postales de Israel han utilizado diversas imágenes relacionadas con el agua, desde los antiguos acueductos construidos en la época de los reyes bíblicos a la tecnología hídrica contemporánea. En 2007, para celebrar el setenta aniversario de Mekorot, se emitió un sello postal que rendía homenaje a la compañía de servicios anterior a la creación del Estado, que luego se transformó en la empresa nacional de agua. La estampilla representa diversas funciones desarrolladas por Mekorot, tales como purificación de agua, perforación de pozos profundos, construcción de tuberías y siembra de nubes.

Cuando una prolongada sequía azotó el país a fines de la década de 2000, la Autoridad del Agua de Israel lanzó una campaña publicitaria nacional para fomentar un consumo todavía menor de agua. Nueve celebridades israelíes aparecieron en la serie de avisos ‹Israel se está secando», en los cuales sus populares rostros comenzaban a resquebrajarse como la tierra seca. Uno de los avisos de la serie, un anuncio para televisión del año 2009 con la supermodelo Bar Refaeli, fue ampliamente comentado y se transformó en un símbolo de la necesidad de conservar el agua. (Autoridad del Agua de Israel).

En los lugares públicos de todo Israel, desde los baños de las oficinas hasta las escuelas, desde las fuentes de agua hasta las duchas de la playa, hay recordatorios sobre la conservación del agua. Todos transmiten el mismo mensaje: que cada ciudadano tiene responsabilidad en el cuidado del agua del país. Este cartel de metal ubicado en la costa fue diseñado para evocar las franjas azules de la bandera israelí, pero con un grifo en el lugar de la estrella judía, y usa un tiempo verbal en hebreo que expresa una orden: «¡Ahorre agua!».

Los exuberantes campos regados por goteo en Aravá, Israel, sirven para demostrar que las inútiles arenas del desierto pueden utilizarse para la producción de una gran variedad de cultivos. A medida que aumenta la inseguridad respecto de la suficiencia de alimentos en el mundo, es probable que se deba recurrir a tierras actualmente indeseables para la producción de frutas y verduras. La arena sirve de anclaje para la raíz y la planta se desarrolla sin que la afecten las plagas tradicionales que se encuentran en las tierras de cultivo más húmedas. (Netafim).

El riego por goteo, comparado con las técnicas tradicionales como el riego por inundación o el empleo de aspersores, ahorra enormes cantidades de agua. Como se descargan pequeñas gotas a la raíz de la planta, se pierde muy poco por evaporación. También es importante destacar que las plantas regadas por goteo crecen más robustas y, en términos generales, aumentan el rendimiento en un cien por cien e incluso mucho más. Se les administran nutrientes y fertilizantes con los goteros, lo cual evita que el nitrógeno se escurra hacia los cursos de agua y reduce la cantidad de sustancias químicas que contaminan los campos. (Netafim).

Actualmente la India es el mercado que crece a un ritmo más rápido en el uso de equipamiento de riego por goteo. Hacia el año 2014 los agricultores indios, como los que se retratan aquí, utilizaban líneas de riego por goteo superficial y subterráneo en un área superior a los dos millones de hectáreas. Debido a la necesidad de conservar los recursos hídricos, así como de producir mayor cantidad de alimentos por hectárea para una población que crece muy rápidamente, el Gobierno indio otorga préstamos a los agricultores para alentarlos a que dejen de utilizar el sistema tradicional por inundación —que produce un gran despilfarro de agua— y adopten el riego por goteo. (Netafim).

Con el fin de resguardar el agua del país de diversas amenazas, Israel cuenta con uno de los sistemas de filtrado de agua dulce más grandes y tecnológicos del mundo. La Planta de Filtración de Agua Eshkol, que está ubicada cerca de Nazaret, fue inaugurada en 2007 y purifica toda la que proviene de los acuíferos o del mar de Galilea. También controla la calidad del recurso, así como la presencia de cuerpos extraños y toxinas en un sistema sofisticado capaz de detener en forma inmediata la circulación de agua contaminada y reemplazarla por otra, proveniente de fuentes distintas, cuya pureza haya sido confirmada. (Mekorot).

Naty Barak era agricultor en el kibutz que desarrolló el riego por goteo. No muy convencido, se convirtió en ejecutivo en Netafim, la primera empresa dedicada a esta tecnología. Hoy pregona el valor económico y social que brinda el ahorro de agua, el aumento de la producción de alimentos, la disminución del uso de combustibles de carbono, la reducción de la inequidad de género y la asistencia a los campesinos pobres de los países menos desarrollados. Aquí está con la reina de Suecia tras recibir el Premio Estocolmo del Agua por Netafim en 2013. (Netafim).

Después de que en la década de 1970 se optara por un uso generalizado de las aguas residuales tratadas para la agricultura, se desarrolló y construyó una infraestructura nacional nueva paralela al sistema de agua dulce, que tenía desde plantas de tratamiento y tuberías independientes hasta depósitos para contener el excedente de agua. La red de depósitos que se observa aquí, como los cientos —diseminados por todo Israel— que almacenan agua tratada, fue construida con el apoyo financiero del Fondo Nacional Judío. El del desierto del Néguev puede contener casi 7500 millones de litros de agua reutilizada para las prácticas agrícolas del desierto. (JNF).

Si bien la mayoría de las grandes ciudades tienen plantas de tratamiento, Shafdan es única. Concentra el total de aguas residuales de la zona del GranTel Aviv, que se tratan y se filtran pasando por distintas capas de arena local que la purifican. Luego el agua se extrae por bombeo del acuífero exclusivo y se transporta a las explotaciones agrícolas del desierto del Néguev por una tubería especial. En Israel se trata y reutiliza para agricultura el 85 por ciento de las aguas residuales, lo cual constituye una nueva fuente de suministro hídrico que complementa a las naturales. (Tahal).

Un tímido y modesto Sidney Loeb es el héroe no reconocido de la revolución de la desalinización por osmosis inversa. Cuando Loeb era investigador en California, inventó una nueva manera de eliminar la sal y los minerales del agua salobre. Luego se mudó a Israel, donde ejerció como profesor de Ingeniería y se transformó en una celebridad local mientras llevaba a cabo ensayos que promovían su invento. Aquí está con su esposa israelí Áficiey en 1970. Loeb ganó en total 14 000 dólares de lo que luego se transformaría en una industria mundial multimillonaria. (Mickey Loeb).

Alexander Zarchin, expreso político de Stalin, convenció al primer ministro israelí Ben Gurión en la década de 1950 para establecer un organismo gubernamental para probar el concepto de desalinización del agua de mar mediante congelamiento que él había desarrollado. A pesar de que no logró potabilizar el agua a un coste razonable, el Gobierno empleó el conocimiento acumulado en esta primera iniciativa importante para comenzar investigaciones que luego llevaron a Israel a transformarse en impulsor de la desalinización. (IDE).

Los líderes Levi Eshkol y Lyndon Johnson —israelí y estadounidense, respectivamente— desarrollaron una cálida relación en torno al agua. Ambos provenían de comunidades agrícolas con escasez hídrica y soñaban con la abundancia de agua como vehículo de desarrollo económico y de paz. Johnson tenía un interés especial en la desalinización y buscó una alianza con Israel para fomentar la investigación y el desarrollo. El presidente norteamericano, que era muy conversador, escucha atento a Eshkol durante la visita de este último al rancho LBJ, hogar de Johnson, en 1968. (Yoichi Okamoto / Biblioteca LBJ).

Sorek, que es la planta desalinizadora de agua marina más grande del mundo, está ubicada a aproximadamente un kilómetro y medio de distancia del mar. Produce 624 millones de litros de agua dulce por día o 26 millones de litros por hora. Mediante la utilización de un algoritmo sujeto a derechos de propiedad intelectual, pueden acceder a la electricidad durante los momentos de menor precio y, en consecuencia, producir el agua desalinizada más económica del mundo —a una fracción de centavo de dólar por litro—. Las plantas desalinizadoras ubicadas en el Mediterráneo de Israel actualmente proveen el equivalente al 80 por ciento del agua de consumo residencial. (IDE).

Un beneficiario de la nueva abundancia de agua del país fue el medioambiente, incluyendo los ríos. Debido a la existencia de fuentes alternativas de agua, se necesita extraer menor cantidad de ellos y se permite que más agua corra, lo cual preserva su estado. El doctor David Pargament, retratado en esta fotografía, lidera la Autoridad del Río Yarkón, donde ejerce como protector del río que también aparece en la foto. Si alguna vez los ríos de Israel estuvieron terriblemente contaminados, hoy han sido recuperados y transformados en lugares de recreo. (Yonatan Raz/ David Pargament).

Ya sea en el campo de la desalinizadón, las membranas, el riego por goteo, la seguridad relativa al agua o las comunicaciones válvula-sala de control, entre muchos otros, Israel se vahó de la tecnología para mejorar la eficiencia en el uso del agua con costes cada vez menores. Durante ese proceso desarrolló una nueva industria de exportación que actualmente vende tecnología en todo el mundo. En el año 2013 el presidente Shimon Peres le entregó un premio a Amir Peleg, empresario del área de tecnología y fundador de una empresa dedicada a la minimización de pérdidas. (TaKaDu).

Ayudar a mejorar el abastecimiento de agua en África fue un interés de Israel desde los años 50, con presencia de funcionarios de desarrollo de recursos hídricos en prácticamente todos los países del África subsahariana antes y en la actualidad. La ONG israelí Innovation: Africa continúa la tradición. Su fundadora, SivanYa'ari, ayudó a desarrollar una bomba de agua alimentada con energía solar y accionada con un control remoto que suministra agua limpia y potable a aldeas africanas y se controla desde las oficinas de la ONG enlel Aviv. (Innovation: Africa).

Desde 1960 los ingenieros hidráulicos de Israel colaboraron en la administración de los sistemas hídricos de Irán. Todo el personal israelí, que era muy numeroso, abandonó el país los días anteriores a la revolución islámica de 1979. Desde ese momento el suministro de agua en Irán es uno de los más vulnerables del mundo. El ingeniero hidráulico israelí Shmuel Aberbach (segundo por la izquierda, en el palacio Hasht Behesht, en Isfahan, Irán), viajó por todo el país en 1963 capacitando a sus colegas iraníes, algunos de los cuales se exiliaron o fueron ejecutados después de la revolución. (ShmuelAberbach).

El profesor Aríe Issar (derecha) encabezó el equipo de desarrollo de recursos hídricos en Irán. Los líderes del país conocían muy bien su trabajo y, con frecuencia, tanto los funcionarios ejecutivos del Gobierno iraní como los administradores locales le manifestaban su agradecimiento en todos los lugares del país donde trabajaban él y su equipo de hidrólogos israelíes. El sah de Irán, a la izquierda, visitó a Issar en uno de los proyectos de perforación de pozos de agua a fines de la década de 1960 para expresar su gratitud por el trabajo de los israelíes. (Aríe Issar).

Varias empresas que eran propiedad del Gobierno israelí trabajaron amplia y abiertamente en el sector de recursos hídricos de Irán durante prácticamente veinte años, y casi nunca padecieron manifestaciones antiisraelíes ni antisemitas. La empresa de ingeniería hidráulica israelí Tabal (abreviatura de las palabras en hebreo «Planificación del Agua para Israel») lideró iniciativas para la reconstrucción de los sistemas hídricos de Kazvín (Ghasvin) tras un devastador terremoto en 1962. El cartel de la oficina de Tabal del año 1960 está expresado en farsi e inglés. (Tahal).

El proyecto Mar Rojo-Mar Muerto llevará agua desalinizada desde el mar Rojo hasta el desierto de Aravá, en Israel, y a cambio el país transferirá agua de su propiedad al Reino de Jordania y a la Autoridad Nacional Palestina. La salmuera que resulta del proceso de desalinización, que generalmente se descarta, será transferida al mar Muerto para desacelerar la evaporación de sus aguas. Tal vez lo mejor será que todos, Israel, Jordania y los palestinos, se harán más independientes. Silvan Shalom (a la izquierda) y Hazem Nasser, funcionarios de las áreas de recursos hídricos de Israel y Jordania, respectivamente, aparecen en la fotografía mostrando las páginas firmadas de este innovador acuerdo. (Oficina de Prensa del Gobierno israelí).

California e Israel tienen climas similares, así como también poblaciones y economías con ritmo acelerado de crecimiento. Desde que California se vio afectada por una sequía prolongada, los recursos hídricos comenzaron a estar en vilo. Tomaron distintas medidas; una de ellas fue acercarse a Israel a fin de identificar modos en los que podrían aprender de sus prácticas hídricas. En marzo de 2014 el gobernador del estado, Jerry Brown (a la izquierda), y el primer ministro israelí Benjamín Netanyahu firmaron un acuerdo de cooperación que alentaba la formación de asociaciones gubernamentales, empresariales y académicas entre ambas partes para fomentar un uso más inteligente del agua. (Leah Mills/Polaris Images).

Desde hace mucho tiempo Israel comparte la tecnología hídrica para beneficiar a otros países, pero también con el fin de profundizar los vínculos políticos y comerciales con ellos. Una de las razones por las cuales China decidió entablar relaciones diplomáticas con Israel en 1992 fue porque Israel podía asistirla en el mejoramiento de los crecientes problemas hídricos que la aquejaban. En esta fotografía, el primer ministro chino Li Keqiang, a la izquierda, da la bienvenida a su homólogo israelí Benjamín Netanyahu en mayo de 2013. Las negociaciones llevadas a cabo posibilitaron que Israel renovara el sistema hídrico de una ciudad china. (Oficina de Prensa del Gobierno israelí).

PARTE III

EL MUNDO MÁS ALLÁ DE LAS FRONTERAS DE ISRAEL

8

Transformando el agua en un negocio global

No hay escasez de agua. Hay escasez de innovación.

Amir Peleg, empresario israelí.

Oded Distel tiene la apariencia de los que trabajan en la industria del entretenimiento. Con el cabello enmarañado, gafas con montura metálica y personalidad cálida, su imagen es lo contrario del estereotipo del burócrata gubernamental. Se ríe con facilidad y tiene líneas de expresión alrededor de los ojos debidas a su sonrisa. Es hijo de dos sobrevivientes del Holocausto y fue criado en Israel. Estudió Administración de empresas y comenzó a trabajar en un Ministerio del Gobierno dedicado a cuestiones comerciales, donde desarrolló toda su carrera.

Con los Juegos Olímpicos de Atenas ya previstos para el año 2004, Distel fue enviado a Grecia en 1998 para realizar las tareas habituales de un representante comercial y, especialmente, para asistir a las empresas israelíes que procurarían venderles a los juegos de verano su avalado conocimiento en seguridad interior.

Un año o dos antes de que concluyera su periodo de permanencia en Atenas, comenzó a leer los primeros atisbos de la revolución de las tecnologías limpias, una idea —hoy obvia— de que la energía, el agua y las aguas residuales pueden manejarse de una forma más eficiente y más amigable con el medioambiente. De inmediato pensó que Israel podía ocupar un rol de liderazgo, especialmente con relación al agua. Se centró en las capacidades y tecnologías más importantes de Israel en áreas tan dispares como riego por goteo, tratamiento de aguas residuales y desalinización, pero sospechaba que había mucho más que eso.

Distel hizo lo que hacen todos los buenos funcionarios públicos: redactó un memorando. En unas pocas páginas expuso, en general, lo que las tecnologías limpias podrían significar para las empresas israelíes, y en particular, cómo el Gobierno podría propiciar una gran presencia de Israel en la industria de los recursos hídricos. Por naturaleza, las burocracias son antagónicas a las ideas nuevas, y la primera respuesta a su memorando tuvo que ver con cuál era la competencia correspondiente. Si hablaba de agua limpia, le dijeron, era un asunto del Ministerio de Medioambiente y no del de Comercio. Ninguno de sus superiores mostraba interés.

En 2003, después de regresar a Israel y con un nuevo puesto dentro del Ministerio, comenzó a ejercer presión en beneficio de su idea. Se puso en contacto con funcionarios ejecutivos dentro de la burocracia e intentó persuadirlos de que a esta idea le había llegado el momento. Israel contaba con todo tipo de capacidades especiales en materia hídrica, decía, y el mundo vendría a llamar a la puerta —solo si se daban por enterados de que el país había desarrollado semejante conocimiento—[1].

Debió de haber algo en el agua.

En el preciso momento en que Distel recurría a sus jefes para presentarles esta idea, Baruch *Booky* Oren tenía pensamientos similares. A Oren, a quien todos conocían en Israel por el sobrenombre que su mamá le había puesto cuando tenía cuatro días de vida, hacía poco tiempo lo habían designado director de Mekorot, la empresa estatal nacional de agua. Durante toda su carrera, había sido provocador con sus ideas, o lo que en el mundo empresarial se conoce como agente de cambio. Ocupó distintos puestos y, en cada uno de ellos, no solo intentó repensar la naturaleza del puesto sino también la de la organización.

Algunos años antes, tras cumplir con el servicio militar obligatorio, había estudiado Biología y luego Administración de empresas. Uno de sus profesores, que acababa de regresar de una prolongada temporada como docente en Wharton, estaba ansioso por poner en marcha una consultora en Israel y tomó dos decisiones poco ortodoxas: los eligió a él y a otro estudiante excepcionalmente prometedor como socios comerciales[2]. Oren parecía estar en la cima del mundo.

Poco tiempo después el bebé de Oren enfermó y, junto con su familia, se mudó a Nueva York para realizarle un tratamiento avanzado para el cáncer. Durante años todos vivieron en el limbo. Cuando el hijo falleció, justo antes de cumplir los trece años, Oren aceptó un puesto en Israel como gerente de marketing en una empresa de software local. De alguna manera, esto lo condujo al cargo de director de desarrollo de negocios de Netafim, la firma que había creado el riego por goteo.

En 2003 Ariel Sharon, líder pronegocios e innovación, asumió el Gobierno. A Oren lo convocaron para nombrarlo director de Mekorot[3]. Tal como había sido su filosofía mientras ocupaba otros cargos, quería tomar una organización renuente al cambio, que alguna vez había sido innovadora, e intentar transformarla. Lo que se preguntó fue: ¿cuál era la razón por la que el país tenía una industria de tecnología avanzada tan exitosa? Llegó a la conclusión de que eso se le podía atribuir de forma especial al Ejército israelí, una fuerza que debía hacer «más con menos» para afrontar un abanico de amenazas, aprendiendo cómo lograr que la tecnología funcionara a su favor. Si la tecnología avanzada israelí pudo surgir con las fuerzas militares como impulsoras, ¿por qué una empresa de servicios hídricos impulsada por la tecnología no podría repensar el mundo del agua?

Oren comunicó al personal de Mekorot que quería ser informado de cada problema que afrontaran los ingenieros. La empresa, que era muy escéptica, elaboró una lista. El flamante director la compartió con el mundo de inventores y empresarios, a quienes les hizo una notable propuesta. Si pudieran ayudar a resolver los problemas de la compañía, conservarían los derechos de propiedad intelectual de las soluciones y se beneficiarían de su explotación comercial. Podrían establecer empresas sobre la base de dichas ideas; Oren y Mekorot los ayudarían a incubar su crecimiento.

Para alentar a los empresarios, Oren propuso que Mekorot fuera un centro de ensayos para los productos y servicios de estas firmas recientemente constituidas. Les ofreció capital semilla de la empresa estatal e, incluso, que esta se transformara en su primer cliente. Para asegurarse de que la iniciativa pudiera despegar, también prometió ayudar a estas compañías nuevas a vender sus productos en otras empresas de servicios del mundo. Al igual que el Ejército israelí, que estaba atento a sus propias necesidades, Oren no estaba concentrado en el desarrollo de las empresas de los inventores, a pesar de que lo complacía que alcanzaran el éxito. Abrigaba la esperanza de que sus ideas sirvieran como punto de partida para que Mekorot comenzara a utilizar la tecnología.

«Si uno dirige una empresa de servicios públicos, no puede hacer nada en cuanto a costes de mano de obra especializada, y los gastos fijos indirectos son lo que son —dice Oren—. Tenía el mismo problema que cualquier empresa de servicios de otro país. La única forma de ahorrar es mediante una mayor productividad impulsada por la tecnología»[4].

El desafío estaba en que la mayoría de las empresas de servicios públicos eran tan conservadoras como lo había sido Mekorot antes de la llegada de Oren. Dado que los gobiernos estatales o locales[5] controlan la mayor parte de los precios del agua, las empresas de servicios carecen de incentivos suficientes para asumir riesgos con la innovación.

Pero sean los problemas que se deben afrontar de índole local o global, la innovación deberá ser un componente central de la solución. Los gobiernos con aprietos económicos no tienen interés en nuevos grandes proyectos hídricos justo en el momento en que la demanda de agua crece en todo el mundo. Las empresas de servicios públicos, los departamentos de Agricultura e Ingeniería, todos suelen seguir haciendo lo mismo de siempre. Por eso una nueva cultura que aliente a los innovadores y acelere la adopción de nuevas ideas es un elemento fundamental para resolver los problemas relacionados con el agua antes de que se transformen en una crisis.

«Hay mucho de "Si no está roto, no lo arreglen" con relación al agua —dice Oren—. La tecnología es el modo que tiene el pobre de aprovechar mejor el sistema hídrico. Pero en primer lugar, las empresas de servicios tienen que dejar de pensar en sí mismas como meras fuentes de agua y comenzar a considerarse parte de una solución tecnológica».

Como «hombre de grandes ideas», Oren pronto se dio cuenta de que esto tenía un alcance mucho mayor que Mekorot. ¿Por qué no podría Israel transformar todo el conocimiento que tenía sobre sistemas hídricos en una industria de exportación, como lo había hecho, inspirado en el Ejército, el sector de tecnología, que constituía el principal impulsor de la economía del país? Las empresas de servicios necesitaban ayuda, pero también la necesitaban la agricultura, los consumidores, las empresas de alimentos y la industria. Baruch *Booky* Oren pensaba que había tropezado con la próxima gran idea comercial israelí[6].

MÁS GRANDE QUE LA BIOTECNOLOGÍA Y LAS TELECOMUNICACIONES

Aunque rara vez se lo considera así, Israel es un expaís del tercer mundo, lo que actualmente se denomina «país menos desarrollado». Como sus vecinos y la mayor parte de África y Asia, logró la categoría de Estado en el período de descolonización que concluyó con la Segunda Guerra Mundial. Egipto se independizó en 1922; Jordania y Siria, en 1946; India y Pakistán, en 1947, e Israel, en 1948. No estaba predestinado a transformarse en líder en tecnología, biociencias y defensa, entre otras industrias. Parte de ello se lo debe a la suerte, pero otra parte, también, a decisiones inteligentes.

Cada sector importante de la economía de Israel brindó su apoyo para lograr que la industria hídrica del país se desarrollara. Hoy en día la mayoría de las iniciativas relacionadas con el agua provienen de laboratorios del sector privado, pero en los inicios lo más probable era que derivaran de una cooperativa o que hubieran sido creadas como organismo gubernamental. Sin embargo, no hubiera sido posible desarrollar y promover el comercio del agua del país sin la participación de sectores sofisticados tales como la agricultura, la producción, los servicios financieros y la tecnología. Todas estas áreas se desarrollaron de manera independiente, pero se mancomunaron para crear el negocio del agua en Israel.

En un principio la agricultura tuvo un rol más preponderante en el espíritu pionero del Yishuv, la comunidad judía de Palestina, que el que tuvo en la economía. Durante sus miles de años en el exilio, los judíos habían carecido de tierras por ley y habían encontrado la forma de expresarse profesionalmente como rabinos, artesanos, comerciantes o vendedores. El regreso a Sion estuvo acompañado por un llamado a ser un Judío Nuevo: hombres y mujeres que se redimirían y redimirían a su antigua tierra trabajando el suelo. El eslogan de los pioneros que decía «Vinimos a construir y a ser reconstruidos» capturaba esos valores. Casi todos los primeros líderes políticos y militares de Israel pasaron al menos una parte de los años de formación en una colonia agrícola.

No obstante, a pesar de que parecía tener vital importancia, la agricultura en ningún momento representó un porcentaje mayor del 13 por ciento de la economía[7]. En la actualidad su participación en el Producto Interior Bruto (PIB) es inferior al 3 por ciento[8]. Sin embargo, tiene un papel importante en la mentalidad del país y como fuente de orgullo nacional. Más aún, la economía agrícola israelí es un sector altamente tecnificado que se concentra en el uso eficiente del agua.

El sector manufacturero de la Tierra de Israel tuvo un gran impulso durante la Segunda Guerra Mundial. El Ejército británico descubrió que resultaba más económico y seguro adquirir en fábricas judías los productos necesarios para las tropas desplegadas en las cercanías que traerlos de centros de producción más tradicionales ubicados más lejos[9]. Se establecieron nuevas industrias o se expandieron otras existentes para fabricar prendas para uniformes, alimentos, bebidas e incluso remedios (una pequeña empresa farmacéutica de entonces, denominada Teva, hoy es la compañía israelí más grande entre las que cotizan en bolsa).

Al finalizar la guerra y cuando se creó la nueva nación, estas y otras industrias del joven Israel habían alcanzado una gran sofisticación, impulsada por el trabajo por turnos durante el día entero, y habían logrado expandirse rápidamente en respuesta a la gran demanda británica. Para el fin de la guerra, la producción industrial representaba un tercio de la economía Yishuv[10]. Por lo tanto, cuando llegó el momento de fabricar dispositivos de agua sofisticados, los locales sabían cómo hacerlo.

El segmento económico más importante, incluso antes de la independencia, era el sector de servicios. Más de la mitad de la economía estaba relacionada con la educación, la medicina, la investigación y los servicios financieros[11]. Aunque nadie lo sabía en ese momento, estas categorías de negocios (y otras relacionadas) posicionarían muy bien a Israel en un mundo donde las naciones más ricas estaban haciendo una transición hacia las economías de servicios.

El joven Estado era muy pobre; absorbía rápidamente inmigrantes, en su mayoría sin ningún recurso. Desde mayo de 1948 hasta el final de 1952, la población creció más del doble[12]. Los alimentos se racionaban y la economía dependía en gran medida de la asistencia externa, los fondos de reparación alemanes y las donaciones de los judíos del mundo[13]. Estos recursos generalmente se distribuían con inteligencia. Se los empleaba, entre otras cosas, para inaugurar comunidades nuevas, construir infraestructura nacional, crear o ampliar instituciones de educación superior, crear institutos de investigación y equipar y fortalecer un Ejército moderno. Era muy raro encontrar informes de corrupción financiera y resultaba inaudito que funcionarios desviaran fondos para uso personal, salvo importes insignificantes provenientes del Gobierno o de aportes de donantes[14].

Toda esta inversión en investigación, educación superior e infraestructura demostró ser acertada cuando en 1989 comenzaron a llegar aproximadamente un millón de judíos soviéticos para vivir en Israel cuando la Unión Soviética se marchitó y murió[15]. Estos inmigrantes, como la ola de los llegados desde Alemania en la década de 1930, tenían un alto nivel de educación y conocimientos de tecnología[16]. La combinación de las instituciones existentes y una gran masa de israelíes nativos e inmigrantes con sofisticados conocimientos técnicos —en el preciso momento en que la revolución tecnológica cambiaba al mundo— le ofreció al país la oportunidad de convertirse en líder de esta revolución.

Muchas veces se denomina a Israel la «Nación de emprendedores», por el libro del mismo nombre escrito por Dan Senor y Saul Singer (*Start-Up Nation*), que fue un *best seller*. La obra identifica varias razones a las que se atribuye el éxito del país en las industrias tecnológicas. Entre ellas se incluyen una cultura emprendedora, fuerzas militares que identifican y capacitan a las mejores mentes tecnológicas y la perspectiva global incentivada por el propio aislamiento regional[17]. Otra razón importante es que el país se encuentra entre los que más invierten en investigación y desarrollo (I+D). Por ejemplo, en 2013 Gran Bretaña invirtió el 1,6 por ciento del PIB; los Estados Unidos, el 2,8; Alemania, el 2,9 y Corea del Sur, el 4,15 por ciento. A pesar de que para Israel la incidencia de la defensa en el PIB es mayor que para ningún otro país desarrollado[18], invirtió el 4,2 por ciento en I+D[19].

Este nivel de inversiones ha dado sus frutos. Hoy en día hay más de doscientas cincuenta empresas globales que tienen filiales en el país. Para muchas de ellas, como Google, Facebook, Apple, Intel, Microsoft, IBM, Hewlett-Packard, Motorola, General Electric y Dell, el centro de I+D israelí es el principal, el más grande o el único fuera de su país de origen[20].

Dichas habilidades en el área de la investigación y el desarrollo, así como la mentalidad emprendedora, también se aplicaron al agua. El antiguo paradigma, imperante hasta hace pocos años, planteaba que si se necesitaba más, simplemente se debía agregar mayor capacidad. Perforar más, bombear más y colocar más tuberías. El nuevo paradigma radica en aumentar la eficiencia en el uso del agua: hacer que cada gota cuente y volver a utilizarla tantas veces como sea posible[21]. Para cambiar la forma de pensar en este terreno y pasar de una cuestión de escasez de recursos a una de innovación científica —especialmente en industrias conservadoras como la agricultura, las empresas de servicios y la infraestructura— es necesario tener empresarios y una cultura que cuestionen el conocimiento convencional.

La industria del agua a nivel global tiene ventas anuales que ascienden a 600 000 millones de dólares. Es más grande que la biotecnología y las telecomunicaciones, y solo un poquito menor que la industria farmacéutica[22]. El 75 por ciento de dichas ventas son generadas por lo que podría denominarse agua «vieja» o «tonta»: válvulas, tuberías, bombas y la mayor parte de lo que hacen las empresas de servicios. El restante 25 por ciento de los ingresos corresponde a productos tecnológicos —de sectores tales como tecnología, desalinización, membranas, minimización de fugas, riego por goteo, filtrado, seguridad del producto y comunicaciones válvula-sala de control—, que representan el futuro de la industria del agua[23]. Israel descolla en cada una de estas áreas.

UNA INDUSTRIA FAVORECIDA POR EL GOBIERNO

Baruch *Booky* Oren era consciente de que necesitaría ayuda para vender su nueva idea. Transformar Mekorot en una empresa amigable con la tecnología y alentar la exportación de agua era solo el comienzo. Tenía sueños mucho más ambiciosos.

Siempre con su mentalidad de agente de cambio, quería que el Gobierno de Israel hiciera algo a lo que filosóficamente se oponía: favorecer a un sector industrial determinado. Estaba seguro de que el sector del agua de Israel podía transformarse en una industria de exportación grande y rentable, pero solo lograría el impacto global que él imaginaba si el Gobierno le tendía una mano[24].

Se puso en contacto con Ori Yogev, exdirector del todopoderoso departamento de Presupuesto del Ministerio de Finanzas, quien provenía de una familia con estrecha relación con el agua. Su padre, David Yogev, había encabezado el departamento de Planificación hídrica dependiente del Ministerio de Agricultura durante décadas y había sido la fuerza impulsora para promover la reutilización del agua residual purificada a nivel nacional. Ori comprendía y compartía la visión de Oren[25]. Pero había un problema, quizás imposible de superar.

Los excolegas de Yogev en el Ministerio de Finanzas se oponían, filosóficamente, a la intervención estatal en los negocios y eran ellos los que debían tomar la decisión de crear una industria favorecida por el Gobierno. La gente del Ministerio creía que si un sector empresarial tenía gran potencial, prosperaría por sí mismo. Más aún, argumentaban que si el Gobierno le tendía una mano a una industria, habría que tener en cuenta a todas las demás. Tal vez los sectores de dispositivos médicos o la industria aeroespacial valían más la pena. O quizás el Gobierno israelí debía intentar cambiar por completo la cultura empresarial nacional, dejar de lado las iniciativas modestas y optar por pocas empresas muy grandes. No había razón alguna para que al agua se le diera un tratamiento preferencial —suponiendo que el Gobierno tuviese el interés de ponerse a elegir entre ganadores y perdedores—[26].

La mejor manera de hacer recapacitar al Gobierno, concluyó Yogev, sería hacerle cambiar la actitud respecto del potencial de las exportaciones del sector. El negocio del agua tenía que parecer más atractivo que ningún otro. Oren y Yogev convocaron a Ilan Cohen, exdirector de la oficina del primer ministro; a David Waxman, extitular de IDE, la empresa de desalinización, y a un grupo de prestigiosos especialistas[27]. Juntos, en 2005 conformaron una entidad de promoción denominada Waterfronts, que Yogev lideraba como voluntario[28]. El grupo logró que el Gobierno considerara la idea y lo persuadió de contratar un consultor externo para que analizara la competencia a nivel mundial, las probabilidades de éxito y el potencial tamaño de la nueva industria que contaba con su aval[29].

El proceso fue exitoso. La investigación demostró que, para el año 2025, una tercera parte del mundo viviría en regiones en emergencia hídrica si pronto no se tomaban medidas para evitarlo. Afectaría tanto a los países ricos como a los pobres. El potencial exportador era increíble; sin duda, muchos miles de millones en nuevos ingresos.

Al Ministerio de Finanzas de Israel le causó sorpresa enterarse de que la industria global del agua constituía un mercado enorme pero fragmentado. A diferencia de otras categorías, que también podían aspirar a condiciones especiales de parte del Estado, en el caso del agua el acceso no sería obstruido por un puñado de corporaciones gigantes que pisotearan a la competencia. Pero sin el impulso estatal, por el que Oren había estado bregando, los grandes mercados internacionales probablemente nunca reparasen siquiera en las empresas israelíes. Lo más preocupante era que si no se actuaba rápido, se podría adelantar otro país, y se perdería la oportunidad para siempre[30].

Como un golpe de suerte, el Gobierno nombró un director profesional nuevo para el Ministerio de Finanzas justo en el momento en que la cartera había sometido el tema a consideración. Era el director saliente del Ministerio de Comercio y, bajo su liderazgo, había avalado la intervención estatal en temas concernientes al agua. Ahora que se habían alineado los planetas, el Gobierno dio su bendición para crear, con fondos estatales, una organización nueva que se dedicaría a sustentar la industria del agua en Israel[31].

Oded Distel, el funcionario del Ministerio de Comercio que, durante su permanencia en Grecia, había escrito el primer memorando que avalaba las exportaciones de agua, había seguido argumentando a favor de esta postura. En virtud de ello, se le solicitó que dirigiera el nuevo organismo gubernamental[32].

COLONIAS AGRÍCOLAS SOCIALISTAS Y RESULTADOS CAPITALISTAS

Los primeros integrantes de la industria del agua de Israel fueron unos pocos socialistas y comunistas judíos. Irónicamente, fueron fervientes anticapitalistas los que terminaron engendrando la mayoría de las exportaciones más importantes del país.

En general, los hombres y mujeres que llegaron a la Tierra de Israel en la primera etapa del siglo pasado no habían sido agricultores en sus tierras natales. Aun si lo hubieran sido, las dificultades y las privaciones que padecieron en sus nuevos hogares fueron tan extremas que la única forma de trabajar la tierra era uniéndose. Al realizar las actividades agrícolas como un colectivo, podían compartir las cargas del trabajo y la seguridad, mitigar la soledad y la frustración, y contar con compañeros para recoger los frutos si los afectaba el paludismo o cualquier otra enfermedad[33]. El sionismo y el socialismo los llevaron a sus nuevos hogares. Y así nació el kibutz, colonia agrícola comunitaria judía. Todos trabajaban juntos y la comunidad era dueña de todo —hasta de las prendas de vestir personales—. Era una idea revolucionaria.

Con el paso de los años, incluso cuando las dificultades fueron menores y con la creación del Estado, surgieron más colonias agrícolas comunitarias. En total, se establecieron casi trescientas, ubicadas habitualmente a lo largo de las fronteras inseguras del país[34]. Eran colonias agrícolas, pero también puestos fronterizos que servían como sistema de alerta temprana y factor disuasivo contra las incursiones terroristas.

Si bien los kibutz continuaron con las actividades de agricultura, en la década de 1960 muchos de ellos ya comenzaron a construir fábricas. Al principio el personal eran los propios miembros. Después, en vez de contratar trabajadores, entregaban sectores exitosos de empresas kibutz a otras colonias comunitarias. Pero finalmente todas terminaron contratando trabajadores e incluso gerentes externos, lo cual transformó la vida del kibutz y moderó los conceptos ideológicos de la generación fundacional.

Lógicamente, muchas de las fábricas de los kibutz desarrollaron productos relacionados con lo que estas colonias conocían mejor: productos agrícolas, especialmente los relacionados con el agua y el riego. Con el tiempo, varias de estas compañías no solo superaron en tamaño a sus antecesores, sino que se convirtieron en empresas globales. Un ejemplo es el kibutz Amiad, ubicado en la Alta Galilea.

Durante los primeros años del Estado, las obstrucciones en las mangueras de riego aquejaban a todas las explotaciones de Israel. Muchas veces, los pequeños orificios se obstruían con tierra y el agua no podía llegar a los cultivos. En consecuencia, morían las plantas y se arruinaba parte de la cosecha o su totalidad[35]. A fines de la década de 1950 un agricultor con conocimientos sofisticados de ingeniería desarrolló un sistema que utilizaba energía hidráulica para eliminar las obstrucciones de las mangueras. No empleaba electricidad ni sustancias químicas. No se necesitó un salto muy grande para pasar de ese invento probado en el campo a una fábrica de filtros hidráulicos, que era propiedad del kibutz y dirigida por sus miembros. En 1962 se fundó Amiad Filtration Systems Ltd. (actualmente denominada Amiad Water Systems Ltd.).

Hoy Amiad cotiza en la Bolsa de Comercio de Londres. La empresa tiene más de cuatrocientos empleados y vende sus productos en ochenta países. Recientemente adquirió Arkal, una empresa similar que comenzó en el kibutz Beit Zera, ubicado muy cerca de ellos. Aunque suene raro, Arkal era su principal competencia a nivel mundial. Amiad invierte millones de dólares cada año en I+D[36] y sigue desarrollando productos para uso agrícola, pero también para operaciones de perforación en el litoral, para plantas desalinizadoras y para filtrado de agua de lastre de los buques comerciales, entre otras áreas[37].

Más dramático aún, el kibutz Evron estableció una empresa de agua para salvar la vida de los agricultores. Esta colonia y otras se encontraban principalmente junto a las fronteras conflictivas, con Estados hostiles del otro lado; por eso, un agricultor podía recibir un disparo de un francotirador mientras iba al campo a cerrar una válvula de riego. Pero una que pudiera abrirse y cerrarse en forma remota permitiría el riego continuo de los campos, incluso durante períodos de tensión o conflicto[38].

En 1965, a casi treinta años de su fundación, el kibutz Evron decidió expandirse a otras actividades, en lugar de concentrarse solo en la agricultura. Uno de sus miembros se enteró de que un inventor había desarrollado una válvula que estaba conectada con un contador. El kibutz le compró el invento. Se trataba de un producto cuyo diseño tenía como objetivo interrumpir el caudal mediante un proceso hidráulico, no eléctrico, una vez que una cantidad predeterminada de agua hubiera pasado por el contador. Dedicaron algunos años a asegurarse de que el dispositivo pudiera funcionar de manera confiable. La empresa, que en ese entonces tenía un único producto a la venta, lo lanzó al mercado con la marca Bermad, combinando las palabras hebreas equivalentes a 'grifo' (*berez*) y 'medir' (*mad*)[39]. El dispositivo Bermad permitía utilizar la cantidad exacta de agua necesaria y no gastar ni una gota de más, lo cual resultó una bendición para los agricultores de regiones con escasez hídrica[40].

Las actividades de comercialización de Bermad en todo el mundo comenzaron en 1970. Hubo una enorme demanda de este artículo, lo que le permitió al kibutz Evron ampliar la cartera de productos de riego y también suministrar válvulas de control para empresas de servicios de agua, así como para protección contra incendios. Los productos se venden en ochenta países. Bermad cuenta con una plantilla de seiscientos empleados. Los propietarios exclusivos de la empresa son el kibutz Evron y otra colonia agrícola comunitaria, incorporada como socia: el kibutz Saar[41].

Actualmente las fábricas kibutz operan en distintas áreas de negocios, pero muchos de estos fabricantes trabajan en aspectos relacionados con el agua que nada tienen que ver con los intereses de los agricultores. El kibutz Dalia es la sede de Arad, fabricante de caudalímetros automatizados. ARI fue establecida por el kibutz Kfar Haruv y se dedica a la venta de válvulas metálicas de diseño superior para empresas de servicios de agua y otros usos. Galcon, que pertenece al kibutz Kfar Blum, produce tecnología de muy bajo coste para riego de césped de casas y parques públicos. El kibutz Maagan Michael puso en marcha Plasson, empresa que se dedica a los moldes plásticos. El objetivo era reemplazar los bebederos metálicos de los gallineros, que eran costosos y se oxidaban por las heces de las aves[42]. Pero la empresa creció mucho y superó el objetivo original. Emplea a más de mil doscientos trabajadores y fabrica, entre otros productos, inodoros de doble descarga y un catálogo de piezas plásticas de fontanería[43].

Empresas para cada faceta y aspecto del agua

Además de las empresas kibutz, dos compañías que empezaron como departamentos del Gobierno —Tahal (infraestructura de sistemas hídricos) e IDE (plantas desalinizadoras)— maduraron y se transformaron en firmas globales con ingresos que rondan los cientos de millones [de dólares] anuales. (De ambas se habla extensamente en otra parte del libro). Mekorot, la empresa nacional de agua, que todavía es una entidad estatal, también tiene una sección internacional cuyo espectro de acción va desde la realización de tareas como operador de proyectos hídricos de plantas desalinizadoras en Chipre hasta iniciativas de saneamiento de agua en México.

Pero ¿qué es lo siguiente en la industria del agua de Israel? El ruido lo hacen las más de doscientas empresas jóvenes —que representan, dice *Booky* Oren, inversiones por aproximadamente 2000 millones de dólares—, creadas con capital semilla en los últimos diez años[44]. Parece que todos los meses saltan a escena nuevas firmas dedicadas a las tecnologías del agua. Algunas son poco más que una idea que nunca podrá generar fondos y pasar de la mesa de la cocina, pero muchas otras sí pueden. Algunas atraen interés y fondos, pero nunca desarrollarán un mercado externo. Y otras probablemente crecerán y se convertirán en empresas globales, como ocurrió con Netafim, Plasson y Bermad a partir de su inicio, hace una generación. La cultura de las iniciativas económicas, que comenzó con las empresas de tecnología punta, migró a compañías que tradicionalmente tienen un menor nivel tecnológico, como aquellas de los sectores de energía, publicidad y textiles —y ahora, el agua—.

El agua es mucho más que lo que sale del grifo del fregadero de la cocina o del de la ducha. Es una pieza clave en el suministro de alimentos, la energía que abastece a hogares y empresas y las aguas residuales que circulan por debajo de las calles de la ciudad. Las iniciativas surgen para cubrir cada faceta y cada aspecto relacionado con el uso y el abastecimiento de este recurso. A veces plantean soluciones que ahorran tanto agua como energía.

Atlantium, creada por un inventor que aprendió tecnología láser en el servicio militar, ofrece un dispositivo que parece sacado de una película de James Bond. «Cuando miras Israel —dice Rotem Arad, ejecutivo de Atlantium desde 2006—, la categoría de productos relacionados con la luz tiene una gran sofisticación. Israel utiliza el láser en empresas médicas. Creamos el mundo de la depilación con láser. En las Fuerzas Armadas utilizamos el láser todo el tiempo. Por eso Atlantium no creó algo de la nada. Los fundadores analizaron dónde había un vacío en la aplicación y cómo se podía utilizar con fines comerciales»[45]. La oportunidad se presentó en los alimentos y las bebidas.

La purificación de agua para la producción de alimentos y bebidas es tan esencial como costosa. Es posible que consuma una gran cantidad de energía. El uso de la energía afecta al medioambiente y también a las finanzas de la empresa. El producto de Atlantium es un tubo de cuarzo con un recubrimiento de acero inoxidable. Ahora se ha reemplazado el láser por lámparas ultravioletas, pero el concepto sigue siendo el mismo. El cuarzo capta la longitud de onda ultravioleta (UV) y apunta la luz a los microbios presentes en el agua. Tras unos minutos, estos se inactivan y el agua pasa a ser segura.

El agua generalmente se purifica con un proceso diferente, en el que se emplea cloro. En esos casos es posible encontrar residuos de dicha sustancia química en los alimentos o en las aguas residuales de la fábrica. Pero como el dispositivo Atlantium no utiliza cloro, nunca quedan vestigios de sustancias químicas. Sumado esto al ahorro en el consumo de energía, el método libre de sustancias químicas representa un doble beneficio para el medioambiente.

En la actualidad se puede encontrar el tubo de cuarzo y metal de Atlantium en plantas de alimentos y bebidas en más de ciento cincuenta países. Empresas como Chobani y Danone utilizan el tubo para purificar agua que emplean en la fabricación de yogur y otros productos lácteos, lo cual les genera un 97 por ciento de ahorro en los costes de energía en comparación con el proceso convencional de pasteurización. El cilindro Atlantium también se utiliza para purificar agua en la producción de refrescos como Coca-Cola, Pepsi y Schweppes, de las cervezas Corona y Carlsberg, de bebidas de Nestlé y Unilever, así como de muchas otras marcas menos conocidas. En los últimos años las empresas farmacéuticas, las centrales eléctricas, las explotaciones de acuicultura y las empresas municipales de servicios de agua se cuentan entre sus clientes[46].

UNA ASOCIACIÓN PÚBLICO-PRIVADA POCO COMÚN

Entre las personas que tienen un alto perfil en la industria del agua en Israel, hay un converso tardío. En realidad, todavía no se considera un defensor del agua y se desvive por diferenciarse de los «fontaneros» que lo rodean. Amir Peleg fue un exitoso tecnólogo israelí que en 2008 vendió a Microsoft su empresa dedicada al análisis informático de datos[47]. En búsqueda de nuevas oportunidades, a modo de entretenimiento, asistió a una exhibición de la industria del agua en Europa. Por donde caminaba, veía tuberías y estructura, pero no software.

«Por supuesto, las empresas usan todo tipo de datos, pero ninguna de las que vi integraba todos los datos —dice Peleg—. Este no fue solo el inicio de la era de las tecnologías limpias, sino también el inicio de la informática en la nube y el uso de los grandes datos. Tuve la corazonada de que ahí había un negocio».

Los israelíes tienen un sentimiento innato por las cuestiones del agua debido al clima en el que crecieron y a la educación continua sobre la escasez. Cuando Peleg empezó a hablar sobre esta idea, todavía incipiente, con amigos del mundo de la tecnología y las finanzas, a pesar de que pensaron que valdría la pena, lo instaron a mantenerse al margen. «Uno de ellos me dijo que podría lograr cinco salidas en el campo de la tecnología en el tiempo necesario para lograr una en el campo del agua. El ciclo de vida necesario para lograr rentabilidad y ventas en inversiones hídricas es mucho más prolongado que en los de tecnología», dice Peleg[48].

No obstante, Peleg avanzó. Viendo las filtraciones que afectan a los sistemas municipales de todo el mundo, que son la causa de una enorme cantidad de pérdidas de agua —y por ende de energía—, Peleg decidió transformarse, según él mismo se denomina, en un «fontanero tecnológico». Fusionó muchísimos datos históricos y actuales de las empresas de servicios, lo que le permitió crear fórmulas matemáticas para detectar pérdidas semanas antes de que ello fuera posible con métodos tradicionales como la humedad en la tierra o la explosión de una tubería. A la empresa le puso el nombre extravagante de TaKaDu, que parece el acrónimo de algo, pero no lo es.

TaKaDu se dedica a la captura de las grandes cantidades de datos existentes con los que cuenta una empresa de servicios —por ejemplo, caudal suministrado a un barrio determinado, condiciones de una tubería que está a punto de explotar, temperatura y otros miles— y con eso desarrolla un perfil. Así como las anomalías en el patrón de consumo sirven para detectar fraudes con las tarjetas de crédito, TaKaDu utiliza los datos disponibles para descubrir anomalías que con frecuencia sirven para descubrir con antelación una fuga. La empresa también los utiliza para identificar el lugar y, de esa manera, reducir la perforación de las calles —con el gasto y engorro que conlleva— al mínimo[49].

El primer cliente de TaKaDu no fue uno cualquiera, sino Hagihon, la empresa de servicios de agua de Jerusalén. Cuando TaKaDu no era mucho más que una idea, Hagihon aceptó ser su centro de ensayos. La magnitud del beneficio que recibió Jerusalén al principio —aún hoy es cliente— fue insignificante comparado con lo que recibió TaKaDu. Los ingenieros de Hagihon continuamente les brindaron comentarios sobre cómo hacer que el producto resultara más útil y de mayor valor para una empresa de agua. Como respuesta, TaKaDu rediseñó el software y la interfaz del usuario[50].

Hagihon no reclamó una participación en TaKaDu ni un menor precio para el futuro. Estaban felices de ayudar a remontar vuelo a una empresa israelí. «Hagihon se beneficia con tecnología inteligente, pero además ayudamos al empresario a superar el "periodo del Valle de la Muerte" entre el momento en que realizó el invento y el lanzamiento comercial», dice Zohar Yinon, director general de Hagihon, sobre este giro inusual para una asociación público-privada[51].

El sistema TaKaDu ya está instalado en otras ciudades de Israel, pero también en Inglaterra, España, Portugal, Australia y otros países del mundo. Las empresas de estos lugares ahora usan el software para otras aplicaciones además de la detección de fugas. El poder predictivo del sistema alerta a los gerentes de la empresa en qué momento esperar un pico de consumo, lo cual permite una mejor planificación[52].

Otro exprotagonista del centro de ensayos de Hagihon es HydroSpin. La energía hidroeléctrica es limpia y se la suele relacionar con cataratas o ríos caudalosos. HydroSpin encontró una fuente tan pequeña y obvia que —a diferencia de TaKaDu con sus algoritmos, o de Atlantium con sus impulsos de luz en el cuarzo— la primera reacción sería: «¡A cualquiera se le podría haber ocurrido!».

HydroSpin utiliza el agua que circula por las tuberías comunes de agua. Cuando el agua fluye, se pone en contacto con una pequeña rueda que gira. Esta genera corriente eléctrica, de la misma forma que en un río, pero en pequeñas cantidades[53].

El generador HydroSpin satisface una necesidad futura del mercado. Los sistemas hídricos que se encuentran en desarrollo requerirán que se verifique permanentemente la cantidad y calidad del agua. Para lograrlo se está cambiando el enfoque. De tener una sala de control en la fuente inicial de agua, se está pasando a la instalación de todo tipo de medidores y sensores a lo largo de la extensión completa del conducto de tuberías. Cuanto mayor sea la disponibilidad de datos, más confiable y limpia será el agua. Cuando estos se capturan, los transmisores los envían a un control central para realizar el análisis. Para alimentar los medidores, sensores y transmisores, las municipalidades utilizan las líneas eléctricas o baterías de extralarga duración. En ambos casos se presenta un problema.

Las líneas eléctricas dependen de la energía tradicional. Cuánto más se use esta, mayor el gasto y el daño ambiental. Las baterías, incluso las de extralarga duración, se agotan, con lo cual cada cierto tiempo es necesario realizar perforaciones en calzadas y aceras para reemplazarlas, con los consiguientes costes y perturbaciones. Los minigeneradores alimentados por energía hidroeléctrica resuelven ambos problemas con una fuente renovable, perpetua[54].

Además de una idea innovadora respecto de una parte de la ecuación del agua, HydroSpin representa otro elemento clave en el éxito de Israel en el terreno hídrico: recibió fondos del programa de incubadoras de empresas de la Oficina del Director Científico de Israel (OCS, por su sigla en inglés). Este programa da cuenta del máximo compromiso del Gobierno con la política industrial[55].

La OCS depende del Ministerio de Economía, que alguna vez recibiera el nombre de Ministerio de Comercio, Industria y Trabajo. El programa de incubadoras se lanzó en 1991, en cuanto comenzó a llegar la oleada de judíos rusos que venían a Israel con muchas habilidades y con necesidad de un puesto de trabajo. Los profesores y científicos necesitaban trabajar. El Gobierno propuso un mecanismo eficiente e inteligente con el objetivo de desarrollar empresas en torno a las ideas[56].

Como el Gobierno israelí no deseaba tener que decidir dónde invertir, encontró la manera de que fueran otros los que tuvieran que dilucidarlo. Una incubadora es una empresa creada con el propósito de asociarse con la OCS y recibir sus fondos. Para la selección de una incubadora existe un proceso competitivo basado en criterios tales como solidez financiera, habilidad para actuar como mentor de empresarios, capacidad de proporcionar laboratorios y oficinas, así como una trayectoria que sugiera el desarrollo de relaciones productivas con potenciales socios estratégicos.

Tras este proceso competitivo, un grupo de personas o una empresa con la solidez financiera necesaria, que ha sido elegida como incubadora, actuará a modo de tamiz o filtro de ideas convincentes que, tras un mayor desarrollo, serían candidatas para atraer capital de riesgo. La incubadora evalúa muchas oportunidades de inversión y presenta a la OCS solo las mejores. Después de la nominación de la incubadora, la OCS contrata peritos independientes para confirmar la viabilidad técnica de la idea y que esta pueda servir como base potencial de una empresa exitosa.

«No tenemos ni el deseo ni los recursos dentro de la empresa para analizar los proyectos de todos los solicitantes —dice Yossi Smoler, director del programa de incubadoras de la OCS—. La tarea de la incubadora es resolvernos la mayor parte. Como tendrá que invertir sus propios fondos junto con los nuestros, suponemos que solo nos trae las ideas en las que vale la pena invertir. En realidad, queremos decir que sí lo más posible»[57]. Una proporción superior al 70 por ciento de los empresarios recomendados por la incubadora obtienen financiación de la OCS.

A los que pasan el doble proceso de selección, la OCS les entrega el importe que resulte menor entre el 85 por ciento de los costes totales de I+D y la cifra de 500 000 dólares en un período de dos años. La incubadora debe pagar los gastos fijos y afrontar el 15 por ciento del presupuesto de I+D. Es posible obtener un tercer año de subsidios, pero después de ese período, el empresario y la incubadora deben lograr que la idea funcione o morirá ahí.

Cuando se comienza a vender el producto o servicio, el Gobierno israelí recauda un 3 por ciento en concepto de regalías, pero solo hasta que se devuelva el subsidio directo. No existe gasto administrativo o participación en las ganancias. El Gobierno no tiene ninguna participación en la empresa, cuya titularidad se divide entre el empresario y la incubadora[58].

Algo similar al programa de la Oficina del Director Científico es un concepto de desarrollo de negocios dirigido por Mekorot denominado WaTech, palabra formada por la combinación de WATer ('agua' en inglés) y TECHnology ('tecnología' en inglés). WaTech es una idea más elaborada del concepto planteado por *Booky* Oren de ayudar a los empresarios que tuvieran soluciones para los problemas de Mekorot. Exactamente como Oren había imaginado el programa, Mekorot ha financiado de forma parcial casi treinta iniciativas y les ha proporcionado un centro de ensayos para la prueba de concepto. La compañía nacional de agua muchas veces también se transforma en el primer cliente, tal como lo había propuesto Oren. Lo que es aún mejor, las empresas seleccionadas por WaTech reciben muchísima atención por parte de los ingenieros de Mekorot, que tienen la orden de ayudar a las firmas novatas a reflexionar sobre cómo utilizar los productos de la mejor manera[59].

MemTech es un ejemplo reciente. Esta joven empresa es la creación de dos docentes experimentados del Instituto Technion. Los profesores Rafi Semiat, ingeniero químico, y Morris Eisen, especialista en química orgánica, percibieron que las membranas utilizadas para la purificación repelían el agua que debían atraer. Realizaron un nuevo diseño que les permitió ver que se podría ahorrar costes de energía porque el filtrado sería bastante más fácil con esa membrana nueva, que atrae el agua. Algunos creen que este nuevo elemento podría ser una aplicación innovadora para el tratamiento de aguas residuales que, a la vez, reduce el coste[60].

Mekorot no solo le proporcionó a la empresa el capital semilla para financiar los experimentos, sino que también puso a su disposición más de mil horas del tiempo de ingenieros jerarquizados de la compañía para que intentaran optimizar el proceso. Mekorot recibirá una pequeña regalía de las ventas de MemTech. Sin embargo, Yossi Yaacoby, director de WaTech, señala: «Mekorot no lo hizo por el dinero. Lo hicimos para poder acceder a excelente tecnología y para que cada año nuestro consumo de energía resulte más eficiente y nuestro proceso, más inteligente. Parte lo logran nuestros ingenieros, pero la otra parte surge de los inventores a los que hemos brindado nuestro aval»[61].

«No hay lugar a dudas de cuál es la tendencia»

En la exposición bienal internacional del agua celebrada en Tel Aviv en 2013, Oded Distel, jefe de la división para la promoción de las exportaciones de la industria del agua del Gobierno israelí, dio la bienvenida a quince mil visitantes. Había doscientas cincuenta delegaciones oficiales de noventa y dos países que asistieron a la exposición para visitar a casi doscientas empresas israelíes dedicadas a cuestiones vinculadas con el agua. Muchas de estas compañías tenían solo algunos años de existencia; algunas jamás habían concretado una venta[62].

Cuando Distel, Oren y los demás comenzaron a pensar en una industria israelí de exportación para los productos relacionados con el agua, en el país dichas exportaciones ascendían a 700 millones de dólares. Actualmente suman 2200 millones, y Oren —quien sigue siendo el gran ideólogo— dice que no hay razón para suponer que pronto no pueda llegar a 10 000 millones. «Eso —señala— sería bueno para Israel y para el mundo»[63].

Distel es más sobrio, pero no menos optimista. «En la industria del agua, como en otras —indica— algunas empresas van a ser exitosas, otras van a fracasar y otras van a sobrevivir. Pero no cabe duda de cuál es la tendencia. La tecnología aplicada al agua transformará las empresas de servicios, las municipalidades y la agricultura. La tecnología israelí es líder en todos esos campos»[64].

Ilan Cohen, el exfuncionario que ayudó a Oren a persuadir al Gobierno para que estableciera la división de asuntos hídricos que Distel encabeza, tiene una opinión tanto filosófica como histórica. «Estamos en el lugar donde los antiguos nabateos y los hebreos lograron un uso sofisticado del agua. Durante nuestro prolongado exilio perdimos esas habilidades, pero a nuestro regreso es como si hubiéramos tenido un despertar en la memoria. Como nación joven, tuvimos que crear nuevas industrias, y como nación aislada, no nos quedó otra opción que ser creativos; de lo contrario no hubiéramos sobrevivido —dice Cohen—. Ahora no tengo dudas de que lo vamos a lograr. Nos hemos transformado en un centro para el desarrollo del agua. El mundo ya sabe que Israel tiene respuestas a sus problemas hídricos»[65].

9

Israel, Jordania, y los palestinos:

Cómo encontrar una solución regional al problema del agua

No es sano que un vecino esté sediento.

Profesor Eilon Adar

El conflicto árabe-israelí suele parecer interminable. Pero las crecientes necesidades hídricas de los vecinos de Israel pueden cambiar la dinámica en la región. Durante muchos años el agua sirvió como un canal alternativo de comunicación y de oportunidades para la articulación entre el país y sus vecinos. Con la mayor demanda de agua en Oriente Medio, la necesidad centrada en el interés propio podría convertirse en el motor del acercamiento entre las partes de la región.

Los jordanos y los palestinos comparten la cuenca de Israel. Los tres se ven atravesados por un destino común en los acuíferos y ríos que comparten, y, por ende, los tres son socios naturales en la búsqueda de soluciones comunes. Muchos otros Estados de la región que se encuentran en un sistema hídrico diferente, pero con el mismo clima y terreno, ya padecen estrés hídrico. Pronto enfrentarán sequías sin precedentes debido a los altos índices de crecimiento poblacional, la mala gestión crónica, una planificación deficiente y la reducción sustancial verificada en las precipitaciones. Una solución obvia a sus problemas es la cooperación con Israel.

Debido a que Israel adoptó todas las medidas que se abordan en este libro, se ha constituido en una superpotencia hídrica. Gracias a décadas de planificación y esfuerzo, hoy todos acceden sin restricciones a toda el agua segura necesaria —siempre que estén dispuestos a pagarla—. El país goza de leyes sabias sobre recursos hídricos. Cuenta con un nutrido plantel de legisladores y administradores de servicios públicos altamente calificados. Debido a los avances tecnológicos que introdujeron profesores, científicos y empresarios israelíes, la seguridad hídrica en el país no deja de crecer.

Israel ya exporta agua a jordanos y palestinos[1], a menudo a precios inferiores a los que se cobran fronteras adentro[2]. Pero los vecinos árabes necesitan volúmenes mayores para surgir económicamente hacia un estándar de vida de clase media consumidora de agua. Por fortuna para ellos, Israel no solo puede proveerles más agua sino también capacitación, tecnología y asistencia técnica. Con instituciones académicas de nivel internacional, también puede oficiar como sede para profesores y alumnos de posgrado en temas hídricos de toda la región. Algunos ya estudian en Israel, pero muchos más podrían y deberían hacerlo.

Los palestinos también cuentan con algo que interesa a los israelíes, que ayudaría a mejorar la calidad de su agua. Las principales ciudades palestinas en Cisjordania se asientan sobre las colinas de Judea y los montes de Samaria. Los hogares y las empresas palestinas producen aguas residuales que no suelen tratarse y migran por las pendientes en ríos que pronto atraviesan Israel, con la consiguiente contaminación —que podría tratarse más fácilmente en la fuente—[3]. Asimismo los palestinos de Gaza vierten todos los días un gran volumen de aguas residuales no tratadas al mar Mediterráneo, con el riesgo de afectar o contaminar las plantas desalinizadoras israelíes de alta tecnología ubicadas en la costa[4].

Israel no solo comparte acuíferos con los palestinos de Cisjordania, sino que también comparte con el Reino de Jordania tanto el río Jordán como el mar Muerto. Aun cuando tiene la capacidad de abastecerse de agua sin la intervención jordana ni palestina, la cooperación entre los tres beneficia directamente a Israel en la protección de sus fuentes de agua.

Se impone otra razón para alentar la cooperación hídrica entre las partes. El camino político puede parecer interrumpido por el momento, pero no necesariamente será así siempre. El diálogo sobre el agua puede servir como vehículo hacia medidas que fortalezcan la confianza y promuevan el avance en otras temáticas controvertidas. Cuando mejoren las relaciones, podremos afirmar que el agua habrá desempeñado un papel en esa transformación. En cualquier caso, si el conflicto árabe-israelí no puede resolverse en su totalidad mediante una gran negociación, sigue siendo importante mejorar la calidad de vida en la máxima medida posible para tantas personas como sea posible y de la mayor cantidad de formas posibles.

Suele ocurrir que cuanto más se extiende un conflicto, más obcecación muestran las partes y más difícil es su resolución. El conflicto histórico con los palestinos por el agua tuvo precisamente el efecto contrario. El paso del tiempo, y especialmente el avance de la tecnología en Israel, brindaron soluciones para lo que alguna vez fue una cuestión tan irresoluble como parecen ser los otros puntos de conflicto de la actualidad, como las fronteras finales, los refugiados, la seguridad y el estado de Jerusalén. Si bien sigue siendo imposible crear nuevos territorios o devolver a los refugiados a las aldeas donde ahora se yerguen ciudades o autopistas, el país ha demostrado que puede producir agua nueva. De la misma manera en que Israel transformó su perfil hídrico, también pueden hacerlo los palestinos, especialmente —y con mayor celeridad— si lo tienen en cuenta como socio en esta iniciativa.

Un experto israelí en materia de agua con años de experiencia en ayudar a encontrar soluciones para los problemas hídricos palestinos cree que, aun sin una mayor cooperación, la abundancia del recurso en Israel ya puede brindar tranquilidad a sus vecinos, incluso a aquellos que todavía rechazan la presencia del país en la zona. «Cuando las personas fuera de la región miran a israelíes y palestinos, lo único que ven es conflicto —dice Shimon Tal, exdirector de la Comisión del Agua de Israel—. Y ciertamente hay algo de realidad en ello. Pero sería incorrecto ver solo eso. El que los palestinos sean nuestros vecinos conlleva un gran beneficio para ellos en términos de agua, y no solo en capacitación y acceso a la tecnología de avanzada».

Shimon Tal destaca la proximidad palestina a un Israel rico en agua, y «al beneficio en gran medida desconocido» que trae aparejada dicha proximidad. «No estoy afirmando que los palestinos elegirían o deberían elegir estar bajo control israelí —dice—, pero en una región que padece estrés hídrico contar con la posibilidad de aprovechar la creciente seguridad de Israel en este aspecto debería considerarse, de hecho, una póliza de seguro. Ya sea en Gaza o en Cisjordania, saben que, independientemente de la severidad de una sequía o de lo que hagan con sus recursos hídricos, jamás les faltará el agua mientras que la reserva de Israel sea tan profunda como lo es en la actualidad»[5].

EL AGUA BAJO LA AUTORIDAD ISRAELÍ

La Guerra de los Seis Días, en 1967, marcó el inicio del control de Cisjordania por parte de Israel. También fue un punto de inflexión para el acceso de los palestinos al agua subterránea en el territorio.

Cuando los israelíes observaron la zona que acababan de dominar, vieron —especialmente en Cisjordania— un sistema similar al suyo propio antes de la creación de la red de agua moderna. Tal como Israel en el período preestatal, Cisjordania fue dividida en cantones por región y hasta por localidad. No se bombeaba agua de una zona hacia otras que podrían tener mayores necesidades agrícolas, económicas o residenciales. Jordania, que había controlado Cisjordania desde 1948 hasta la victoria israelí en 1967, perforó algunos cientos de pozos en el territorio, pero sus tuberías eran estrechas y sus bombas, débiles. Se obtenía poca agua y la que se lograba extraer se consumía principalmente para agricultura en las cercanías del pozo[6].

Además de las tuberías estrechas y el plan maestro deficiente, en 1967 el sistema hídrico de Cisjordania se encontraba en estado primitivo. La calidad del agua no era constante; oscilaba según la fuente y la época del año, y, con frecuencia, la contaminación impedía utilizar el recurso. La cantidad dependía de las estaciones. Los acueductos, que funcionaban por el principio de gravedad —algunos databan de la era romana, dos mil años atrás—, transportaban agua de vertientes locales a pueblos y aldeas. En muchos hogares se encontraron cisternas de diferente tamaño, que se llenaban con las lluvias en invierno para abastecer a las familias durante el año que se avecinaba. Hasta se utilizaban cántaros de cerámica, como en los tiempos bíblicos, que se transportaban manualmente o sobre la cabeza para llevar agua de las vertientes vecinas hasta los hogares y para regar pequeñas terrazas de cultivo.

En junio de 1967 solo cuatro de las 708 ciudades y pueblos de Cisjordania contaban con agua corriente[7]. En total, apenas el 10 por ciento de la población, en ese momento con un total de unas 600 000personas[8], contaba con conexión a un sistema moderno de tuberías[9]. Tal como lo había hecho Israel con su propio suministro, convirtió el agua de los pozos recientemente perforados en propiedad de todos, mientras que las vertientes permanecieron en manos de sus tradicionales dueños[10]. En principio, estas medidas se adoptaron para el beneficio ulterior de los palestinos, si bien algunos argumentaron que la motivación de Israel fue la de obtener una porción del agua palestina para complementar su propio suministro hídrico[11].

Hoy, aproximadamente el 96 por ciento de los casi 2 400 000 palestinos de Cisjordania —un crecimiento poblacional del 400 por ciento desde 1967— cuentan con red de agua corriente en sus hogares[12]. La mayor parte del agua es de gran calidad, dado que más de la mitad proviene del propio sistema de Israel[13]. «Debo felicitar a Israel por proveer de agua a los palestinos, especialmente en los últimos diez a quince años —dice Alon Tal, profesor de gestión del agua de la Universidad Ben Gurión—. Salvo un grupo reducido, todos [los palestinos] reciben en sus hogares agua limpia y segura». Alon Tal habla desde el punto de vista de una persona con una extensa trayectoria de articulación académica y profesional con los palestinos. Hasta se postuló en las últimas elecciones para el Knéset, el Parlamento de Israel, como miembro de un partido que apoya activamente la creación de un Estado palestino. «Aun cuando los palestinos tienen quejas fundadas acerca de la cantidad y la presión —afirma—, el agua sigue siendo de una calidad y cantidad más elevadas que en la mayor parte del mundo árabe, y hasta en partes de Europa del Este»[14].

¿POLÍTICA O PRAGMATISMO?

Después de muchos años la Autoridad Nacional Palestina (ANP) tomó la decisión de utilizar el agua como herramienta para reforzar las reclamaciones políticas contra Israel, en vez de trabajar con este para encontrar soluciones pragmáticas a sus necesidades hídricas. Esto se convirtió en un impedimento significativo para la resolución de los conflictos entre ambos en este terreno. La ANP es técnicamente el organismo de Gobierno de los palestinos en Cisjordania y Gaza, pero desde 2007 Gaza está bajo el control de Hamás, un rival político de la ANP. Esta rivalidad interna entre palestinos puede ser la clave para entender la reciente politización de la cuestión del agua.

El surgimiento de Hamás, cuya carta constitutiva rechaza la existencia de Israel en cualquiera de las fronteras, obstaculiza el tratamiento adecuado de los asuntos hídricos en Gaza, ya sea por parte de Israel o de la ANP. Asimismo produce un segundo efecto interno en la política palestina, dado que alienta a la Autoridad, más moderada, a demostrarles a sus seguidores que también puede adoptar una postura de confrontación con el vecino país[15]. Comenzando en 2008, y en franca aceleración desde 2010, la ANP optó por usar el agua como un punto clave de no cooperación con Israel.

El argumento oficial palestino no menciona la rivalidad política. Por el contrario, la ANP afirma que si bien antes de 2008 Israel y ella cooperaron en Cisjordania en beneficio de los colonos palestinos e israelíes, ahora cualquier proyecto de agua o de aguas residuales que beneficie a una comunidad en el lugar legitima el acuerdo de statu quo sobre los territorios que reclama como propios[16]. Ya desde 1995, cuando se creó la ANP e Israel aceptó otorgar a los palestinos el poder de veto sobre cualquier nuevo proyecto hídrico israelí en Cisjordania a cambio de similares condiciones en cuanto a los de aquellos[17], ambas partes gozaban de un acuerdo tácito de que cada una aprobaría los proyectos hídricos de la otra. Eso llegó a su fin con la postura más politizada que adoptaron los palestinos en los últimos años. Esta posición sin duda atenta contra el bienestar de su pueblo mucho más que cualquier interrupción del servicio para los colonos de Cisjordania —aun cuando la meta de la política de los recursos hídricos de la ANP sea, en términos generales, socavar la reputación de Israel cuestionando su calidad humana respecto de algo tan básico como el agua—.

Un ejemplo del daño que generó esta paralización de las aprobaciones para los intereses de los palestinos se evidencia en la gran demora israelí para autorizar la conexión de la recientemente construida ciudad de Rawabi, en Cisjordania, a una tubería de agua controlada por Israel. Rawabi es la inspiración del magnate palestino Bashar Masri y es la primera ciudad cisjordana desarrollada de manera privada.

La planificada ciudad de clase media que diseñó Masri se construye por etapas, y se esperan unos 30 000 habitantes en la tierra que él controla para cuando se concluya la obra. Sin embargo, se estima que finalmente la ciudad alcanzará los 150 000 habitantes cuando se complete el proyecto dentro de algunos años. Rawabi ya constituye una fuente de empleo en Cisjordania y cuenta con el potencial de generar miles de nuevas oportunidades de trabajo en el sector privado para los palestinos. Como tal, es un motor de la economía palestina, dominada por el empleo público financiado en gran medida por donantes extranjeros.

Pero el proyecto de Masri cayó víctima de las escaramuzas políticas entre los palestinos e Israel, y también de la insistencia de este último en que las partes sigan el protocolo acordado tiempo atrás, que requiere que se reúnan a discutir la conexión de la tubería de agua a Rawabi. La ANP rehusó de plano convocar una reunión si se incluía en la agenda cualquier proyecto entre Israel y Cisjordania.

A medida que se desencadenaba este conflicto silencioso, Masri se veía imposibilitado para terminar los apartamentos que ya se habían construido. La edificación se hizo más lenta y se interrumpieron las nuevas obras. El magnate se consternó más que nunca debido a que los costes de capital inactivo de su proyecto podrían condenar el futuro de Rawabi antes de que se pudiera conectar el agua y los propietarios hicieran los desembolsos finales para las adquisiciones[18].

Se llegó a una solución improbable cuando Masri lanzó una campaña en los medios israelíes que exponía la situación. Rawabi se convirtió en una causa célebre en el país como símbolo de una burocracia apegada a los protocolos a expensas de los palestinos necesitados de su ayuda, cuyas perspectivas posiblemente no fuesen muy distintas a las de las familias de clase media de Israel. Por fin, tras más de un año de demora, en febrero de 2015 se habilitó la conexión del agua —algo que antes se hubiera manejado como un simple asunto administrativo— por una orden del primer ministro israelí Benjamin Netanyahu[19].

Mientras la ANP ganó el débil argumento filosófico y político e Israel recibió mala publicidad en algunos medios internacionales, cientos de familias palestinas vieron demorada largamente su mudanza a sus nuevos hogares, los palestinos que trabajaban en la obra fueron despedidos para proteger la liquidez de la empresa constructora y la inversión de Masri estuvo a punto de presentar quiebra. Los palestinos comunes sufrieron como consecuencia de una estrategia política de impacto dudoso.

Muchos profesionales palestinos en materia de agua disienten de la denominada «campaña antinormalización» —principalmente, la política de la ANP de no cooperar con Israel en cuestiones hídricas—, pero pocos están preparados para divulgarlo y confrontar esta postura. Un palestino que trabajó con israelíes durante muchos años en asuntos regionales del agua expresó: «Si vamos a resolver los problemas hídricos del pueblo palestino y los de la región, no hay otra opción que la de trabajar juntos. La idea de que los palestinos nos beneficiamos al rehusar trabajar con los israelíes no es inteligente. En realidad, nos perjudica»[20].

«Solucionar las necesidades palestinas de agua —dice Alon Tal, profesor de la Universidad Ben Gurión— exige un nivel de pragmatismo que los funcionarios palestinos en materia hídrica se han mostrado renuentes a adoptar. Han politizado el agua y prefieren hablar de derechos antes que discutir soluciones a los problemas diarios de su pueblo. Prefieren culpar a Israel por todo antes que hacerse cargo donde y cuando puedan»[21].

En respuesta, algunos palestinos, hasta en la función pública, reconocen los beneficios de la articulación con Israel, pero rápidamente desvían el diálogo al contexto político. «Los palestinos aprendemos de muchos ejemplos de tecnología de avanzada israelíes —dice Almotaz Abadi, un funcionario ejecutivo de la Autoridad Palestina del Agua—. Visitamos Israel y accedemos a estudios sobre el agua y el agua residual. Esto es una fuente de aporte al pensamiento de los gerentes y los ingenieros hidráulicos palestinos. Pero no debería exagerarse. Es un aporte positivo muy pequeño, dado que todo lo demás se encuentra dominado por la ocupación. Podemos manejar nuestros propios recursos hídricos»[22].

GAZA: ESPERANDO A QUE EMPEORE LA SITUACIÓN HÍDRICA

Gaza aparece en las noticias principalmente debido a las miniguerras con Israel que estallan cada tanto. Pero la mayor amenaza al bienestar de sus habitantes bien podría ser que distan solo unos pocos años de una crisis hídrica de proporciones inimaginables. Si no se aborda a tiempo, la inminente situación tendrá como consecuencia un desastre ambiental que cambiará la calidad de vida en el lugar para siempre[23].

Si las quejas de Cisjordania se centran en la presión del agua y la necesidad de recibir mayor cantidad, al menos existe un consenso general de que la que se transporta a los hogares es de alta calidad y, salvo raras excepciones, potable. Pero Gaza, un pequeño territorio que se extiende por la costa del Mediterráneo a unos sesenta y cuatro kilómetros de Cisjordania en su punto más próximo, está desconectado del sistema hídrico de esta última. Los dos territorios pueden estar unidos por la identidad nacional y las aspiraciones políticas, pero no por la geología. Israelíes y palestinos concuerdan en algo: el agua en Gaza es mala y empeora.

A diferencia de Cisjordania, que cuenta con acuíferos profundos y múltiples fuentes de agua, Gaza recibe su mayor suministro de una reserva poco profunda ubicada apenas a unos pocos metros debajo de un suelo en general poroso. En el Acuífero Costero del Sur, que es poco profundo, resulta fácil perforar o cavar pozos, pero con idéntica facilidad se produce la percolación de contaminantes de la superficie del suelo al agua dulce.

El profesor Yousef Abu Mayla, hidrólogo de la Universidad Al-Azhar de Gaza, explica la manera en la que la agricultura palestina contribuyó a la inminente emergencia hídrica de la zona. «En Gaza el desempleo es alto, y esto hizo que las personas se dedicaran a la agricultura —afirma—. Suelen emplear técnicas de riego ineficientes que no solo desperdician agua, sino que también permiten la filtración de fertilizantes hacia el acuífero»[24]. Gaza utiliza el 65 por ciento de su agua disponible para agricultura, en lo que constituye en gran medida una zona urbana, agobiando una fuente que ya se encuentra sobrecargada[25].

El manejo agrícola inadecuado es solo una parte de la degradación del acuífero. «La municipalidad de Gaza solo suministra agua una o dos veces por semana —dice el profesor Abu Mayla, con referencia a la ciudad más grande, que alberga a más de un tercio de los 1 800 000 habitantes del territorio—[26]. Como respuesta, en casi todos los edificios de apartamentos, alguien cavó un pozo para obtener toda el agua que necesitaban». Abu Mayla estima que en total existen más de 12 000 pozos en Gaza, de los cuales solo 2500 obtuvieron el permiso y pasaron la inspección. Como consecuencia, se redujo el acuífero por la sobreexplotación, y en los casos en los que el pozo no se cavó adecuadamente —la mayoría, según su opinión—, los contaminantes e impurezas también se filtraron hacia el acuífero[27].

Otra amenaza al suministro de agua de Gaza es que no se trata el agua residual. Todos los días algo más de noventa millones de litros se acumulan en depósitos de residuos humanos cada vez más grandes o se vierten sin tratar al mar Mediterráneo[28]. Una gran parte del agua residual que se almacena en Gaza se desborda de las contenciones. Una fracción percola por el suelo hacia el acuífero y, de ese modo, contamina aún más el agua potable.

Pero el mayor problema para el futuro del agua de Gaza no son los fertilizantes, ni los contaminantes, ni la lixiviación de residuos humanos al suelo. Es que el Acuífero Costero del Sur, también llamado Acuífero de Gaza, ha caído víctima de las leyes de la hidráulica, campo de la ciencia que estudia las propiedades de los líquidos. A medida que se extrae agua del acuífero a un ritmo más rápido del que las precipitaciones anuales lo pueden reabastecer, se comienza a derribar la delicada barrera entre el agua dulce continental y el agua salada del mar. Un acuífero costero que se agota por el bombeo no se vacía: se recupera permanentemente. El agua salada ocupa el lugar de la dulce. Aumenta la salinidad del acuífero.

Se acelera la intrusión de agua salada. «El 96 por ciento de los recursos hídricos de Gaza son salinos, y en unos pocos años todo sabrá a agua salada —afirma Fadel Kawash, expresidente de la Autoridad Palestina del Agua—. Casi toda el agua que hoy se toma del acuífero requiere tratamiento en pequeñas plantas desalinizadoras distribuidas por toda Gaza, pero eso no alcanza, dado que también se encuentra contaminada. El tratamiento elimina la sal, pero no los contaminantes del agua que consume la gente»[29].

La población de Gaza se ubica entre las de crecimiento más acelerado del mundo. Desde 1967, cuando llegaron los israelíes al territorio, hasta 2005, cuando se retiraron, la población creció de alrededor de 350 000 habitantes[30] hasta alcanzar aproximadamente 1 200 000[31]. Se estima que superará los dos millones de habitantes para 2020[32]. Aun si existieran en Gaza una gestión del agua de alta calidad y una planificación a largo plazo, esta tasa de crecimiento insosteniblemente alta agobiaría las demandas tanto de agua dulce como de tratamiento de agua residual[33].

Solo en el breve periodo que va desde junio de 2007, cuando un golpe de Estado colocó a Hamás en el poder, la gestión hídrica en Gaza ha seguido una trayectoria descendente, lo mismo que la calidad del agua local. Esto asegura que, en unos pocos años, salvo que se tomen medidas drásticas, no habrá agua natural potable en Gaza. Un estudio de las Naciones Unidas indica que «el daño irreversible al acuífero» podría aparecer tan pronto como en 2020. Pero aun si se pudieran cerrar todos los pozos ilegales y se detuviera todo el bombeo del acuífero de inmediato —un acontecimiento casi inimaginable—, harían falta décadas para que la fuente principal de agua de Gaza se recuperara completamente de su estado hipersalino. Por otro lado y según la ONU, sin medidas inmediatas el acuífero podría volverse inutilizable «durante siglos»[34].

Muchos palestinos argumentan que los problemas de Gaza con el agua se deben sobre todo a las restricciones israelíes sobre las importaciones y el libre movimiento de personas hacia el territorio y desde él. También sostienen que los daños a la infraestructura hídrica son consecuencia de las operaciones militares de Israel en Gaza desde 2008 —reclamación que Israel rechaza—. Pero si así fuese, estos argumentos solo destacan la realidad de que no existe una solución lógica a la crisis hídrica de Gaza sin que Israel desempeñe un papel preponderante.

Durante el periodo de control israelí de Gaza, que comenzó en 1967 con la conquista del territorio que antes había estado en manos de Egipto, Israel aceptó suministrar de sus propios recursos una cantidad de agua equivalente a lo que se consumiera en los asentamientos y colonias agrícolas israelíes ubicadas allí. Tras su retirada en 2005, cuando el territorio pasó al control de la Autoridad Nacional Palestina, los israelíes siguieron suministrando la misma cantidad relativamente modesta, aun cuando habían dejado de usar el agua de Gaza por completo. Más recientemente Israel aceptó duplicar esa cantidad, pero aun si se duplicara otra vez, sería inadecuada para aliviar la inminente crisis hídrica y el consiguiente colapso social en el territorio[35].

En el corto plazo, la única solución para las necesidades hídricas de Gaza es que Israel le proporcione grandes volúmenes de agua desalinizada de su propio suministro. Esto genera una cuestión ideológica para Hamás, que se opone a cualquier normalización de las relaciones y, como parte de ello, elige no tener contacto comercial alguno con Israel. Sin embargo, los funcionarios palestinos dicen que preferirían construir una planta desalinizadora en Gaza para proveer agua localmente y luego tender una tubería que atravesase Israel para abastecer a los palestinos en Cisjordania.

«Aun en el supuesto de que Hamás pudiera financiar, construir y manejar una planta desalinizadora —dice Fadel Kawash, exjefe de la Autoridad Palestina del Agua—, sería necesario coordinarse con Israel, algo que juran no harán. Una planta desalinizadora en Gaza tendría que comprar electricidad adicional de Israel, y probablemente hasta tendrían que aceptar el soporte técnico israelí para hacerla funcionar y para ayudarles con el desarrollo del sistema hídrico de Gaza. Los israelíes construyen y gestionan plantas desalinizadoras en países de todo el mundo y cuentan con mucha experiencia técnica que nosotros no tenemos»[36].

Además de tener que renunciar a su juramento de no reconocer a Israel, Hamás también tendría que renunciar a futuros ataques o infiltraciones desde Gaza. Antes de otorgarle a Hamás un derecho ilimitado para importar elementos como cemento y tuberías de metal que pudieran emplearse tanto para fines civiles (como una planta desalinizadora o de tratamiento de agua residual) como para desarrollar armas o infraestructura militar (cohetes, misiles y túneles), Israel querría asegurarse de que ninguno de los productos introducidos se emplee para librar una guerra en su contra. Por el momento, Hamás no ha aceptado modificar su negativa a reconocer a Israel o a desmilitarizar Gaza.

El problema y su solución quedan claros: se puede salvar Gaza y evitar más penurias a su pueblo, ya sea con agua desalinizada israelí o, cuando las condiciones se presten, con una planta desalinizadora propia. Mientras tanto, Israel podría venderle agua o, mejor aún, canjear su agua desalinizada por el agua residual de Gaza. Podría tratar esta última y luego utilizar el agua recuperada para la agricultura en el Néguev Occidental adyacente a la Franja, con el consiguiente beneficio para Israel, los palestinos, la agricultura y el medioambiente.

Pero la inacción llevará a la catástrofe. El pueblo de Gaza se quedará sin agua para beber, lavar o para la agricultura. Aumentará el volumen de aguas residuales que se vierte al Mediterráneo sin tratar. Israel enfrentará una crisis humanitaria en sus propias puertas que, aun sin ser su responsabilidad, casi con seguridad generará complicaciones políticas y de seguridad para su Gobierno. Y al no hacer nada, pronto podría llegarse a un colapso ambiental irreversible.

CAPACITAR A LOS CAPACITADORES

A comienzos de la década de 1990 los Ministerios de Agricultura de Israel y de la ANP comenzaron a diseñar programas de capacitación para los palestinos que se desarrollarían en territorio israelí sobre diversos temas. Casi todos los cursos estaban estrechamente relacionados con el agua. Israel venía implementando programas de capacitación en países en desarrollo desde finales de la década de 1950 —en Egipto desde el comienzo de los 80— y comenzó a hacerlo en

Cisjordania y Gaza en 1968, después de las conquistas israelíes. Esto fue una extensión para los palestinos de los programas que habían sido bien recibidos en otros lugares.

Los contenidos eran desarrollados por una división del Ministerio de Agricultura de Israel llamada Cinadco (Centro de Cooperación Internacional para el Desarrollo de la Agricultura), en coordinación con el Ministerio de Asuntos Exteriores de Israel, una organización que facilitó capacitación en casi todos los países en desarrollo del mundo. El propósito del programa era compartir la experiencia práctica de Israel sobre eficiencia hídrica, agua salobre, irrigación y reutilización de agua tratada para la agricultura, entre otras áreas, con profesionales palestinos del agua y la agricultura.

El Cinadco y el Ministerio de Asuntos Exteriores coordinaron con la ANP llevar a Israel grupos de entre veinte y veinticinco agrónomos, ingenieros hidráulicos y otros profesionales cada vez para impartir cursos de capacitación de cinco a seis días de duración. Los participantes se hospedaban en un hotel de Israel y viajaban en grupo por el país. Esto se hizo entre ocho y doce veces por año, con un contenido curricular adaptado a la experiencia y las necesidades de cada grupo. Los seminarios incluyeron clases presenciales, visitas al campo y un viernes en Jerusalén para que los palestinos pudieran orar en la mezquita Al-Aqsa en el día sagrado para los musulmanes, así como visitar otros sitios de interés cultural y religioso.

Zvi Herman dirigió el Cinadco y su programa de extensión durante muchos años. «No había un plan o propósito político en este plan de capacitación —dice Herman—. La meta era hacer lo que fuese mejor para el pueblo palestino para mejorar su vida y verlos prosperar. Si además se generaban otros beneficios, mejor aún»[37].

El propósito del programa era «desarrollar capacidades» y que los participantes, a su regreso a Cisjordania o Gaza, compartieran sus aprendizajes con otros. «Esto fue una capacitación para capacitadores —dice Herman—. Además de los participantes directos, sé que nuestros cursos tocaron muchos miles de vidas palestinas».

En 2010, a medida que la politización de las relaciones entre Israel y los palestinos respecto del agua se tornaba una realidad diaria, el ministro palestino de Agricultura les comunicó a los israelíes que los participantes no podían continuar asistiendo al seminario en Israel. Se le informó a Herman que el hecho de participar en los cursos auspiciados por el Gobierno sería visto como un reconocimiento y una aceptación de la ocupación. «Con gran tristeza —dice Herman— cancelamos el programa. Esto no fue una protesta, simplemente nos dimos cuenta de que el seminario no podía impartirse con eficacia si se disociaba de la experiencia en el campo»[38].

En la misma época en la que se terminaron los seminarios del Cinadco, Israel halló otro vehículo para ofrecer su experiencia en temas relacionados con el agua, en esta oportunidad tanto a palestinos como a jordanos. En diciembre de 1996 una organización de cooperación de Oriente Medio financiada por Israel y donantes internacionales decidió abrir una planta de investigación sobre desalinización en Omán, aparentemente para promover el uso de esa tecnología en la región, pero en realidad como un vehículo de acercamiento entre árabes e israelíes. Se le dio el nombre de Middle East Desalination Research Center (Centro de Investigaciones sobre Desalinización de Oriente Medio), al cual se hace referencia desde su creación como MEDRC (pronunciado MED-ric, en inglés).

En 2008 los financiadores del MEDRC ampliaron la misión del grupo para que se centrara en ayudar a los profesionales palestinos y jordanos a aprender sobre el tratamiento de agua residual y la desalinización de agua tanto salada como salobre, temas en los que Israel contaba con experiencia técnica. Se diseñaron cursos similares a los del programa del Cinadco, e Israel comenzó a dictarlos en el año 2010[39]. Una diferencia significativa entre ambos programas fue que los expertos palestinos y jordanos también pertenecían al cuerpo docente del MEDRC. Tal vez debido a esa diferencia, o debido a la confianza que generaba una organización regional, la ANP aceptó participar. Ahora los seminarios se realizan dos o tres veces por año, en lugar de las ocho a diez del programa del Cinadco[40].

«Los cursos del MEDRC han tenido dos grandes ventajas —dice el embajador Nadav Cohen, un exdiplomático israelí dedicado a los recursos hídricos que también participó en el diseño del programa, así como en otras iniciativas de cooperación entre israelíes y palestinos referidas al agua—. En primer lugar, todos saben que la única solución a los problemas hídricos palestinos y jordanos se alcanzará por medio de la desalinización y del reaprovechamiento de las aguas residuales. Estos cursos exponen estos temas a los profesionales y, en solo unos pocos días, les brinda una perspectiva de lo relevante. En segundo lugar, en un momento en el que la situación política hizo que los expertos en materia hídrica de la ANP rehusaran reunirse para tratar cuestiones bilaterales, pudimos encontrarnos con ellos en varias oportunidades durante el año, tanto en Israel como en Jordania, bajo el pretexto de una reunión multilateral de capacitación u otras actividades multilaterales. Así, informalmente discutimos cuestiones que antes hubiéramos tratado en nuestras reuniones formales. Pudimos ver que la cooperación regional en materia hídrica puede contribuir a la construcción o al fortalecimiento de la comunicación bilateral en otras áreas»[41].

Cohen destaca que, a pesar de la retórica en contra de la normalización por parte de la ANP, nunca faltó interés entre palestinos y jordanos en recibir los cursos que ofrecía el MEDRC y que dictaban los expertos israelíes[42].

De igual manera que con el curso del Cinadco, los participantes del MEDRC reciben un maletín con información en árabe para llevarse a su país, junto con varios recuerdos de Israel. La ceremonia de clausura, igual que en el pasado, se realiza en un clima de calidez. Uno de los instructores, Avi Aharoni, jefe de tratamiento y reutilización de agua de Mekorot, compartió un mensaje de correo electrónico que recibió algunos días después de que terminara uno de los cursos: «Hola, querido maestro. ¿Cómo estás, Avi? Eres realmente un amigo, maestro y hermano para mí, y quisiera agradecerte mucho a ti y a todos. La capacitación en Israel fue buena y útil, y quisiera haber podido pasar más tiempo allí. Gracias. Muchas gracias una vez más»[43].

Acercar a Jordania, Israel y los palestinos

Si bien Israel es clave para mejorar el futuro de los palestinos en lo referente al agua, Jordania es tanto un ejemplo de un esfuerzo serio para la buena gestión de los recursos hídricos en un país menos desarrollado como, especialmente en los últimos tiempos, un socio importante para mejorar el perfil hídrico de una región que los tres comparten. Si bien Jordania sigue enfrentándose a diversos desafíos en esta materia, también demuestra que la planificación a largo plazo y la integración regional pueden marcar la diferencia para contribuir a que un país mejore sus perspectivas hídricas.

Un elemento clave para abordar el déficit hídrico jordano ha sido convivir con Israel de una manera sin precedentes en ningún otro Estado árabe. A pesar de su acelerado crecimiento poblacional y una economía sólida, Israel comparte su agua—unos 53 000 millones de litros por año— con Jordania[44]. Lo hace en parte debido al tratado de paz de 1994 entre los dos países, y en parte debido a que considera que ayudar a fortalecer a su vecino oriental es una sabia política. Más agua mejora la economía jordana y su calidad de vida. Una Jordania estable, a favor de Occidente, a lo largo de la frontera israelí más extensa, beneficia a Israel.

Si bien el agua no fue lo único que llevó a Jordania a una unión implícita con Israel, sí fue un motor importante. Los países comparten intereses de inteligencia y seguridad, y el hecho de que Jordania sea un cliente probable para una parte del gas natural del mar Mediterráneo recientemente descubierto también ayudará a vincular sus economías. Pero su cooperación en materia hídrica tiene una larga historia.

Desde hace muchos años, Israel almacena agua para Jordania en el mar de Galilea debido a que esta no cuenta con una planta propia adecuada para el acopio de agua natural. Ambos países, además, ejercen un control conjunto del mar Muerto y de parte del río Jordán. Si bien esta historia reviste importancia, se estima que la cooperación entre Jordania e Israel crecerá significativamente en el futuro próximo debido a un nuevo gran proyecto que podría unir a los dos países —y también a los palestinos— en una inversión de importancia regional que llevará décadas y costará miles de millones de dólares.

La idea es desalinizar el agua del mar Rojo y luego distribuirla o comercializarla entre las tres partes. Además, se emprenderá un plan para paliar el desastre ambiental que se acelera en el mar Muerto y se trabajará en la creación de una nueva plataforma de cooperación regional.

El mar Muerto tiene un nombre equivocado. No es un mar; es un lago. Y no está muerto, solo es inhóspito para peces y plantas debido a su composición intensamente salina: es el cuerpo de agua más salado del mundo.

El Jordán es su principal tributario. Desde los años 30, cuando las poblaciones judía y árabe de la región comenzaron a crecer de manera notoria, el curso del río se desvió, principalmente para el riego. Año tras año, sin el agua del Jordán y con la constante evaporación en una región cálida, el mar Muerto comenzó a reducirse y a declinar. En los últimos cincuenta años la superficie del lago salado se redujo en aproximadamente un tercio respecto de su anterior diámetro, y se estima que su profundidad disminuyó unos veinticuatro metros. Hoy se reduce alrededor de un metro por año[45].

En uno de los proyectos hídricos más ambiciosos del Oriente Medio moderno, Israel, Jordania y la ANP se unieron para crear una nueva fuente de agua para ellos al mismo tiempo que estabilizan el mar Muerto. Debido a que el proyecto solo puede prosperar con la cooperación de los tres y que llevará décadas alcanzar su pleno potencial, este concepto innovador constituye un vehículo perdurable para la convivencia, así como también para el agua. Se denominó Proyecto de Conducción Mar Rojo-Mar Muerto. Requiere de la construcción de una planta desalinizadora en Jordania para tratar el agua que se bombea del mar Rojo cerca de la ciudad portuaria de Áqaba en el sur de Jordania, justo cruzando la frontera a la altura de la ciudad más austral de Israel, Eilat[46].

En general, la desalinización del agua salada elimina de esta el contenido de sal y deja una salmuera hipersalada que normalmente se devuelve al mar. Pero el mar Rojo tiene un ecosistema coralino frágil, y cada vez que se propusieron plantas desalinizadoras a gran escala para Áqaba o Eilat, surgieron argumentos sobre riesgos ambientales por el potencial efecto de tanta salmuera para el coral. Dado que el mar Muerto necesita más volumen y que ya es el doble de salado que la salmuera más concentrada, la transferencia de la salmuera del agua desalinizada del mar Rojo al mar Muerto parecería, por lo menos a primera vista, una solución inteligente en su totalidad, siempre que se atiendan las preocupaciones ambientales[47] en la fase uno de un programa piloto[48].

Sin la participación de Israel es improbable que Jordania construya una planta desalinizadora en su propio territorio. Para este país el mar Rojo es su único acceso al mar, pero está lejos del lugar en el que necesita el agua. La población del reino y su agricultura se concentran a una gran distancia al norte de Áqaba y a una altitud de más de novecientos metros. La conducción de un gran volumen de agua del mar Rojo hacia Ammán supondría un coste inaceptablemente alto al ya relativamente caro proceso de desalinización. Al involucrar a Israel —que cuenta con una próspera industria agrícola en el desierto no lejos del mar Muerto y puede aprovechar nuevos recursos de agua dulce—, Jordania puede establecer un intercambio hídrico con este país y obtener agua donde más la necesita.

Israel la tomará del mar Rojo, cerca de donde se desaliniza, y a cambio proveerá a Jordania desde sus propias reservas de agua dulce ubicadas hacia el norte, en el mar de Galilea —que se encuentra mucho más cerca de Ammán que el mar Rojo—. Esto le permitirá a Jordania enormes ahorros en costes de bombeo y hará que el proyecto sea económicamente más atractivo para los bancos y otras instituciones de financiación.

Los palestinos también desempeñan un papel, pero uno que no es esencial desde el punto de vista del agua, aun cuando vale la pena desde el político. Al involucrar a la ANP en el proyecto, ellos obtienen una cantidad significativa de agua nueva para Cisjordania, que se bombea desde las plantas desalinizadoras israelíes del Mediterráneo. Mientras, Jordania obtiene una valiosa protección política, necesaria para una asociación económica de carácter tan público con Israel.

«Además de los beneficios del agua nueva y de la ayuda para el mar Muerto —dice Uri Shani, exjefe de la Autoridad del Agua de Israel y promotor principal del proyecto Mar Rojo-Mar Muerto—, la lógica con la que se encuentra estructurado el trato es que todos necesiten a los demás y solo pueden dejar de cumplir con sus obligaciones con un gran coste para sí mismos. Si Jordania bloquea el flujo desde Israel de nuestra parte del agua, podemos interrumpir la que se conduce hacia Ammán. Del mismo modo, con cada uno de nosotros. Formamos un entramado. Triunfamos y fracasamos juntos»[49].

Vale la pena destacar que jordanos, israelíes y palestinos formalizaron este trato sin el asesoramiento de funcionarios de otros países[50]. El Banco Mundial, varias naciones y, especialmente, el Gobierno de Francia, ayudaron a aportar financiación para el estudio de viabilidad, multimillonario en dólares. Pero las partes buscaron a los donantes, definieron qué porción del agua recibiría cada una y resolvieron de manera conjunta las diversas cuestiones que genera un proyecto como este en cada paso del proceso[51].

La paz raramente es duradera si es impuesta desde fuera. A medida que Jordania, Israel y los palestinos encuentren más maneras de trabajar juntos sin la mano de otro que los guíe, lograrán prolongar ese ejercicio de fomento de la confianza con otro más, así como contribuir al desarrollo de una perspectiva regional de los recursos hídricos —y tal vez, mucho más—.

CAMBIAR EL STATU QUO

El profesor Alfred Abed Rabbo, de la Universidad de Belén, es un químico ambiental dedicado a la investigación en las ciencias del agua. Según describe, cuenta con «amplia experiencia» en el trabajo con profesores y universidades de Israel, particularmente en la ciencia de la contaminación de acuíferos[52]. «Yo no soy político. Soy profesor —dice—. Busco soluciones que ayuden tanto a israelíes como a palestinos. Si no adoptamos medidas conjuntas de inmediato, en veinte años Cisjordania se quedará sin agua. ¿De qué les sirve a los palestinos no solucionar este problema? La política lo ha trastocado todo»[53].

Muchos se toman a mal la intrusión de la política en soluciones de sentido común a los problemas hídricos de Oriente Medio. Pero si la política es en parte la manera en la que la sociedad decide distribuir bienes y servicios, es imposible evitarla cuando se trata de un bien tan esencial como el agua. La meta es hacer que, en la medida de lo posible, sirva a los intereses de la resolución de conflictos y para que el agua llegue a la mayor cantidad de personas al menor coste ambiental y financiero. Las buenas noticias son que existen muchas nuevas tendencias de pensamiento acerca de cómo comenzar a mejorar las relaciones respecto del agua, aun cuando otras partes del conflicto parezcan inabordables por el momento.

Una forma de mejorar las relaciones en el terreno hídrico es cambiar la manera en la que las distintas partes involucradas conceptualizan el agua. «Si comenzamos a pensar en ella como un artículo de consumo y no como símbolo de la identidad nacional —dice Eilon Adar, de la Universidad Ben Gurión—, podemos intercambiarla, comercializarla, comprarla o venderla en sus diversas formas. Israel puede proveer agua desalinizada a los palestinos de Gaza a cambio de un canon, o bien a cambio de las aguas residuales sin tratar que ellos no usan y que arruinan su acuífero. Israel puede darles uso, tratarlas y emplearlas en sus colonias agrícolas cerca de Gaza»[54].

Almotaz Abadi, el funcionario de alto rango de la Autoridad Palestina del Agua, sueña con algo más grande que una planta desalinizadora en Gaza. También quisiera ver una red de conducción que parta desde allí y cruce Israel para proveer grandes volúmenes de agua desalinizada a Cisjordania. Sin hacer mención explícita a ello, sería como el Acueducto Nacional de Israel construido con éxito en las décadas de 1950 y 1960.

El profesor Adar muestra entusiasmo por la idea de llevar agua desalinizada desde Gaza. «Tan pronto como sea posible, Gaza necesita su propia planta desalinizadora y sus propias plantas de tratamiento de agua residual para procesar toda la que se genera —afirma Adar—. Una vez que se detengan los cohetes y los túneles, no habría razón para no alentar a los palestinos a construir sus propias instalaciones allí. Hasta entonces, la mejor solución a las necesidades de Gaza es el tratamiento de agua y aguas residuales que realiza Israel».

A pesar de su apoyo a la construcción de una planta en el lugar, Adar explica la diferencia entre su planteamiento y el de Abadi. «Si existiera una planta desalinizadora en Gaza —dice—, las oportunidades se tornarían muy interesantes. Los palestinos podrían transferirnos el agua desalinizada para usarla en el sur, cerca de Gaza, y a cambio podríamos transferir más de nuestra agua desde el Acuífero [Occidental] de la Montaña hacia Cisjordania. No tiene sentido que los palestinos incurran en el coste de bombear agua desde Gaza, que se encuentra al nivel del mar, atravesando Israel y por un desnivel de más de seiscientos metros. El coste de conducción agregaría un gasto innecesario al agua en Cisjordania. Construimos el Acueducto Nacional de Israel debido a que estábamos aislados. Nadie debería hacer lo mismo innecesariamente».

El doctor Clive Lipchin del Instituto Arava no cree que el agua dulce sea siquiera la principal preocupación de Cisjordania. Por el contrario, hace hincapié en el agua residual y el agua recuperada que se obtiene de ella. «En Cisjordania, cerca de dos tercios del agua se emplea —en gran medida, de manera ineficiente— para la agricultura. Si pudieran tomar apenas el 20 por ciento del agua dulce que ahora emplean para sus cultivos y destinarla al consumo residencial, los palestinos tendrían más agua dulce para sus hogares de lo que podrán consumir en el futuro cercano»[55].

Lipchin también cree que si los palestinos desarrollaran una filosofía de los recursos hídricos cuyo elemento central fuese el agua recuperada, como hizo Israel, cambiaría su visión del trabajo con los asentamientos, algunos de los cuales no están conectados con un sistema de tratamiento de agua residual. «Si los palestinos vieran en el agua residual una oportunidad para potenciar su economía, no considerarían que la conexión del tratamiento de agua a los asentamientos cercanos es un reconocimiento o una aceptación de los asentamientos o la ocupación, sino una oportunidad para reducir la contaminación que amenaza a su acuífero, así como una nueva fuente de agua. No sería necesario interrumpir la negociación sobre fronteras o la eliminación de asentamientos. Las soluciones políticas e hídricas pueden desvincularse»[56].

Casi todos los funcionarios o académicos palestinos especializados en esta materia están de acuerdo en la necesidad de construir plantas de tratamiento de agua residual en Cisjordania. Sin embargo, esto se ve obstruido —en parte—[57] por un problema geográfico ocasionado accidentalmente por la división del control administrativo de este territorio cuando se creó la ANP, en 1993. A esta última se le transfirió la responsabilidad sobre los centros poblacionales urbanizados —Gaza y los que se llamaron Área A y Área B—, mientras que las partes menos desarrolladas de Cisjordania —Área C— quedaron bajo el control administrativo y de seguridad israelí, a la espera de una resolución definitiva de las fronteras entre un Estado palestino e Israel.

«Nuestra agua residual y nuestra agua contaminada se generan en los sectores más poblados y urbanizados de Cisjordania —dice Leila Hashweh, una palestina graduada en la Universidad Ben Gurión de Israel, refiriéndose a las Áreas A y B—. No queda lugar para construir una planta de tratamiento allí». La solución, según dice, es construir plantas de tratamiento en lo que se conoce como Área C, las partes de Cisjordania cercanas a cada una de las grandes ciudades pero con pocos habitantes palestinos[58].

Si bien es entendible el motivo por el cual Israel no querría cambiar el concepto de Área C antes de las negociaciones definitivas, la división administrativa del territorio impide a todos, tanto israelíes como palestinos, avanzar en el tratamiento del agua residual[59]. Un experto observador estadounidense empático con ambas partes sugiere la creación de una nueva figura territorial denominada Área C+, donde se podrían construir plantas de tratamiento de agua residual de nivel terciario y ubicar depósitos de agua recuperada sin tener que deshacer la cuidadosa división de Cisjordania en áreas A, B y C. Dado que, presumiblemente, todas las ubicaciones del Área C+ terminarían en un futuro Estado palestino, nadie se vería perjudicado por esta concesión.

Otro problema que genera la designación como Área C de partes de Cisjordania es que, por acuerdo previo entre Israel y los palestinos, la ANP no ejerce en ese lugar control sobre la seguridad. Ladrones palestinos acceden a las tuberías de agua que instaló Israel, pero que están ubicadas en el Área C, y roban agua destinada a las comunidades en toda Cisjordania. En consecuencia, cae la presión y aquellos hogares palestinos ubicados en cualquiera de las numerosas áreas con colinas que se abastecen de esas tuberías no reciben toda el agua destinada a ellos.

«La Policía palestina no tiene permiso para perseguir a los ladrones de agua si cometen el delito en el Área C —dice Gidon Bromberg, el codirector israelí de EcoPeace Middle East, organización ambientalista que, según su propia descripción, se dedica a hallar soluciones regionales sostenibles a los temas del agua y el ambiente—. Al mismo tiempo, la Policía y el Ejército de Israel suelen considerar que el robo de agua es un delito menor», que no merece su tiempo cuando enfrentan presiones por estar alertas a ataques terroristas y delitos serios. «Entonces —explica Bromberg— son pocos los detenidos por romper las tuberías, las personas reciben menos agua de la que deberían y los palestinos que sufren este deficiente abastecimiento con frecuencia sienten frustración hacia la ANP, su Gobierno, por no cumplir con un servicio básico». La solución, según Bromberg, que sugiere una concesión unilateral por parte de Israel, es que se otorgue un permiso para que la Policía palestina intente detectar a los ladrones de agua o, de lo contrario, que exista una mejor vigilancia israelí[60].

Como activista del agua y el medioambiente, Bromberg hace tiempo que lucha por abordar los temas hídricos antes que otras cuestiones regionales sobre la paz, pero también para que el agua se transforme en un punto de apoyo para hacer palanca en la dinámica entre israelíes y palestinos. Uno de los esfuerzos de su organización se dirige a lograr que los israelíes tengan un gesto de generosidad hacia los palestinos respecto del agua natural en un acuífero que recorre la frontera de ambos territorios y que, en un principio, por acuerdo mutuo, actualmente favorece a Israel.

«Debido a que Israel es tan rico en recursos hídricos, puede compartir más de su agua natural con los palestinos —dice Bromberg haciendo una distinción entre el agua del acuífero y el agua desalinizada y recuperada que el país desarrolló a un alto precio—. Más aún, podemos compartir esta agua a un coste político bajo. Antes de tener un excedente, compartir más hubiera implicado que los agricultores o habitantes israelíes se conformaran con menos. Pero hoy es posible hacerlo sin tener que pedirle un sacrificio a ninguna parte».

De hecho, Bromberg cree que, además del valor humanitario, habría un gran valor político en suministrarles más agua del acuífero a los palestinos. «Un acuerdo sobre el agua implicaría grandes beneficios políticos para la ANP. Le mostraría a su gente que la cooperación con Israel permite el acceso a más agua, mientras que el rechazo genera más de lo mismo. Para Israel, esto mostraría al mundo la seria intención de resolver el conflicto. Estaríamos ofreciendo algo que nadie espera que ofrezcamos, pero al hacerlo ganarían ellos y ganaríamos nosotros. Hasta podría llevar a que se les pregunte a los palestinos sobre los pasos que están dispuestos a dar para avanzar en el proceso de paz».

Si las ideas abiertas para la consecución de la paz en Oriente Medio a veces parecen fantasiosas desde una perspectiva política, una idea de grandeza articula la política, el desarrollo económico, el uso del agua y el ambiente. Clive Lipchin, del Instituto Arava, cree que esta oportunidad —aunque hoy suene inverosímil— excede a los israelíes y a los palestinos. Él busca un planteamiento regional que incluya a Jordania, para lograr un gran avance no solo en cuanto a las necesidades hídricas de las partes, sino también en la creación de un sentido de interdependencia, hoy en gran medida ausente. «Israel, Jordania, y un futuro Estado palestino —dice—, todos comparten el agua de la región. Lo que haga cualquiera de ellos afectará al otro».

Lipchin propone que los palestinos dejen de lado los símbolos de soberanía y que busquen su propio beneficio futuro. «Los palestinos no necesitan desarrollar su propia red eléctrica e hídrica —afirma—. Con un proyecto regional, tanto Israel como Jordania y los palestinos tienen algo importante que aportar. El 90 por ciento de Jordania está deshabitado, y la mayor parte del territorio recibe mucho sol. Es el hogar lógico para una red solar fotovoltaica regional, y Jordania podría aportar la tierra donde instalarla. Los palestinos podrían aportar la lluvia que cae por las montañas de Cisjordania, junto con la tierra agrícola de alta calidad que poseen. Cuando Gaza cuente con una planta desalinizadora, podría sumar eso al contexto también. Israel podría aportar el agua desalinizada y la tecnología hídrica que ha desarrollado, incluso la extracción segura del agua del acuífero».

A través de este proceso, dice Lipchin, «Israel podría enviar agua a Jordania y Jordania podría enviar energía limpia a Israel. Los palestinos protegerían el acuífero y mandarían productos de alta calidad a Israel y Jordania a un menor precio y con menos consumo de sus recursos hídricos para la agricultura». Esto, según Lipchin, reduciría el bombeo en el mar de Galilea y también ayudaría a restaurar el Jordán inferior.

«Lo mejor de todo —continúa— es que nadie se vería obligado a renunciar a su identidad nacional. Yo sigo siendo israelí y él sigue siendo palestino o jordano. Pero la doctrina del nacionalismo se vería reemplazada, con el tiempo, por un regionalismo con todos los beneficios para nuestras economías y para la convivencia pacífica»[61].

10

LA HIDRODIPLOMACIA. ISRAEL USA EL AGUA PARA

EL COMPROMISO GLOBAL

> Los países pueden vivir sin industria aeroespacial, pero no pueden vivir sin agua.
>
> ODED DISTEL, funcionario israelí en materia hídrica

Pocos países han padecido un aislamiento diplomático tan extremo como el de Israel. Como respuesta parcial, el Estado utilizó su conocimiento sobre el agua para ayudar a gestionar esa situación de soledad, y así contribuyó a desarrollar o mejorar las relaciones con otros países. Al compartir su experiencia y tecnología, hizo del agua un vehículo importante para el compromiso diplomático y comercial, y al mismo tiempo mejoró el perfil hídrico de los países del mundo.

Aun cuando no todas las naciones que emplean el conocimiento o la tecnología del agua de Israel apoyan sus intereses en las Naciones Unidas, la hidrodiplomacia le ha permitido ampliar significativamente sus contactos internacionales. Contribuyó a transformar sus relaciones en la comunidad internacional, dado que más de ciento cincuenta países aceptaron —ya fuera desde el Gobierno, las empresas o las ONG— que los ayudase a abordar sus problemas hídricos.

Casi desde sus primeros días como nación, Israel ha utilizado el agua para dar asistencia y como forma de compromiso. En el caso de China, la experiencia israelí tuvo un papel especial y clave para revertir el congelamiento casi endémico en las relaciones diplomáticas entre Pekín e Israel. Hoy ambos comparten muchas áreas de interés común y cooperación, pero pocas de ellas probablemente contribuyan más a profundizar las relaciones entre los dos países que la asistencia israelí para abordar los consabidos problemas hídricos de China.

La resistencia de esta última al compromiso diplomático con Israel comenzó como consecuencia de su papel en el alineamiento antioccidental durante la Guerra Fría[1]. Poco después de obtener su independencia en 1949, China comenzó a recibir propuestas diplomáticas israelíes, pero las rechazó. El Gobierno comunista de Pekín rehusó mantener contacto con Israel argumentando diferencias tanto ideológicas como pragmáticas.

Ideológicamente, como líder del bloque comunista, China rechazó involucrarse con un pequeño Estado cuyos intereses se entrelazaban con los de Estados Unidos, un adversario político clave. Pero aun después del descongelamiento de sus relaciones con el país norteamericano, ocurrido en 1971, siguió rechazando la participación de Israel por razones pragmáticas. Primero, quería asegurarse un caudal estable de petróleo árabe para su economía pujante. Pero China también se vinculaba con los Estados árabes en las Naciones Unidas y otros foros internacionales, y no quería arriesgarse a generar hostilidad entre sus aliados árabes o frenar el apoyo potencial de estos a las iniciativas chinas.

Con el paso del tiempo, se dio cuenta de que Israel también tenía algo que necesitaba.

Si bien China cuenta con enormes recursos disponibles en acuíferos, lagos y ríos, los problemas hídricos afectan buena parte de su territorio. Para conocer el alcance del desafío, basta con citar solo algunos ejemplos. Mientras que el norte chino es árido e inhóspito para la producción, muchas regiones productivas en otras áreas usan los recursos hídricos de manera ineficiente y, con frecuencia, los derrochan. La infraestructura se encuentra sobrecargada y grandes volúmenes de agua se desperdician en forma de pérdidas por filtración. El tratamiento de aguas residuales suele ser inadecuado. Y desde la perspectiva legal y regulatoria, la aplicación laxa de las leyes ambientales no logra impedir la creciente contaminación del agua (y del aire), con el consiguiente deterioro de muchas de las fuentes de agua dulce del país.

A pesar de la disparidad extraordinaria en tamaño y población entre ambas naciones, China vio en Israel un modelo de cómo podría gestionar sus recursos hídricos.

Hacia finales de 1983 y a comienzos de 1984 —en un episodio más parecido a una película de espionaje que a un proyecto de asistencia—, China permitió que equipos de ingenieros hidráulicos israelíes viajaran en secreto para estudiar las explotaciones agrícolas colectivas en la provincia de Guangxi, en el centro-sur del país, cerca de la frontera con Vietnam. La recomendación de los expertos fue que las explotaciones agrícolas utilizaran aquellas semillas de Israel que se consideraran aptas para su suelo y clima, y también que adoptaran el riego por goteo. Los chinos estuvieron de acuerdo, pero exigieron que se eliminaran, tanto de los equipos de irrigación como de los embalajes de semillas, todas las marcas que pudieran indicar su origen israelí[2].

Tres años más tarde, de nuevo en secreto, China invitó a otro grupo de hidrólogos y geólogos de Israel a desarrollar un plan de riego para el distrito semiárido de Wuwéi, al sur del desierto de Gobi. Los agricultores allí establecidos ya utilizaban toda el agua local disponible, pero con métodos ineficientes de riego por inundación. Los expertos propusieron la implementación del riego por goteo para los campos. También advirtieron que los cultivos no eran compatibles con las condiciones locales y recomendaron alternativas que crecerían mejor con el agua disponible. Por fortuna, los israelíes determinaron que existían recursos hídricos subterráneos en abundancia que no habían sido aprovechados y sugirieron una forma de extraerlos y transportar el agua nueva hacia los agricultores[3].

Poco tiempo después, a comienzos de 1990, China le propuso a Israel desarrollar las relaciones diplomáticas. Otra vez el agua, si bien no era la única motivación, fue central en el intercambio. La propuesta consistía en que Israel enviara a un experto en irrigación y uso del agua a Pekín, y ellos enviarían a un especialista en turismo a Israel. La premisa era que este primer reconocimiento público de Israel no sería de Gobierno a Gobierno, como con el intercambio de embajadores, sino de sociedad civil a sociedad civil —y el agua sería el aporte central de Israel a Pekín—. Se alentó a Tel Aviv para que enviara a un representante de la Academia de Ciencias de Israel a abrir una oficina, presuntamente para que los chinos pudieran calibrar tanto una reacción popular en casa como las repercusiones diplomáticas en el mundo árabe.

El representante israelí, Yosi Shalhevet, había concluido su mandato como jefe científico del Ministerio de Agricultura de Israel y desde hacía mucho tiempo estaba afiliado al Instituto Volcani, una respetada institución pública de investigación. Poco después de llegar a China, Shalhevet comenzó a reunirse con académicos locales y de otros países. Dondequiera que fuese, la reacción era lo opuesto de los informes periodísticos en su mayoría hostiles sobre Israel que se publicaban y difundían en los medios oficiales chinos.

«Ya fuera que me reuniese con profesores o personas del ámbito de la agricultura —dice Shalhevet—, todos estaban entusiasmados por conocerme. Solo tenían impresiones positivas del país. Cuando se enteraban de que yo venía de Israel, casi todos decían: "¡Judíos, qué inteligentes! ¡Qué inteligentes!". Muchas veces me preguntaron si tenía un parentesco con Albert Einstein». Según relata el experto, a pesar de lo que escuchaban en las noticias, «todos parecían admirar a Israel y apreciaban que fuésemos una civilización ancestral como la suya. Lo único que los sorprendía era lo pequeño que era el país. Hacían bromas con que toda nuestra población cabría en un hotel chino».

Un año después de su llegada, Shalhevet organizó en Pekín una conferencia sobre riego que reunió a diez académicos de Israel y varias decenas de profesores del país anfitrión. «Ese fue el primer contacto oficial entre un grupo de chinos e israelíes —dice Shalhevet—. Un año después de esa conferencia, estuve presente en la ceremonia en la que ambos países establecieron relaciones diplomáticas»[4].

Pekín ha tenido embajador israelí desde enero de 1992, Huageng Pan, un ciudadano chino y exsecretario del Partido Comunista local que probablemente sea el mayor promotor de Israel en China. Lo es seguro respecto del agua. Tras dejar la política, abrió una empresa que fabricaba sistemas de ahorro de energía y purificadores de agua. En gran medida por casualidad, recibió una invitación para visitar Israel en 2010 y solicitó reunirse allí con empresas y profesores relacionados con la tecnología hídrica[5]. Su visita lo convenció de que Israel contaba con lo que China necesitaba para solucionar sus diversos problemas hídricos.

Desde su primera visita a Israel, una de tantas, Pan instaló en China una empresa que introduce la tecnología hídrica israelí y actualmente construye —con apoyo financiero de las administraciones local y nacional— un parque industrial para albergar a empresas de agua de Israel y así lograr una presencia local. Culturalmente, los chinos necesitan tiempo para conocer a sus socios, dice, y esto les brinda a las firmas israelíes una oportunidad para que los funcionarios del Gobierno los conozcan. Pan prevé una relación sólida de la mano de importantes oportunidades de negocio en la limpieza de los lagos y ríos, así como de rellenos sanitarios que actualmente lixivian toxinas a los suministros de agua, y en el tratamiento de aguas residuales y la reformulación de las prácticas de riego.

«China considera que Israel destaca por las soluciones que pueden aplicarse para ayudar al país —dice Pan mediante un intérprete—, pero también porque cree que Israel es una gran nación y China puede aprender de su espíritu. El pueblo de Israel cuenta con buenas personalidades y características que el pueblo chino considera buenas influencias. A cualquier lugar que vamos en nuestro país, todos coinciden en comentarios positivos sobre la cooperación con Israel. Nunca es difícil explicar el motivo por el que deberían adoptarse sus soluciones hídricas»[6].

Pan no es el único que cree que China puede beneficiarse de los avances de Israel en materia de agua. En mayo de 2013 el primer ministro israelí Benjamin Netanyahu y su delegación llegaron a la plaza Tiananmén de Pekín para reunirse con el primer ministro chino Li Keqiang. Un miembro de la comitiva describe su llegada: «Todavía recuerdo cuando China rehusaba reconocer a Israel», relata. Sin embargo, a su llegada, la delegación se encontró con una bienvenida que demostró claramente cómo había cambiado la relación.

«Toda la plaza Tiananmén estaba llena de banderas de ambos países —cuenta el funcionario israelí—. Fue muy emotivo. Nos escoltaron hasta el Gran Salón del Pueblo para nuestra reunión, y las dos delegaciones se sentaron enfrentadas. Nos trataron con respeto y en pie de igualdad».

Antes de que la comitiva israelí viajara a China, Netanyahu y su Gabinete habían acordado un discurso de apertura en el que sugeriría que Israel era un «socio joven», que podría tener algo valioso que ofrecer para ayudar a China con la gestión del agua. Pero Netanyahu nunca pudo pronunciar ese breve discurso, dado que su anfitrión lo hizo por él. «El primer ministro Li dio inicio a la reunión con una cálida bienvenida —relata un participante israelí de la sesión de apertura— y luego dijo que China era consciente de que Israel sabía cómo gestionar el agua y contaba con tecnología hídrica punta. Concluyó sus comentarios diciendo que existían muchos lugares en su país que padecían problemas hídricos y que esperaba que hubiera algo que las dos naciones pudieran hacer conjuntamente».

Encantado de que ambos líderes estuvieran en la misma sintonía, Netanyahu propuso elegir una pequeña ciudad china y hacer que un consorcio israelí remodelara toda su infraestructura hídrica. La implicación de la oferta era que si el proyecto se concretaba con éxito, sería replicado en otras ciudades. Como respuesta, el primer ministro Li designó a uno de sus ministros de Gobierno presentes para colaborar en la selección de la pequeña ciudad y provocó risas en la delegación visitante cuando sugirió que el funcionario se concentrara en una de alrededor de un millón de personas. Para explicar el motivo de las risas, se dice que Netanyahu expresó: «Señor primer ministro, no tenemos una sola ciudad en todo Israel con una población de un millón de personas. Para nosotros, un millón de personas no es una ciudad pequeña».

Hacia finales de noviembre de 2014 un comité de selección sino-israelí anunció que Shouguang, con algo más de un millón de habitantes y ubicada a unos quinientos kilómetros al sudeste de Pekín, en la provincia de Shandong, sería la primera ciudad piloto en las relaciones hídricas entre China e Israel[7]. Además de la población, la ciudad y su área circundante presentan diversos tipos de desafíos que hacían lógica la elección. El proyecto se abocará a la purificación del agua y al tratamiento de aguas residuales, así como también al riego eficiente para las numerosas explotaciones agrícolas que rodean la ciudad. Hasta habrá necesidad de un tratamiento especializado del agua para fábricas y molinos de papel adyacentes a Shouguang. Un consorcio compuesto por entre quince y veinte empresas de Israel que emplean tecnología de su país ayudará a realizar una nueva reformulación e ingeniería del uso del agua en la ciudad.

«No quiero adelantarme —dice un funcionario ejecutivo israelí vinculado estrechamente con el proyecto—, pero si nos va bien aquí, podremos tener la oportunidad de contribuir en la reconstrucción de los sistemas hídricos de las ciudades de toda China. Esto no solo será fuente de ingresos significativos para las empresas de nuestro país. También podrá fomentar la profundización de las relaciones sino-israelíes a largo plazo». Como señala, «hay muchas ciudades en China».

ISRAEL AL RESCATE DE IRÁN

Si Irán se conoce en los medios por su programa nuclear, la peor amenaza para el bienestar del país no la constituyen las sanciones económicas ni tampoco la escisión entre sunitas y chiitas. Por el contrario, probablemente sea el hecho de que el país se está quedando sin agua. El problema es tan severo que podría pensarse en disturbios sociales, disrupción económica y hasta un éxodo migratorio. Un asesor del Gobierno anticipó hace poco, como se informó en *Al-Monitor*, que casi cincuenta millones de iraníes —el 70 por ciento de la población del país— podrán verse obligados a abandonar sus hogares debido a la escasez de agua.

Los problemas hídricos son sinónimo de mala gestión de gobierno, e Irán padece muchos. Los recursos subterráneos se sobreexplotaron más allá de lo que pueden recuperarse con las precipitaciones, y en su estado actual, muchos acuíferos serán inutilizables en el futuro cercano. La agricultura de Irán se encuentra entre las más ineficientes del mundo. La mayoría de los países emplean alrededor del 70 por ciento del agua disponible para agricultura; Irán utiliza más del 90[8]. Aun así, ya ha dejado de autoabastecerse de alimentos, una tendencia que, según las estimaciones, se agravará[9].

Su clima es en general árido y semiárido, lo que por definición implica que recibe modestas precipitaciones. Se estima que más de la mitad de sus pozos de agua se excavaron ilegalmente, y muchos, quizá la mayoría, hoy están contaminados[10]. Más de dos tercios de todas las plantas industriales no tratan sus aguas residuales, y los fabricantes, aun los de productos químicos, generalmente vierten sus desperdicios en los cursos de agua[11]. Irán descarga más del 60 por ciento de sus aguas residuales sin tratar y contamina el agua subterránea, los ríos y los lagos[12]. Se espera que el cambio climático solo exacerbe la desalentadora perspectiva hídrica general.

Alguien que visita Irán y analiza cada uno de estos problemas, y sabe que Israel en gran medida los resolvió todos, podría llegar a la conclusión de que la República Islámica debería sabiamente superar su antagonismo e invitar a los israelíes para que los ayuden a gestionar su sector hídrico. Si bien esto suena caprichoso —y casi imposible—, es exactamente lo que hizo el líder de Irán, el sah, lentamente en 1960 y con más celeridad después de 1962. Los hidrólogos, ingenieros hidráulicos y planificadores israelíes, entre otros, fueron tan numerosos y se involucraron tanto en la exploración e infraestructura hídrica de Irán que la mayoría de los proyectos hídricos de ese país desde 1962 hasta la Revolución Islámica de 1979 se desarrollaron bajo gestión israelí[13]. Desde el punto de vista geopolítico, para Israel la alianza con Irán sirvió para contrarrestar la hostilidad de los Estados árabes a la vez que para reducir su aislamiento regional —por lo menos, mientras duraron las relaciones de cooperación—.

Si bien no fue tan dramático como se ve en la taquillera película *Argo*, el jefe del equipo de expertos en temas hídricos, el profesor Aire Issar, abandonó Irán en el anteúltimo vuelo de Teherán a Tel Aviv en 1979, poco tiempo antes de que fuese depuesto el sah. Describió escenas de caos que se producían en las calles de la capital cuando iba camino al aeropuerto. Ese sería el último de muchos viajes que comenzaron para él en 1962 como parte de un proyecto humanitario que intentaba reparar de manera urgente una estructura de conducción de agua iraní que se remontaba a la Antigüedad[14].

La Antigua Persia contaba con un sofisticado sistema hídrico destinado al riego cuyo funcionamiento se basaba en la gravedad. Utilizaba pozos verticales llamados *qanats*, cavados en leve pendiente desde una fuente de agua subterránea hacia los campos en los que esta se necesitaba. En 1962 la provincia de Qazvin, casi 160 kilómetros al noroeste de Teherán, sufrió un gran seísmo. Más de 20 000 iraníes murieron, trescientas comunidades quedaron en la ruina y la red de túneles de agua que habían sido cavados hacía más de 2700 años fue destruida[15]. Qazvin albergaba un vasto valle agrícola que proveía frutas y verduras a Teherán y a otras ciudades. Después del terremoto, los agricultores se quedaron sin el agua esencial que necesitaban[16].

Mientras tanto, el sah ya había comenzado una relación con Israel. Irán se creía vulnerable a acciones por parte de algunos de los Estados árabes y veía a Israel como una fuerza de oposición valiosa[17]. El mandatario iraní también estaba impresionado con los avances de Israel en la agricultura, el agua e, irónicamente, la energía nuclear. En 1960 le pidió a la Organización de las Naciones Unidas para la Alimentación y la Agricultura (FAO, por su sigla en inglés) que le facilitara expertos en temas hídricos para asesorar a su país, y con su consentimiento, enviaron a tres técnicos israelíes. Cuando azotó el sismo de Qazvin, el sah ya conocía la sofisticación israelí en la planificación y exploración hídrica.

Como medida de emergencia, Israel fue invitado a enviar ingenieros hidráulicos a Qazvin para ver si los *qanats* podían recuperarse. Una inspección exhaustiva reveló que reparar el daño sería demasiado costoso en relación al beneficio. En cualquier caso, lo que pudo haber sido ideal para el riego en los tiempos de la antigua Persia ya no era óptimo en una era de agricultura moderna. Los israelíes instaron con éxito a los funcionarios del Gobierno y a los agricultores a que abandonaran los *qanats* que habían colapsado y les permitieran perforar pozos profundos como los que cavaban en su tierra[18]. Las relaciones entre Irán e Israel respecto del recurso hídrico florecieron rápidamente.

Poco tiempo después de que comenzaran las perforaciones en Qazvin, los ingenieros hidráulicos recibieron una respuesta positiva de parte del Gobierno anfitrión a la propuesta de que también se les permitiera enseñar a los agricultores locales a incrementar sus rendimientos empleando menos agua en el proceso. Sus interacciones con los productores iraníes se ampliaron hasta el punto de incluir asesoramiento sobre qué cultivos implantar y cómo comercializar lo cosechado. La mayoría de los pobladores locales en las afueras de la zona de Qazvin se relacionaron con los ingenieros llegados de Israel, y ninguno ocultaba su nacionalidad ni su religión[19].

Shmuel Aberbach fue uno de los expertos israelíes de la FAO que se encontraban en Irán por invitación del sah cuando azotó el seísmo. Como geólogo y experto en aguas subterráneas, llegó a Qazvin poco después del terremoto y ayudó a desarrollar el plan que definió dónde y cómo se perforarían los nuevos pozos en la región. Durante los siguientes diecisiete años, emprendió una gran cantidad de viajes a casi todo el país y conoció (y con frecuencia capacitó) a los hidrólogos iraníes. En todo ese tiempo, según dice, jamás experimentó un incidente antiisraelita o antisemita, salvo por un comentario desubicado de un comunista iraní que detestaba a todos los rivales de la Unión Soviética en la Guerra Fría. Tampoco escuchó de boca de ninguno de los muchos israelíes que conocía en el país relatos acerca de difamaciones, con excepción de algunos cantos en un partido de fútbol entre Irán e Israel disputado en 1978 en Teherán. Décadas después de su última visita a Irán, efectuada ese mismo año, sigue manteniendo amistades cercanas con iraníes a los que conoció en su trabajo, muchos de los cuales viven en el exilio[20].

Otro israelí que permaneció en Irán, el doctor Moshe Gablinger, ingeniero educado en la Universidad de Cornell, tuvo reflexiones similares respecto de su relación con sus anfitriones iraníes. Si bien no cultivó vínculos duraderos, también tuvo interacciones amigables y cordiales. «Nunca socializábamos con ellos en sus hogares, pero se dieron relaciones cálidas —expresa—. Encontrarme con un hidrólogo iraní en un restaurante para cenar no era una experiencia infrecuente»[21].

El profesor Issar, quien se encontraba a cargo de todas las operaciones de exploración y perforación de agua, recuerda que los hidrólogos iraníes que viajaban con él lo llevaron a rincones remotos del país y le presentaron a residentes locales. «Decían que yo venía de Israel a compartir nuestros conocimientos con ellos —señala—. Yo siempre era bienvenido y me invitaban a una cena especialmente preparada para mí en el momento. El único problema era que me tenía que sentar en la alfombra sobre el suelo y comer el cordero asado con arroz sin cuchillo ni tenedor»[22].

En términos generales, el nivel de los profesionales iraníes en recursos hídricos no era alto. «A pesar de todo su petróleo, Irán era un país pobre entonces, y su sistema educativo no preparaba bien a los profesionales en recursos hídricos —dice el doctor Gablinger—. Las personas que me asignaban eran muy amables, pero bastante poco cualificadas y rudimentarias en cuanto a tecnología»[23]. El profesor Issar implementó programas para capacitar a hidrólogos y técnicos, y dictó clases en Geología, Hidrología y Química[24]. Shmuel Aberbach enseñó matemática avanzada a los hidrólogos y geólogos locales para generar modelos predictivos que permitieran determinar la cantidad de agua remanente en los acuíferos.

La actitud abierta de Irán respecto de sus invitados israelíes incluyó algunos toques actualmente inimaginables. Los comerciantes de Qazvin aprendieron hebreo con el fin de interactuar mejor con sus nuevos clientes. El doctor Gablinger recuerda que la mayoría de sus intercambios con ellos los tenía en ese idioma. Además, hacia mediados y finales de la década de 1960, habían llegado tantos israelíes a Qazvin con sus familias que un edificio local se convirtió en una escuela para ellos. Las clases para los sesenta niños se dictaban en hebreo y estaban a cargo de docentes también llegados de Israel. Algo que sorprende aún más: el sah visitó a Arie Issar y a su equipo en Qazvin no mucho tiempo después de que Israel derrotara de manera contundente a tres Ejércitos árabes en la Guerra de los Seis Días de junio de 1967, en señal de aprobación del trabajo de los israelíes en Irán.

El sah también alentó las visitas de delegaciones de otras especialidades y envió funcionarios y científicos iraníes a Israel. Algunos profesionales en temas hídricos permanecieron allí durante periodos prolongados a fin de conocer las avanzadas técnicas israelíes. Los vínculos comerciales y políticos entre los países se profundizaron y expandieron.

«La única parte de la sociedad iraní que no pudimos penetrar fue el estamento religioso —dice Uri Lubrani, embajador de Israel en Irán desde 1973 hasta poco antes de la destitución del sah—. Nos recibían con calidez en todas partes. Todos en Irán son muy religiosos o provienen de hogares que lo son. Hasta los comunistas iraníes conocían entonces los rituales islámicos. Nadie se valía de las diferencias religiosas para alejar a los israelíes, salvo los clérigos. Lo intentamos con esfuerzo, pero no querían saber nada con nosotros. Arafat [el líder de la Organización para la Liberación de Palestina (OLP)] había cultivado con astucia las relaciones con [el ayatola] Jomeini en el exilio, y Jomeini había instruido claramente a la administración religiosa para que evitara todo contacto con nosotros»[25].

A pesar de las posturas del sector clerical, el éxito inicial de la articulación israelí en Qazvin se hizo extensivo a muchas otras provincias y regiones. Se le encomendó a una empresa de ingeniería hidráulica propiedad del Gobierno israelí, Tahal (sigla de «Planificación del Agua para Israel» en hebreo), supervisar la construcción de sistemas de agua y de aguas residuales en grandes ciudades iraníes como Isfahán y Bandar Abbas, así como crear sistemas hídricos residenciales y de riego para regiones enteras, como Hamadán y Kermanshah. Cuando Mashhad, la segunda ciudad más grande de Irán, necesitó desarrollar un sistema de distribución de gas de consumo residencial a sus hogares, el Gobierno de Irán también recurrió a Tahal para ese proyecto[26].

Irán también convocó a otras empresas del Gobierno israelí dedicadas a los recursos hídricos. A Mekorot, la empresa nacional de agua, se le encomendó realizar perforaciones en todo Irán en busca de agua, como lo había hecho en Israel, y gestionar un proyecto de envergadura en la parte iraní del mar Caspio, entre otras tareas[27]. Solel Boneh, otra entidad gubernamental que dirigió grandes proyectos en Israel, fue contratada para construir embalses en todo el país, así como infraestructura en ciudades iraníes.

Aproximadamente en 1968 IDE, la empresa del Gobierno israelí creada para tratar ideas sobre la desalinización, desarrolló un novedoso proceso para ahorrar energía y estaba ansiosa por probar el concepto en un entorno real[28]. Alrededor de la misma época, la Fuerza Aérea de Irán buscaba garantizar agua segura y limpia para sus bases. El profesor Arie Issar recuerda que el agregado militar en Teherán, el coronel Yaakov Nimrodi, vio que esa era la oportunidad para aprovechar la experiencia de Israel sobre recursos hídricos para profundizar las relaciones militares entre ambos países. Nimrodi consiguió la invitación del Gobierno iraní para IDE. Durante la siguiente década la empresa instaló treinta y seis unidades pequeñas de desalinización en las instalaciones militares de la Fuerza Aérea y diecinueve adicionales en todo el país[29].

En 2007, casi cuarenta años después de que IDE comenzara a instalar sistemas de desalinización en Irán y mucho después de que la República Islámica cortara todos los vínculos con Israel, Fredi Lokiec, un funcionario ejecutivo de la empresa, participaba de una exhibición comercial en Europa cuando fue abordado de forma muy tranquila por un ingeniero iraní. El hombre le contó que varias de esas antiguas unidades israelíes de desalinización seguían operativas y que los técnicos iraníes habían intentado realizar ingeniería inversa en una de ellas para poder empezar a construir copias desde cero en el país. Dijo que habían logrado hacer funcionar las plantas «copiadas», pero nunca tan bien como las que había construido Israel[30].

Después de la revolución de 1979 Jomeini y sus seguidores llevaron a cabo juicios masivos en contra de funcionarios del Gobierno y otros considerados seguidores del sah. Quienes profesaban la fe bahá'í también estaba en riesgo y sufrieron persecuciones. Tanto Arie Issar como Shmuel Aberbach tenían amigos iraníes y colegas en la industria del agua del país —algunos de los cuales eran fieles del bahaísmo, pero la mayoría, musulmanes— que huyeron del país en los primeros días de la revolución y siguen en el exilio. Trágicamente, ambos israelíes también conocían a varios funcionarios en materia de agua que fueron ejecutados por delitos aún desconocidos. Con los expertos israelíes expulsados y muchos profesionales en recursos hídricos exiliados o ejecutados, la industria del agua de Irán recibió un golpe letal que sembró las semillas de la calamidad hídrica que se avecina en el país.

Ayudar a más de cien países menos desarrollados

Desde fines de la década de 1950 Israel comenzó a compartir sus técnicas de riego y agua con países menos desarrollados, con un énfasis inicial en África. Si bien existían potenciales beneficios diplomáticos y comerciales en la profundización de los lazos con las excolonias y los países menos desarrollados, por lo menos en principio, la intención era sobre todo altruista y una extensión de la filosofía sionista de Israel[31].

En su novela política por entregas *Altneuland* [La vieja nueva tierra], de 1902, Theodor Herzl, el profeta fundador del sionismo, hace anunciar al protagonista que, después del establecimiento de un hogar nacional judío, necesitaban ayudar a los habitantes de África, porque tenían «un problema de un horror tan grande que solamente un judío puede imaginar». El personaje dice que, después de la «restauración nacional de los judíos», la siguiente tarea sería «abrir camino para la restauración [nacional] de los negros [africanos]»[32].

Herzl fue el guía ideológico de la generación fundadora de líderes de Israel, y estos se tomaron en serio esta advertencia suya[33]. En la década de 1950 Israel era un país en vías de desarrollo, y David Ben Gurión, socialista, sionista y el primero en ocupar el cargo de primer ministro en Israel, decía que, si bien el país tenía poco para compartir, las naciones emergentes de la era posterior a la Segunda Guerra Mundial necesitaban compartir las dificultades, así como también la camaradería y las ideas[34].

En 1958 Golda Meir, entonces titular de Relaciones Exteriores de Israel, creó un departamento en su Ministerio cuya misión era ayudar a los países en vías de desarrollo —con el foco puesto en África— a superar sus problemas con el agua, el riego, la agricultura, la educación y la condición de las mujeres. El departamento se llamó Mashav, acrónimo en hebreo que se tradujo libremente como Centro de Cooperación Internacional. Los emisarios israelíes que se enviaron al extranjero en su mayoría agricultores e ingenieros, muchos de ellos veteranos de la Brigada Judía del Ejército británico en la Segunda Guerra Mundial que habían aprendido a trabajar en las colonias británicas económicamente subdesarrolladas durante la era del Mandato.

En los primeros años los Estados africanos, así como también algunos países de Asia y América del Sur, recibieron con beneplácito al Mashav (y a Israel). Israel dejó en claro que el Mashav no ofrecería donaciones ni subsidios en efectivo como sí lo hacían (y siguen haciéndolo) los programas de Estados Unidos y Europa. «Llamamos a nuestras iniciativas cooperación para el desarrollo y nunca asistencia —dice el embajador Yehuda Avner—. Estábamos allí para ayudar por medio de la educación y la capacitación, pero no para entregar asistencia financiera». Con la mirada de Meir puesta en África, en solo unos pocos años los programas del Mashav se habían implementado allí de manera extensiva, y cientos de especialistas israelíes, en materia hídrica y otras, vivían y enseñaban en el continente. Cuando Meir se convirtió en primera ministra de Israel en 1969, se ocupó de que el Mashav y su programa para África siguieran recibiendo el apoyo que necesitaban.

En lo que demostró ser un «episodio doloroso para Israel y para Golda [Meir]», según Avner, después de la guerra de Yom Kippur de 1973, todas las naciones del África subsahariana rompieron relaciones diplomáticas a instancias de la Liga Árabe y la Organización para la Cooperación Islámica (OIC por su sigla en inglés). Los especialistas israelíes allí establecidos bajo el patrocinio del Mashav fueron todos expulsados. «Esto fue malo para Israel, pero fue un problema personal para Golda —dice Avner—. Ella había dado todo por el programa para África, y todo fue para nada»[35]. También fue un giro desafortunado para los muchos africanos que recibían ayuda a través de los programas cuyos proyectos para mejorar el agua, el riego y la alimentación se vieron abruptamente interrumpidos.

En la década de 1980 algunos países de ese continente expresaron interés en retomar los lazos. Etiopía reanudó las relaciones en 1989, y el resto de los del África subsahariana —ansiosos por el regreso de profesionales en materia de agua, así como de otros expertos— lo hicieron en 1993, después de la firma del primer Acuerdo de Oslo entre israelíes y palestinos. Hoy Israel brinda capacitación en manejo de recursos hídricos, riego y otras áreas a expertos de más de cien países menos desarrollados, veintinueve de los cuales se encuentran en África. Muchos de los programas se llevan a cabo en Israel y otros, en el país anfitrión. En total, la capacitación sobre temas de agua y riego sigue representando el 40 por ciento de todos los programas de extensión del Mashav[36].

El embajador Haim Divon fue director de la entidad durante once años y viajó por muchos países en desarrollo alrededor del mundo. «Puede que los Estados Unidos y Europa cuenten con programas más sofisticados, en comparación con los de Israel, para los países menos desarrollados —reflexiona Divon—, pero Israel, con toda la improvisación que realiza in situ, puede ser en la práctica una mejor fuente de inspiración. Podemos mostrarles a estos países los logros que obtuvimos en materia de recursos hídricos y en otras áreas en cincuenta años. Israel constituye un modelo de éxito, y hoy se encuentra al alcance de estos países. Cuando ven un sistema como el de Estados Unidos, sienten que nunca podrán alcanzarlo».

Desde los inicios del Mashav en sus programas participaron más de 270 000 personas de 130 países[37]. «Es un número importante —continúa Divon—, pero una gota en el océano si lo comparamos con los miles de millones de personas que viven con carencias de alimentos, agua y futuros seguros. Queda mucho más por hacer aún»[38].

SIRVIENDO A LOS MÁS POBRES ENTRE LOS POBRES

Si bien las tecnologías y los productos relacionados con el agua se encuentran en más de ciento cincuenta países del mundo, una empresa israelí, Tahal, se especializó en programas hídricos y temas relacionados para el mundo en desarrollo. Ha tenido un alcance e impacto en esas naciones sin precedentes entre las empresas israelíes. Su trabajo mejoró la calidad de vida a millones de las personas más pobres del mundo[39].

Fue creada por iniciativa del Gobierno a comienzos de la década de 1950 para planificar y diseñar proyectos hídricos complejos en el país. Y hacia finales de esa década, casi todos los principales proyectos ya habían sido diseñados. Preocupada por evitar despidos, la empresa gubernamental envió a un funcionario ejecutivo a visitar las naciones que recientemente habían dejado de ser colonias para determinar si el trabajo llevado a cabo en Israel podría ser relevante allí[40]. Y lo fue.

A mediados de la década de 1960 la organización de quinientas personas había destinado personal en África, Asia y América del Sur. Participaban en el desarrollo del suministro de agua y la eliminación de aguas residuales para las grandes ciudades, así como del diseño de planes de riego para grandes distritos productivos en todo el mundo en desarrollo.

En pocos años la presencia de Tahal en algunos países fue tan importante que la empresa se convirtió casi en un departamento gubernamental del país cliente. En búsqueda de importantes beneficios a futuro, fue contratada por varios Gobiernos de África para que los asesorara en sus proyectos de infraestructura, aun cuando no estaba involucrada en las iniciativas. Tal vez debido a este papel central y hasta esencial, cuando los funcionarios de asistencia del Gobierno israelí fueron expulsados de África después de la Guerra de Yom Kippur, Tahal no vio interrumpido de manera significativa su trabajo en el continente[41].

Su rol de asesora en los diversos proyectos logró más que convertirla en imprescindible para sus países anfitriones. También implicó un crecimiento en cuanto a la experiencia de la empresa y la ayudó a prosperar en los años posteriores, en los que pasó de realizar solo diseños de bajo coste y trabajo de ingeniería a iniciar proyectos de construcción, compras y gestión de gran envergadura. Asimismo sembró las semillas de la expansión significativa de la misión de Tahal. La compañía pasó de trabajar solo en las áreas de agua, aguas residuales y riego a emprender iniciativas tanto ambientales como agrícolas y, recientemente, hasta de gas natural.

En la década de 1990, siguiendo el modelo de privatización de Margaret Thatcher en el Reino Unido, el Gobierno de Israel comenzó a vender sus empresas, incluso su aerolínea de referencia, todos sus bancos públicos y el monopolio telefónico del país. En 1996 también se vendió Tahal, lo que significó un crecimiento exponencial para la ahora empresa privada. Hoy cuenta con 1200 empleados que generan ingresos anuales por más de 200 millones de dólares, centrados en gran medida en docenas de proyectos en treinta países menos desarrollados, pero ha trabajado en muchos otros. Sigue ganando licitaciones de diseño para casi el 70 por ciento de las iniciativas relacionadas con el agua en Israel, pero no compite para construir proyectos hídricos en otros lugares del mundo desarrollado[42].

«El éxito de Tahal —dice Saar Bracha, director general de la empresa— se debe a nuestra conexión con Israel. Todos saben que Israel logró hacer florecer el desierto al encontrar agua de maneras inusuales. Todos saben que utilizamos tecnología de riego especial para mejorar los rendimientos con menos consumo. Pero cuando las personas piensan en el agua en Israel, aun cuando no conocen el papel exacto de Tahal, esta recibe un justificado reconocimiento por muchos de esos grandes logros. Cuando nos acercamos a un país con necesidades hídricas, ellos ya nos conocen, incluso si nunca trabajamos juntos, porque conocen los logros de Israel»[43].

A veces la conexión con el país jugó en contra del alcance comercial de la empresa. A pesar de sus muchos problemas hídricos, la India —como China— rechazó cualquier tipo de relación comercial o diplomática con Israel durante las primeras cuatro décadas después de que, hacia finales de la década de 1940 y con menos de un año de diferencia, ambos Estados obtuvieran su independencia. La India fue uno de los tres líderes del Movimiento de Países No Alineados Contra Occidente. Como deferencia hacia sus socios árabes en el movimiento (y también con preocupación porque los lazos con Israel pudieran provocar a la gran minoría musulmana de su población), rechazó los acercamientos diplomáticos con Israel.

Si bien la India sigue votando con frecuencia en contra de los intereses de Israel en las Naciones Unidas, los dos países hoy se vinculan en asuntos comerciales y de defensa que han gestado relaciones verdaderamente cálidas[44]. Pero hasta finales de la década de 1980, cuando comenzó el intercambio entre ellos, la India rechazó cualquier tipo de contacto con Israel. Las relaciones diplomáticas se establecieron en 1992, y Tahal obtuvo su primer proyecto en ese país en 1994[45].

Desde que ganó ese primer proyecto, la empresa ha desempeñado un papel relevante en la modernización de partes sustanciales del sistema hídrico indio. Ya sea para el desarrollo de planes maestros en estados como Rajastán y Gujarat, la creación e implementación de infraestructura de riego para Andhra Pradesh y Tamil Nadu o el diseño y la construcción del sistema de agua residual de Assam, Tahal fue contratada tras participar en un proceso de licitación convocado por el Banco Mundial junto con el Gobierno del país[46].

Recientemente Tahal demostró potencial en otra línea de negocio: gestionar una parte de una importante empresa de servicios de agua de la India[47]. Si bien una empresa de servicios públicos a menudo es una función del Gobierno, el de la India, como otros del mundo, ha experimentado con el modelo de asociación público-privada (PPP, por su sigla en inglés) en caminos y puentes, entre otros ejemplos de infraestructura. En 2012 tomó la decisión de probar si una importante empresa de servicios de agua podría estar mejor administrada por una firma privada.

La empresa de agua de Jerusalén, una compañía india de infraestructura y Tahal, en sociedad, alcanzaron en 2013 un novedoso acuerdo con la empresa de agua de Nueva Delhi, la capital de la India. Nueva Delhi fue diseñada por los británicos, cerca del fin de su hegemonía colonial en el subcontinente indio, para albergar a 800 000 habitantes. Si bien se construyeron caminos, obras de electricidad y cañerías desde el retiro de los británicos en 1947, la actual población de la ciudad de más de 16 millones de personas superó su infraestructura.

En toda la capital solo se consigue agua comprándola de un camión cisterna. En esta iniciativa conjunta, Tahal y sus socias llegaron a dos comunidades vecinas —Vasant Vihar, elegante y de clase adinerada, y Mehrauli, superpoblada y pobre, que suman más de un millón de habitantes entre ambas— para repensar, reconstruir y gestionar la empresa del agua. Si el experimento es un éxito, el proyecto se hará extensivo a otras partes de Nueva Delhi y, tal vez, a otros sectores de la India. Tahal probablemente agregue a su lista de líneas de negocio la administración de las empresas de agua municipales de los países en vías de desarrollo[48].

Con anterioridad a su admisión en la India, la empresa había comenzado a trabajar en la región. Inició estas actividades en 1975 y dedicó más de veinticinco años a llevar a cabo proyectos en el Himalaya menor, en Nepal. Su labor se centraba en Bhairahawa y Lumbini, el lugar del nacimiento de Buda, donde había sido convocada para desarrollar recursos hídricos subterráneos y construir un sistema de riego para que los agricultores locales empobrecidos pudieran emplear esa nueva fuente de agua.

«Es difícil imaginar lo horrible de esas condiciones —dice el doctor Moshe Gablinger, ejecutivo retirado de la empresa—. No había caminos ni electricidad. Nuestras condiciones de vida eran de lo más primitivas. Una mañana, un miembro de nuestro equipo se despertó y vio una serpiente en su habitación». Gablinger había trabajado en muchos destinos internacionales con Tahal —entre ellos, diez en América del Sur y cinco en países de África, y fue jefe de operaciones en Ghana—, pero según él nunca había vivido algo parecido a los primeros años en Nepal. «Para cuando nos fuimos, alrededor del año 2000 —recuerda—, podríamos decir que era uno de los proyectos de riego más exitosos jamás realizados. Cambió la vida de las numerosas personas pobres que allí vivían».

Gablinger cree que la buena voluntad de Tahal y otros israelíes de ir a lo que él llama «lugares deprimentes» es una razón clave para el éxito de Israel en proyectos de desarrollo hídrico en el mundo. Independientemente de lo poco desarrollado del destino, los israelíes deseaban participar en la tarea. Él, que proviene de una vida de clase media acomodada, con un doctorado en Ingeniería en una universidad de la Ivy League de los Estados Unidos, cree que existieron tres razones para que la gente de la empresa y los israelíes en general hicieran lo que hicieron.

«En primer lugar, había mucha gente muy talentosa —dice, y se excluye con modestia— que necesitaba desafíos más grandes de los que encontraba en Israel. Deseaban considerar Israel como su hogar, pero no limitarse a los proyectos que el país ofrecía, especialmente después de que la estructura hídrica ya se había construido en su mayor parte y el agua fluía hacia el desierto».

La segunda motivación fue su orgullo por Israel, el sionismo y la tradición judía. «Dondequiera que fuésemos —dice— queríamos que la gente supiera que veníamos de Israel y que éramos judíos. Deseábamos que nuestro trabajo les recordara a todos que eso era lo que hacía nuestro país. Y debido a que éramos israelíes, nos exigíamos el mejor comportamiento en cualquier lugar que visitáramos. Si Tahal se beneficiaba de la conexión con Israel, también queríamos asegurarnos de que la reputación del Estado se viera beneficiada por nuestro trabajo».

Gablinger dice que el altruismo era una explicación de igual importancia que las otras dos, aunque con un detalle. «Viajábamos a estos lugares sin signos de comodidades modernas y nos lamentábamos por sus habitantes —dice—. Fue un honor poder ayudar a personas pobres y a países pobres, y mejorar su calidad de vida. Fue casi como un mandamiento bíblico este sentimiento que teníamos de querer ayudar a la gente de todo el mundo»[49].

UNA ONG ADMINISTRA DE FORMA REMOTA SISTEMAS HÍDRICOS DE ÁFRICA DESDE TEL AVIV

El Gobierno y las empresas israelíes raramente tienen un monopolio de la innovación hídrica de Israel en los países en vías de desarrollo. Sivan Ya'ari es un caso excepcional. Ya'ari es una fuerza natural, el tipo de persona que logra resultados en gran medida debido al aura que emana de su fuerza de voluntad. Lo que desea esta diminuta mujer israelí de unos treinta y pico años ahora es que su aún joven ONG —conocida como Innovation: Africa, o i:A— emplee energía solar y tecnología israelí para ayudar a llevar agua limpia y electricidad a las personas que viven en pequeñas, frecuentemente remotas, aldeas de ese continente.

Nacida en Israel, sus padres se mudaron a Francia cuando era niña. Ya'ari completó su educación superior en los Estados Unidos. Para pagar sus estudios, buscó empleo y conoció a unos de los dueños de Jordache, la marca de *jeans* de moda, quien la contrató para realizar inspecciones en las factorías de África. Como otros antes que ella, Ya'ari quedó impactada por la cruda diferencia entre lo que vio allí y la vida que conocía en Israel, Europa y los Estados Unidos. Especialmente, por la falta de servicios básicos como el agua limpia y la electricidad.

La experiencia la conmovió y, sin saber adónde la llevaría, obtuvo un título en Gestión internacional de recursos energéticos. Eso la condujo a un empleo de verano para las Naciones Unidas en zonas remotas de Senegal donde vio que las bombas de agua o estaban rotas o no funcionaban porque los pobladores no podían pagar el combustible para ponerlas en marcha. «Tenían las bombas allí —dice Ya'ari—, pero debido a que no podían usarlas, terminaron cavando pozos a unos pocos kilómetros para sacar agua sucia que tenían que transportar de vuelta a sus aldeas». La describe como una experiencia dolorosa[50].

Al regresar a Nueva York y retomar sus estudios, antes de su regreso estipulado a Israel, creó Innovation: Africa. Tenía la idea de que su ONG instalara electricidad generada por energía solar para lámparas y refrigeradores de vacunas en clínicas, así como también bombas de agua alimentadas con energía solar. En enero de 2009, después de que Ya'ari realizara una modesta campaña de recaudación de fondos, la aldea Tutti, en Uganda, se convirtió en el sitio donde realizó el primer proyecto de agua con energía solar de su organización. Siguieron otros, y ahora los hay en siete países africanos.

Si bien las iniciativas de i:A en Uganda aún alcanzan apenas a un pequeño porcentaje de los millones de habitantes de aldeas que carecen de agua limpia, la ONG atrajo la atención de algunos líderes nacionales del continente. El primer ministro Ruhakana Rugunda le dijo a un entrevistador que agradecía el trabajo de Ya'ari y de Innovation: Africa, que constituía «una buena expresión de la cooperación entre Israel y Uganda»[51].

Ya'ari —madre de tres niños pequeños y fundadora de una cadena nacional de salones de manicura al estilo de Nueva York que emplea a más de ciento cincuenta trabajadores en todo Israel— planifica una expansión significativa del proyecto de agua que ahora, se lamenta, alcanza «solo» a unas decenas de miles de personas.

Encontrar agua no ha sido tan difícil como lo había anticipado Ya'ari. «Resulta —dice— que existe mucha agua subterránea en África. Solo hay que saber dónde buscarla. El mayor problema que afrontan los programas de asistencia hídrica allí es que, tan pronto como los profesionales dejan las aldeas, los sistemas comienzan a deteriorarse y los habitantes vuelven a la misma situación en la que se encontraban». Ya'ari decidió resolver eso con tecnología inteligente, todo gestionado remotamente desde Israel[52].

Innovation: Africa logró crear un sistema que parece ser inmune a roturas, vandalismo o robo, los problemas que enfrentan los instalados por otras organizaciones de asistencia. El concepto es extremadamente simple. Se ubica el agua subterránea de calidad y para llegar a ella se alquila una perforadora que funciona con gasoil. Se inserta una bomba de agua en el pozo, se instalan paneles solares del tamaño requerido para producir la electricidad necesaria para hacerla funcionar y se conectan a ella. La bomba extrae el agua del acuífero y la deposita en una torre de agua adyacente, construida para tal fin. Cuando se necesita agua de ese depósito elevado, la gravedad la conduce hacia los distintos destinos en la aldea.

Dado que, para los pobladores, contar con alimentos adecuados es una cuestión tan significativa como el acceso al agua limpia, las tuberías de i:A también se encuentran conectadas a un sistema de riego por goteo que se instaló a la vez que los paneles solares. Los pobladores locales solo necesitan colocar semillas junto a los orificios de riego. Todo lo demás, salvo la cosecha, se maneja a miles de kilómetros de distancia, en Israel.

Meir Ya'acoby, el jefe de tecnología de i:A, es ingeniero eléctrico y trabajó en los centros de Investigación y Desarrollo israelíes para importantes empresas de tecnología estadounidenses. Ahora divide su tiempo entre su iniciativa tecnológica y su trabajo con i:A. Empleando componentes simples, creó un dispositivo que permite controlar y manejar cada sistema de agua de África desde la oficina de la ONG en Tel Aviv. A través de cualquiera de los servicios inalámbricos de datos o telefonía móvil disponibles en la aldea africana («Tal vez no tengan zapatos, pero los adultos tienen móviles», dice Ya'ari.), se envían periódicamente mensajes que actualizan información clave tal como la referida a la cantidad de agua en el tanque o a eventuales problemas con la bomba, el equipo de riego por goteo o cualquiera de los paneles solares.

Lo que Ya'acoby le agrega a las transmisiones desde África es un canal constante de información sobre las condiciones meteorológicas locales. Si la temperatura será más alta de lo habitual, o si se mantendrá nublado durante algunos días —lo que impedirá que los rayos solares produzcan electricidad—, él puede saberlo y así hacer que la bomba envíe más agua al tanque como precaución. Si se pronostican precipitaciones, él sabe, dependiendo del cultivo y de la etapa del ciclo de desarrollo en que se encuentra, cuándo detener el riego y cuándo activarlo de nuevo. Si en cualquier lugar del sistema se registra un problema mecánico, se entera a los pocos minutos y el sistema está preparado para contactar automáticamente a un ingeniero local con información en detalle para arreglar lo que sea que haya fallado. Ya'acoby puede automatizar cada parte del sistema para que sea accesible, según explica[53].

Los sistemas de riego por goteo también tienen un efecto inesperado, además de proveer más alimento en la aldea y aliviar el hambre. «Las personas consumen lo que necesitan y venden el excedente en el mercado —dice Ya'ari citando lo que ocurrió en la aldea Putti de Uganda como caso de estudio representativo—. Con el dinero extra que ganaban por la venta de la producción obtenida con el riego por goteo, compraron aves de corral y desarrollaron una explotación avícola. Esto mejoró su nutrición y también les brindó cierta seguridad financiera. El agua de estos sistemas puede servir como herramienta de desarrollo económico. Y con el éxito de la aldea vinculado a la correcta gestión del sistema de agua, todos se aseguran de que este se encuentre protegido».

Hoy ya existen decenas de aldeas en África que cuentan con sistemas i:A y los resultados se hacen visibles rápidamente. «Una vez que se comienza a suministrar agua — dice Ya'ari—, los niños se vuelven limpios porque ya no llenan bidones con agua lodosa y además pueden bañarse. También mejora su salud, dado que muchos enfermaban por beber agua contaminada». Otro cambio es la manera en la que pasan sus días. «Los niños, especialmente las niñas, estaban acostumbrados a caminar dos o tres horas diarias para buscar agua. Solían volver agotados y sucios —explica—. Hoy, con el bombeo, ya no tienen esa obligación. Pueden ir a la escuela. Para ellos, el agua es para beber y bañarse»[54].

11

Nadie está exento. California y el peso de la opulencia

> La gente debería darse cuenta de que estamos en una nueva
> era. La idea de regar a diario tu bonito jardín de césped verde
> es cosa del pasado.
>
> Jerry Brown, gobernador de California

> Si queremos que todo siga como está, es necesario que todo
> cambie.
>
> *El gatopardo*, Giuseppe Tomasi di Lampedusa

Hasta hace poco tiempo, casi todos los proyectos hídricos de Israel en el extranjero se realizaban en lugares con dificultades económicas o en vías de desarrollo. Sin embargo, a medida que sus inventores y empresarios desarrollaron nuevas tecnologías, su alcance global se extendió hasta incluir países y comunidades prósperos y ricos en recursos hídricos. Muchas empresas israelíes hoy hacen negocios en todo el mundo y ofrecen soluciones hídricas en países ricos, incluso en aquellos que cuentan con agua en abundancia.

Estas innovaciones implican casi a cada parte del perfil hídrico, incluso la fabricación de agua dulce a partir de agua marina desalinizada, abordajes sofisticados del riego, conceptos avanzados del tratamiento de aguas residuales, sistemas novedosos para la medición y detección de pérdidas, así como diversas tecnologías eficientes que permiten que toda la gama de sistemas hídricos funcionen con mayor confiabilidad y eficiencia energética. Ya sea en el ahorro de agua o en la reducción del coste y el consumo de energía para gestionar esos sistemas, Israel marcó una diferencia tanto en los lugares ricos como en los menos desarrollados.

Pero el país tiene algo más que productos y servicios para ofrecerle al mundo próspero. También tiene el beneficio de su experiencia en asuntos hídricos, sobre todo el papel de la innovación y la manera de abordar los temas antes de que se conviertan en problemas.

A menudo las empresas de servicios y los agricultores de sociedades ricas tardan en innovar en lo referente al control y el uso del agua. De la misma manera, aun cuando los líderes gubernamentales vieron los primeros destellos de los problemas hídricos hace años, pocos impulsaron con vehemencia cambios profundos para detener las crisis. Mientras todo parecía funcionar más o menos como siempre, nadie sintió la necesidad de exigir que el agua tuviera un precio cercano a su coste real ni tampoco de pedir sacrificios modestos a los votantes y a los empresarios. Si los ciudadanos y la industria no tenían interés en buscar cambios —¿por qué deberían saber que esa era su obligación?—, los funcionarios electos tampoco se interesaban en imponerlos.

Si bien todos los países occidentales gozan de una infraestructura hídrica sofisticada y agua corriente segura disponible a demanda, la mayoría de ellos dieron por sentada su abundancia hídrica. Muchos adoptaron, anestesiados, estructuras legales y regulatorias contraproducentes, mientras que sus ciudadanos, sectores agrícolas e industrias practicaban con descuido patrones de consumo de despilfarro —y hasta destructivos—.

En casi todas partes es imperativo cambiar el planteamiento acerca de los recursos hídricos, y los países prósperos cuentan con los medios para efectuar el cambio de un modo que los menos desarrollados no pueden. Sus agricultores y consumidores están en mejores condiciones de pagar el coste real del agua. Su infraestructura es más sofisticada. Su gestión gubernamental probablemente sea más flexible. Su ciudadanía está más condicionada al activismo. Además, sus habitantes, con niveles más altos de educación, pueden entender el motivo por el que se requiere un cambio. Si no piensan en el agua como el recurso finito que realmente es, y si no aceptan ahora algunas restricciones modestas, los consumidores y agricultores podrán enfrentar otras más severas pronto —y tal vez abruptamente—. La abundancia brinda una ventaja, pero no una inmunidad ante la inminente crisis hídrica global.

Así como en la década de 1950 fue modelo para muchas naciones pobres respecto del uso del agua, hoy Israel —una sociedad próspera con una gestión gubernamental y políticas hídricas avanzadas— puede servir como ejemplo para los países y regiones más ricos. Esto abarca a aquellos que aún no sintieron el escozor de los problemas hídricos y que tienen tiempo de adelantarse a las dificultades que acechan en el horizonte. Ese Israel que está asentado en una región con recursos hídricos limitados, que vio crecer a su población y su economía mientras generaba un excedente de agua, brinda a todos los países un mensaje esperanzador: con suficiente tiempo, inversión y cambio de actitud, se puede gozar de futuros hídricos confortables.

Sin embargo, sin prever lo peor, hasta la abundancia de agua puede revertirse de repente. Brasil es un ejemplo de ello.

UNA PESADILLA BRASILEÑA

Tras una generación de rápido crecimiento económico, Brasil sacó de la pobreza a decenas de millones para que vivieran en la comodidad de la clase media mientras el país también se convertía en la gran historia de éxito económico de Sudamérica y en uno de los lugares más atractivos para los inversores. Brasil también es hogar del río Amazonas —el más grande del mundo con diferencia; una ironía, tal vez, para quienes viven al otro lado del país, en São Paulo, la capital económica—. Debido a una combinación de sequía y malas políticas hídricas, São Paulo sufre actualmente de una escasez de agua que en otro momento habría parecido incompatible con los rascacielos de oficinas, los hoteles de lujo y los distritos de élite.

El 10 por ciento de los doscientos millones de habitantes de Brasil vive en São Paulo y el 20 por ciento del país lo hace en el estado homónimo, donde se ubica la ciudad. São Paulo representa un tercio del PIB de Brasil y el 40 por ciento de su producción industrial[1]. Pero la actual crisis hídrica remite a la pregunta sobre el futuro que le espera a este centro financiero mundial y a sus alrededores si no resuelven pronto sus problemas con el agua.

A comienzos de 2015 la disponible en el depósito principal de São Paulo se redujo a aproximadamente el 5 por ciento de su capacidad. Dado que la principal fuente de energía de la región es la hidroeléctrica, el volumen era insuficiente para alimentar las turbinas generadoras. São Paulo y los ocho estados adyacentes se vieron afectados por cortes programados en el suministro, y esto repercutió en la salud, la seguridad y la economía de decenas de millones de personas[2]. Debido a la falta de electricidad para hacer funcionar las bombas, y también debido a la caída del volumen, muchos hogares sufrieron escasez de agua corriente durante días, a lo que siguió una disponibilidad intermitente. Los restaurantes no podían servir alimentos en platos, dado que no había suficiente agua para lavarlos. La gente no tenía agua para bañarse —ni siquiera para descargar el inodoro—. Los temores respecto de la disponibilidad de agua se tornaron una parte central de la vida diaria en una metrópolis similar a los principales centros urbanos de los Estados Unidos.

En respuesta a la escasez de agua, los residentes de la zona comenzaron a perforar ilegalmente el acuífero local, poniendo en peligro los recursos subterráneos por la contaminación a largo plazo. Los ladrones rompían las tuberías de agua de la ciudad que ya padecían fugas y robaban el agua que podían, agotando aún más las existencias. La gente montaba sistemas de almacenamiento improvisados en sus hogares y apartamentos para captar la poca lluvia que pudiera caer o circular por sus grifos, resolviendo un problema para crear otro: los mosquitos comenzaron a reproducirse en algunos tanques de almacenamiento, con la consiguiente aparición de casos de dengue[3].

Si bien la sociedad civil no colapsó, expresó el descontento generalizado con el Gobierno y la empresa de agua local por su ineptitud para anticipar los problemas, arreglar la infraestructura y establecer una gestión apropiada del agua tanto antes como durante la sequía de ocho años. Se escucharon expresiones tristes sobre un éxodo masivo de São Paulo, y aquellos que ya habían abandonado la zona recibieron el nombre de «refugiados del agua».

CALIFORNIA RECURRE A ISRAEL

Ninguna de las grandes ciudades de los Estados Unidos padeció algo similar a la escasez de agua y la crisis hídrica de São Paulo. Pero después de unos pocos años de sequía en el oeste estadounidense, dejó de ser impensable un futuro de restricciones hídricas y un cambio en la forma de vida estadounidense, si bien no tan extremo —por lo menos, no por el momento— como el que afectó a uno de los estados y una de las ciudades más populosas de Brasil.

El estado más poblado de los Estados Unidos jamás hubiera creído, como Brasil y São Paulo hace apenas algunos años, que era vulnerable a la escasez de agua. Cuando pensamos en California, evocamos imágenes de extensos parques verdes, automóviles relucientes por el frecuente lavado y casas con piscinas en el jardín adyacentes a bañeras burbujeantes de hidromasaje.

Algunas partes de California, especialmente Los Ángeles, su ciudad más grande, se ubicaron junto a un desierto, pero el estilo de vida glamuroso y extravagante que imperaba implicó abundancia en todos los aspectos, incluso en el agua. En lo que respecta a los agricultores del estado —productores de algunas de las mejores frutas del mundo y, como en todos los casos, los principales consumidores de agua[4]—, habían estado sujetos a restricciones en el uso de la de río con la finalidad de proteger las especies ictícolas en peligro, y recibieron garantías de que podrían utilizar las fuentes de agua disponibles, como otros recursos superficiales y acuíferos cercanos[5].

Hoy, sin demasiada advertencia y con muchos de esos acuíferos que habían sido prometidos como reserva sobreexplotados hasta secarse, California avizora un futuro muy distinto. El estado que alguna vez dio por sentada la disponibilidad hídrica anunció recientemente una serie de medidas destinadas a limitar el uso del agua para protegerse de lo que podría ser una sequía que empeora sin cesar. Después de un recorte impuesto por el estado al consumo residencial, los agricultores anunciaron restricciones en su propio uso del agua para evitar otras más estrictas y obligatorias. Asimismo los complejos turísticos aumentaron el uso de agua reciclada para los campos de golf, las fuentes y las atracciones en parques temáticos. Y California también hizo lo que otros países del mundo con problemas hídricos vienen haciendo hace décadas: recurrió a Israel para solicitar cooperación y asistencia.

Después de años de conversaciones sobre la profundización de vínculos económicos con Israel[6], la sequía que azotaba California exigía medidas urgentes. En enero de 2014 el gobernador Jerry Brown declaró el estado de emergencia hídrica para California. «No podemos hacer que llueva —dijo al anunciar la declaración—, pero podemos estar mucho mejor preparados para las consecuencias terribles con las que amenaza hoy la sequía». Para dejar clara la gravedad de las condiciones, habló del riesgo de la «drástica reducción en la disponibilidad de agua» para los agricultores y para la vida en general. El anuncio dejó poco margen a la imaginación para que los californianos entendieran que el estado debía prepararse para enfrentar incendios, cuyo riesgo se incrementaba por la sequía, y hasta para la escasez de agua potable[7].

Menos de dos meses después, si bien las gestiones habían comenzado hacía tiempo, Brown le dio la bienvenida al primer ministro israelí Benjamin Netanyahu en una ceremonia en Silicon Valley para firmar un Memorando de Entendimiento (MOU, por su sigla en inglés). Acordarían iniciar el proceso de creación de una «alianza estratégica para mejorar las relaciones económicas»[8]. Detrás de la meta que se había fijado, existía el interés en compartir innovaciones con Israel, y el agua encabezaba la lista.

Cuando llegó el momento de tomar la palabra en el podio, Brown esgrimió diversas razones para querer que Israel fuese el primer país con el que California estableciera relaciones para abordar conjuntamente los problemas globales. Pero comenzó su discurso con la enumeración de los problemas hídricos del estado. «Estamos inmersos en una megasequía —dijo Brown— y, muy seriamente, esto nos hace conscientes de la importancia de manejar nuestros recursos hídricos con eficiencia y sabiduría». Luego reconoció las necesidades, pero también los desafíos. «Tenemos mucho camino por recorrer en el campo de la conservación, el reciclado, el uso de la desalinización, el control del agua tanto superficial como subsuperficial. Israel demostró lo eficiente que puede ser un país, y en eso, creo, existe una gran oportunidad de colaboración»[9].

En respuesta, Netanyahu hizo una alusión provocadora: «Mi país no tiene un problema con el agua —dijo—, y tal vez se pregunten cómo puede ser posible». Explicó que las precipitaciones se habían reducido a la mitad respecto a los tiempos de la fundación del Estado de Israel, la población se había incrementado diez veces y el PIB —que suele ser la medición más segura del consumo hídrico— había crecido setenta veces. La explicación, según Netanyahu, se encontraba en el reciclado del agua residual que hacían para la agricultura, el riego por goteo, la prevención de pérdidas y la desalinización. «No tenemos un problema con el agua —repitió Netanyahu—, y California no necesita tenerlo. Si cooperamos, creo que podremos superarlo. Lo demostramos. No hablamos de una posibilidad, sino de un resultado concreto»[10].

A diferencia de otros acuerdos entre Gobiernos, que dependen de las actividades posteriores de los funcionarios, este Memorando de Entendimiento exigía una estructura que promoviera la cooperación entre las empresas y universidades de ambos países. También instaba a las ciudades californianas a encontrar maneras de trabajar con Israel para abordar sus problemas tanto hídricos como de otra naturaleza.

Poco después de la firma del MOU, las principales facultades de la Universidad de California, incluidas UCLA y Berkeley entre otras, comenzaron a identificar proyectos en los cuales podían brindar cooperación a los profesores y universidades de Israel en el ámbito del memorando. Dos ciudades californianas crearon fuerzas de trabajo para aplicar las soluciones israelíes a problemas específicos. Una fue Los Ángeles, que buscó ayuda para lograr revertir los problemas de un acuífero contaminado que suministraba agua a algunas partes de la ciudad[11].

Kish Rajan es asistente ejecutivo del gobernador Brown. Lidera las iniciativas de desarrollo comercial y económico del mandatario en un estado que, si fuese un país, sería la octava economía del mundo. «Casi no existe un sector en California que no se vea afectado por los problemas hídricos —dice—. La agricultura es el más obvio, pero no el único». El sector agrícola del estado constituye una industria de 70 000 millones de dólares. «La clase media crece en todo el mundo y, con ella, la demanda de alimentos de alta calidad; por ende, California tiene la oportunidad de incrementar las ventas de productos agrícolas, pero solo si logramos aumentar y manejar nuestros recursos hídricos».

La exportación de productos agrícolas constituye, en cierto modo, la exportación de agua, aun cuando los consumidores extranjeros crean estar comprando frutas, vegetales o nueces. Cuando el agua se considera un recurso gratuito o inagotable, los agricultores tienen poco incentivo para prorratear su coste en el de la exportación. Pero cuando el suministro escasea, se convierte en una cuestión de política analizar si tiene sentido cultivar para la exportación —por lo menos, hasta que se encuentren y garanticen nuevos recursos hídricos—. Extraer lo que en gran medida constituye agua no renovable de un acuífero ya sobreexplotado y, en consecuencia, poner en riesgo el futuro hídrico de un estado, región o país para el beneficio a corto plazo de la venta obviamente no tiene sentido. Sin embargo, es lo que ocurre en zonas de California, y alrededor del mundo.

En la cara opuesta de la agricultura, que es un negocio impulsado por la exportación, se encuentra el turismo, otra gran industria de California. Aporta 100 000 millones de dólares a la economía del estado. «Una parte clave de nuestra industria del turismo —dice Rajan— es el estilo de vida de California, importante tanto para los visitantes como para los residentes. Ese estilo de vida incluye las áreas recreativas, el golf, la natación y los paisajes frondosos. Todo eso requiere mucho agua».

El valor de la relación con Israel para ayudar a California a mantener su estilo de vida y crecer es muy importante. «Israel cuenta con un sistema que le permite controlar el agua con inteligencia. Sabe cómo cobrarla y entiende cómo utilizar la tecnología para generar eficiencia en su utilización. Todos estos aspectos le permitieron alcanzar el éxito. Esta es una nueva era para nosotros en California, pero Israel lo viene haciendo hace tiempo. Y nosotros podemos aprender mucho de ellos en cada una de éstas áreas», dice Rajan[12].

Un aporte israelí a la recuperación hídrica de California que pudo haber mencionado Rajan es la planta desalinizadora de Carlsbad. Ubicada cerca de San Diego, se encuentra en proceso de construcción por IDE Technologies, la empresa israelí, tras diez años de demoras por litigios y tramitación de permisos. Es de última generación; utiliza toda la tecnología de vanguardia que IDE desarrolló y maneja tanto en Israel como en el mundo. Cuando comience a funcionar, Carlsbad será la planta desalinizadora más grande del hemisferio occidental; producirá cerca de 190 millones de litros de agua por día o, según los niveles actuales de consumo, suficiente para 300 000 californianos. Si bien no llegará a revertir los efectos de una sequía devastadora y el déficit acumulado de muchos años de uso intensivo de agua en todo el estado, será un gran paso adelante y uno de los tantos necesarios para revertir un problema que no desaparecerá por sí solo.

CUARENTA ESTADOS QUE SUFRIRÁN ESCASEZ DE AGUA

Lo que hoy está haciendo California, tanto individualmente como en cooperación con Israel, para controlar sus problemas hídricos es de gran relevancia para otros estados de los Estados Unidos y para otros países prósperos del mundo. Aun cuando las dificultades de California recibieron mucha publicidad, no es el único estado que enfrenta el desafío de la caída del suministro de agua. Gran parte de Texas se vio recientemente afectada por una sequía tan severa que, aún después de haberse levantado parcialmente las restricciones hídricas, un funcionario del Servicio Meteorológico Nacional de los Estados Unidos dijo: «No estoy seguro de que vuelva a recuperar los niveles anteriores»[13]. Muchas comunidades texanas continúan padeciendo escasez de agua crónica para la agricultura y, en algunos lugares, hasta para el consumo diario[14].

Tal como ocurrió en California, la sequía severa, cuyo punto álgido llegó en 2011, puso en riesgo el surgimiento económico de Texas, pero con efectos que perduran hasta hoy. Solo en el año 2011 el estado perdió casi 12 000 millones de dólares en la industria agrícola y en otras. Murieron más de 300 millones de árboles. Decenas de comunidades quedaron a semanas de la falta total de agua y casi cincuenta siguen en proceso de recuperación[15].

En octubre de 2013 el gobernador texano, Rick Perry, viajó a Israel para reunirse con funcionarios y promover las iniciativas de cooperación, tal como lo hiciera California, para ayudar a su estado a atravesar su peor crisis hídrica. De igual importancia, durante su estancia, Perry dijo que era necesario que Texas no solo limitase el impacto de la sequía que ya comenzaba a retroceder, sino también se preparase para la siguiente, que era inevitable[16]. El comentario del gobernador implicaba que las pérdidas económicas por la sequía y la desolación que provocó en millones de texanos se hubieran podido reducir o hasta evitar con una planificación e inversiones oportunas en infraestructura.

Una sequía como las que padecieron California y Texas no es la única amenaza la prosperidad y el medio de vida de aquellos que trabajan la tierra en muchos estados de ese país. Los agricultores de los ocho que se asientan sobre el Acuífero de las Altas Llanuras —Dakota del Sur, Wyoming, Nebraska, Colorado, Oklahoma, Kansas, Texas y Nuevo México— comparten una preocupación. Saben que los días de bombeo irrestricto de agua del acuífero y el riego de cultivos como alfalfa, maíz y trigo con lo que parecía una disponibilidad de agua inagotable se terminaron. Si estos se siguen produciendo de la misma manera en la que se ha hecho durante décadas, que se agote el agua es solo cuestión de tiempo. Llevó miles de años llenar el acuífero gigante, casi continental, y ya fue sustancialmente agotado, en apenas décadas.

La respuesta a las necesidades de estos agricultores se puede encontrar en el desarrollo de variedades de los cultivos que crezcan bien con menos agua, así como en la tecnología que las pueda ayudar a crecer más con menor uso de recursos hídricos y de fertilizantes que contaminen el acuífero. Al igual que en Israel, los agricultores de las Altas Llanuras necesitan aprovechar al máximo cada gota y encontrar formas de reutilizar cada una para que el agua remanente de la reserva subterránea dure hasta un futuro lejano.

La agricultura y la industria también sufren en otros estados. Nevada, Nuevo México y Arizona continúan luchando contra la escasez de agua crónica. El río Colorado, que fue sostén de gran parte del oeste desde que comenzaron los proyectos de desvío de su curso hace aproximadamente cien años, alcanzó caudales mínimos históricos como consecuencia de la sequía, la sobreexplotación y la planificación deficiente. Los estados de Idaho, Oregón y Washington ahora también padecen las consecuencias de las penurias producidas por la falta de agua[17].

Además de los quince estados que brevemente se describen o mencionan aquí, la Auditoría del Gobierno de los Estados Unidos (GAO, por su sigla en inglés) informa que los administradores de agua de cuarenta de los cincuenta estados de la nación prevén escasez de agua dulce en sus territorios dentro de los próximos diez años. Si bien las proyecciones del alcance geográfico y la intensidad de las necesidades difieren entre estados, lo que permanece constante es la falta de datos apropiados, la incertidumbre respecto de cuál es la mejor respuesta a este desafío hídrico y la ausencia de un plan nacional coherente[18].

Otro obstáculo para el progreso en todos estos distritos prósperos es una estructura reglamentaria que permite la opinión de muchos sobre la forma de gestionar el agua, pero con pocas pautas obligatorias. Con la proliferación de amplias estructuras burocráticas en miles de entidades, coordinar la toma de decisiones se vuelve casi imposible. Cada junta administradora, autoridad o Consejo del agua, así como cualquier otra entidad gubernamental pertinente, tiende a preservar sus privilegios, igual que en todas las burocracias. Pero la existencia de tantos organismos de control obstaculiza la capacidad de planificar con vistas al futuro, arreglar problemas actuales que exceden la competencia geográfica de cada entidad y recaudar los fondos necesarios para infraestructura, ya sea por medio de bonos o impuestos.

Un camino posible

Entre todas estas malas noticias que llegan hoy desde California, desde los cuarenta estados que ven en su futuro dificultades hídricas y también desde los países prósperos del mundo que comienzan a sentir la brecha entre sus necesidades y el suministro de agua, también existe la buena noticia de que cada uno de los problemas hídricos tiene una solución. Y en cada caso, Israel puede servir como modelo por su propia experiencia, su propia prueba y error, sus propios fracasos y, en última instancia, sus propias soluciones.

Consideremos solo algunos ejemplos de los desafíos que enfrentó —y superó— en el uso de sus recursos hídricos y lo que esa experiencia podría representar para mejorar los recursos hídricos de los Estados Unidos en beneficio de los agricultores, los consumidores y el medioambiente.

Israel adoptó el riego por goteo en el 75 por ciento de sus campos irrigados, con la consiguiente reducción en el consumo de agua y el logro de mayor rendimiento en los cultivos. En aquellos lugares de los Estados Unidos que reciben escasas precipitaciones debería acelerarse la instalación del riego por goteo. Solo en los últimos años el uso de esta tecnología de irrigación en California aumentó enormemente y con efectos muy positivos[19]. Queda mucho por hacer allí y en todos los demás sitios. La política gubernamental debería asegurar que el coste de adoptar equipos de riego por goteo nunca sea un obstáculo. Para que los agricultores aceleren el ahorro de agua, el Gobierno puede ofrecerles regímenes tributarios especiales para la depreciación de los equipos, así como programas de créditos blandos —y convertir el riego por inundación en una anomalía, más que en la norma nacional—.

Los agricultores israelíes hoy consideran las aguas residuales como un recurso preciado, y el 85 por ciento de las del país se recupera para su tratamiento y reutilización. La meta actual es alcanzar el 90 por ciento dentro de los próximos cinco años. A nivel nacional, Estados Unidos trata la mayor parte de su agua residual, pero luego la vuelca casi toda en los lagos, ríos y océanos. Reutiliza menos del 8 por ciento[20]. Con una inversión inteligente en infraestructura, que ha sido largamente demorada, los agricultores podrán reducir la demanda de agua dulce al utilizar este recurso, mientras que el agua residual tratada de los centros poblados como Los Ángeles puede emplearse en gran medida para regar los campos de golf y los parques públicos.

Israel construyó cinco plantas desalinizadoras a lo largo de su costa relativamente corta, incluida una que es la más grande y tiene el consumo de energía más eficiente del mundo. Además, hizo varias para utilizar agua salobre que de otro modo no se aprovecharía. Construyó sus plantas costeras en menos tiempo de lo que le llevó a California resolver las cuestiones legales para concretar solo la de Carlsbad. Si bien gran parte del territorio de los Estados Unidos se extiende demasiado hacia el interior como para aprovechar el agua desalinizada, California, Washington, Oregón y otros estados costeros pueden encarar la escasez de agua, en parte, construyendo más plantas de este tipo. El Gobierno federal y los correspondientes a los estados pueden establecer criterios para acelerar los permisos de modo que limiten la existencia de litigios y permitirán que el agua dulce fabricada se agregue al suministro de agua dulce natural.

El control hídrico de Israel se fundamenta en una estructura legal y regulatoria cuyo objetivo es maximizar el uso del agua. Si bien parece casi imposible desentramar la compleja reglamentación y las políticas de control del agua de los Estados Unidos, tanto a nivel estatal como federal, pocas medidas que las legislaturas de los estados y el Congreso puedan tomar tendrían un efecto sistémico tan positivo como esta en el futuro del agua en el país.

Israel alienta la innovación y la tecnología en cada parte de su sistema hídrico. La comunidad científica de los Estados Unidos, que cuenta con mayores recursos y tecnología punta, podría asociarse con administraciones estatales y locales, agricultores y empresas de servicios públicos para introducir técnicas de ahorro de agua y energía.

Y finalmente, Israel ha creado y refuerza de continuo una cultura que acepta, y hasta admira, la conservación del agua como parte de lo cotidiano, mientras que sus habitantes pueden gozar de un estilo de vida de clase media con comodidad. No existe ni se ha difundido en el país norteamericano una manera de pensar comparable que haga hincapié en el hecho de que la conservación no implica sufrimiento. En un mundo donde el agua es un recurso limitado, ahorrar hoy permitirá vivir sin urgencias mañana.

Cuando Israel decidió que quería mejorar su infraestructura hídrica nacional, que ya era adecuada, tomó la decisión de cobrar el precio real del agua para poder financiar el proceso. En consecuencia, el consumo a nivel nacional cayó rápida y sustancialmente, tanto en el campo como en la ciudad. Aumentar el precio del agua no fue una medida que se tomara en principio para conservar el recurso, pero este fue un resultado positivo que generó cambios de comportamiento a largo plazo. Las tarifas de agua racionales —y universales— en California y en cualquier otra parte inevitablemente darán lugar a mejores políticas de agricultura, más innovación, mayor participación ciudadana y pondrán fin al uso irracional del agua.

Si el mejor resultado de la inminente crisis hídrica mundial, que ahora afecta a los Estados Unidos y a otros países prósperos, fuese que todos tomaran como fuente de inspiración las medidas de Israel en cuanto a planificación, conservación, fijación de precio y uso del agua a largo plazo, el peor resultado sería que la inercia burocrática, el egoísmo de los grupos de poder, los funcionarios tibios, las empresas de servicios públicos que no asumen riesgos y un público distraído hicieran que algunos o todos los desafíos conocidos respecto del agua se pospusieran para otro momento.

Si bien Israel inventó muchas de las soluciones que cambiaron el mundo de los recursos hídricos, lo que destaca al país no es la tecnología —conocida en su totalidad y disponible para todos— sino el alcance de la adopción de estas técnicas. En todo el Estado se pueden ver pósteres que instan a ciudadanos y visitantes a hacer que cada gota cuente. Esa manera de pensar puede ser la solución más importante de todas para un mundo sediento.

La escasez de agua de los Estados Unidos puede parecer más chocante o improbable, tal vez, que la de lugares lejanos como Brasil —o la de países menos desarrollados—. Esto se debe a que siempre se consideró la tierra de la abundancia. Los recursos siempre parecieron tan inagotables como la luz del sol o el aire, y la abundancia, un derecho adquirido de los estadounidenses. Pero con la escasez del agua ya instalada y empeorando, las posibilidades son o prepararse para cuando llegue lo peor, como lo hizo Israel a comienzos de la década de 1930, o prepararse para sufrir consecuencias desconocidas pero duras. Las acciones de hoy, indudablemente, se sentirán en diez años o más. Con la aceleración de la crisis mundial del agua, no hay tiempo que perder.

PARTE IV

CÓMO LO HIZO ISRAEL

12

FILOSOFÍA RECTORA

Si no sabes hacia dónde te diriges,
da igual el camino que escojas.

Alicia en el país de las maravillas,
LEWIS CARROLL

En aproximadamente diez años, comenzando con el cambio de siglo, Israel pasó de la escasez de agua y el miedo a la sequía a la abundancia del recurso y la independencia de las condiciones climáticas. Este cambio drástico fue posible gracias a los anteriores setenta años, período en el cual un plantel de ingenieros, científicos y políticos brillantes desarrolló la experiencia, la tecnología y la infraestructura hídrica del país. Estos líderes y visionarios adoptaron una filosofía pragmática respecto del agua que sirvió de directriz para aquellos que los sucederían.

Es tanto una nación ancestral como un país joven, y cada parte de esta personalidad dividida contribuye a su estabilidad y éxito. Sus tradiciones milenarias y el apego a la Tierra de Israel le otorgan el sentido de arraigo y la fuerza en un terreno y una región implacables. Su identidad moderna —un joven Estado que valora las ideas nuevas y el pensamiento disruptivo— le imprime un desasosiego que se traduce en experimentación y aceptación del cambio. Shimon Peres, expresidente de Israel, dijo en una entrevista durante su mandato que «el mayor aporte judío al mundo ha sido la insatisfacción», algo que, aseguró, «es malo para los líderes de un país, pero muy bueno para la ciencia y el progreso»[1].

En el «Israel inquieto», los principios centrales para el mejor control del agua tuvieron una amplia aceptación. Este consenso explica el motivo por el cual el país es hoy un caso de éxito en materia hídrica. Logró muchos triunfos, entre ellos, militares, tecnológicos, sociológicos y económicos. Pero el éxito obtenido en la cuestión hídrica es igual de asombroso. «De 7000 millones de personas que viven en el mundo hoy —dice Haim Gvirtzman, profesor de Hidrología de la Universidad Hebrea— solo aproximadamente 1000 millones cuentan con agua segura, siempre disponible y de alta calidad. La mayoría de ellos viven en zonas húmedas, como América del Norte o Europa. Lo que resulta sorprendente es que Israel, que se asienta en una región árida, cuente con sistemas hídricos seguros y confiables. Esto es más difícil de lograr de lo que podría imaginarse».

Por supuesto, no todo lo que hizo en la materia —ni aun los éxitos— debería copiarse en todas partes. Algunos países cuentan con grandes cantidades de agua natural o de precipitaciones y no necesitan desalinizar el agua ni construir depósitos para captar las lluvias caídas en una breve estación. Otros simplemente son demasiado pobres para asumir todos los elementos que adoptó un país moderno como Israel, que tiene al agua como centro de sus políticas y cuya prosperidad crece vertiginosamente. Pero si algunas de las técnicas, las obras de infraestructura o las tecnologías que hoy emplea no se adaptan a todos, tal vez su filosofía en la gestión del agua sí lo haga.

Como todo país, Israel tiene una identidad nacional singular. Pero no se requiere adoptar su cultura e historia para que su filosofía en cuanto al agua —o parte de ella— se transforme en el fundamento de la cosmovisión que un país o Estado tenga en esta materia. Las ideas pueden adaptarse a diversos escenarios económicos y sociales.

Los siguientes doce elementos constituyen, individual y conjuntamente, la clave para entender la filosofía (y el éxito) de Israel en la cuestión del agua.

«EL AGUA LE PERTENECE A LA NACIÓN»

Los israelíes creen que la propiedad y la gestión pública del agua generan los mejores resultados para todos, incluso en un en país dinámico y de libre mercado como el suyo. Desde la década de 1930, y según lo dispuesto por la visionaria Ley de Recursos Hídricos de 1959, toda el agua que se encuentra en Israel es de propiedad común. Esto le permitió al país planificar para las mayores necesidades de toda la sociedad, al tiempo que tomó en consideración todos los recursos disponibles.

Coherentes con su voluntad de ceder el control del agua al Gobierno, los israelíes de todo el espectro económico y político se sienten perplejos ante un planteamiento (caótico) de libre mercado sobre la cuestión del agua. «Israel prioriza el agua según el máximo y mejor uso —dice Haim Gvirtzman, el profesor de la Universidad Hebrea que también participó de investigaciones avanzadas en la Universidad de Stanford, en California—. En los Estados Unidos, es gratis para todos. ¿Y con qué resultado? Por citar solo un ejemplo, no alcanza para algunas ciudades en California y Arizona y, al mismo tiempo, se emplean grandes cantidades para la agricultura en cultivos que podrían producirse en otros lugares. Es ilógico desperdiciar agua en regar explotaciones agrícolas por inundación mientras que la gente de la ciudad de Los Ángeles y otras sufren restricciones hídricas. En Israel el agua le pertenece a la nación y decidimos cómo utilizarla mejor para el bien superior»[2].

La importancia de la planificación centralizada se encuentra incorporada en esta faceta de la filosofía hídrica de Israel, aun dentro de un país que suele preferir las soluciones de libre mercado. «Gestionamos todo el ciclo del agua, desde la primera gota hasta su uso final —dice el profesor Uri Shani, exdirector de la Autoridad del Agua de Israel (organismo gubernamental independiente que coordina y autoriza la cantidad de agua que se produce y de dónde se obtiene, así como también hacia quiénes se destina y a qué precio) —. La gestión del agua se encuentra completamente centralizada. Cada bomba, cada perforación y todo volumen asignado requiere un permiso. Planificar y asignar cada gota ha sido la clave de nuestro éxito»[3].

EL AGUA A BAJO COSTE ES CARA

Los consumidores fueron educados para creer que cuanto menor es el precio, más satisfechos deberían sentirse. En general, esto es cierto, dado que el precio que pagan por bienes o servicios refleja su coste real más la ganancia. Se benefician tanto el comprador como el vendedor. El agua es la excepción internacional a este principio económico fundamental. En todo el mundo los subsidios constituyen la norma, dado que nadie paga el coste real de lo que usa, especialmente cuando se trata de cultivar los alimentos que consumen. En Israel aquellos que utilizan el agua cubren el coste total, sin un centavo de subsidio del Gobierno.

«El coste real del agua —dice Gilad Fernandes, economista y funcionario ejecutivo de la Autoridad del Agua de Israel— incluye el desarrollo del recurso, la infraestructura que debe construirse para transportarla, la evaluación y el tratamiento necesarios para que sea segura para el consumo, el bombeo a los hogares para garantizar su plena disponibilidad y la retirada y tratamiento de aguas residuales para no poner en peligro los ríos o acuíferos». Si bien otros pocos países aplican el precio en función del coste real, en muchos lugares del mundo es común que los usuarios paguen apenas más que el coste de bombeo a sus hogares o una tarifa plana mensual, como mucho[4].

La razón más importante para fijar tarifas de agua y servicios sanitarios en función de su coste real es dejar que interactúen las fuerzas de mercado. Los precios reales alientan a los consumidores a usar toda el agua que necesitan, pero no más. Israel ha demostrado que los precios reales son la herramienta de conservación más efectiva de todas.

Al permitirse la interacción de las fuerzas del mercado en Israel, los agricultores, que son los mayores usuarios de agua en todas partes, deciden qué variedades cultivar teniendo en cuenta el coste real de hacerlo. A fin de evitar gastos y desperdicios innecesarios, reciben incentivos para emplear la mejor tecnología disponible en pos de ahorrar agua. Como el mercado de ideas tendentes al ahorro del recurso se desarrolló en Israel en respuesta al coste que todos los usuarios debían afrontar, un mayor número de emprendedores comenzó a dirigir su capital y sus proyectos al desarrollo de formas de reducir aún más el consumo. Esto originó un círculo virtuoso de ahorro de agua e innovación tecnológica que sería mucho más grande si el recurso tuviese el precio de su coste real en todas partes.

Para los consumidores que conocen el agua embotellada hipercostosa, la fijación de precio según el coste real para el agua dulce puede sonar como una gran carga y dar motivos para temer que el abastecimiento residencial alcance esos valores estratosféricos. Sin embargo, el precio del agua calculado según su coste real es mucho menor de lo que la mayoría de la gente imagina. E incluso con precios muy bajos, el criterio de determinación según el coste real produce un efecto profundo y duradero sobre el consumo.

Israel subsidió el agua durante muchos años. Recientemente dejó de hacerlo y adoptó la fijación del precio según el coste real, manteniendo, sin embargo, valores más bajos para quienes utilizan menos. Para la mayoría de los hogares, asciende a poco más de un centavo de dólar cada cinco litros, o menos de veinticinco centavos por una ducha normal. Para los grandes consumidores residenciales, alcanza aproximadamente los dos centavos cada cinco litros. A pesar de este coste muy pequeño, al eliminar los subsidios generalizados, Israel transformó la demanda hídrica del país. El consumo disminuyó casi un 20 por ciento[5].

Cuando los funcionarios israelíes explican el sistema de fijación de precios para el agua, con frecuencia lo comparan con la luz del sol, algo que se considera gratuito e inagotable. La determinación del precio del agua según el coste real ayuda a transformarla de un bien gratuito que puede usarse de manera irrestricta a un producto básico con límites.

EL AGUA PARA UNIFICAR EL PAÍS

Ser un país de una extensión reducida como Israel no conlleva muchos beneficios, pero para la gestión del agua ha sido una bendición. Desde antes de la creación del Estado, Mekorot, la empresa nacional de servicios hídricos, ha transportado el recurso hacia donde es necesario. «La competencia reduce costes —dice Ronen Wolfman, actualmente uno de los jefes de la compañía de agua sino-israelí Hutchison Water y defensor de la competencia comercial en general—, pero la existencia de múltiples empresas de servicios públicos hubiese llevado a la duplicación, así como a un servicio de menor calidad, o bien a costes más altos. En cambio, Mekorot puede operar para el beneficio público en todas partes»[6].

El agua de Israel combina distintas fuentes, y nadie recibe tratamiento preferencial en la calidad ni acceso a una mayor cantidad. Quienes están en condiciones de pagar reciben tanta como desean. Del agua de los pobres se encargan las mismas organizaciones de bienestar social que ayudan a los indigentes con el alquiler, los alimentos y los gastos de salud. Pero alguien paga cada gota.

Asimismo, independientemente del lugar donde vivan, todos los consumidores pagan el mismo precio. Si un hogar está al lado de un pozo, tiene agua disponible a poca distancia o está ubicado sobre una montaña y requiere un costoso bombeo, el valor no cambia. Si bien con este precio nacional unificado no todos pagan el coste real individual por el agua que utilizan, todos abonan el mismo precio y tienen un interés común y unificador en la conservación y la innovación.

El agua también sirve para unificar de otra manera. Es una fuente de orgullo para los israelíes que su país haya superado todo tipo de impedimentos para contar con el sistema hídrico más sofisticado de su región, una infraestructura por lo menos equivalente a la de los más pudientes del mundo —la mayoría de los cuales se asientan en regiones ricas en agua—.

Yossi Shmaya, ejecutivo que administra una de las plantas más grandes de Mekorot, habló en nombre de muchos cuando dijo: «Estoy tan orgulloso de nuestros logros en materia hídrica. Todas las personas que trabajan en esta área dicen lo mismo. No es simplemente un trabajo. Es una misión nacional. Israel es comparable no solo con nuestros vecinos, sino con todo el mundo, y nadie logró lo que logramos nosotros»[7].

O como dijo Ori Yogev, funcionario ejecutivo gubernamental y exempresario de recursos hídricos: «Nuestra conquista del agua fue como ganar una segunda guerra por la independencia»[8].

En la mayor parte del mundo el agua es una fuente de desunión. Israel encontró una forma de utilizarla como fuente de cohesión nacional.

ENTIDADES REGULADORAS, NO POLÍTICOS

Las decisiones sobre el agua parecerían maduras para la política. Los políticos a menudo deciden quién recibe qué cosa en la sociedad. Por lo menos en teoría, si asignan mal los recursos, serán retirados de su cargo a través del voto y los nuevos políticos electos se ocuparán del problema. Pero Israel considera que el agua es algo demasiado importante para dejarlo en manos de los políticos.

Debido a la realidad electoral, en todo el mundo las autoridades que llegan a sus cargos mediante el voto de los ciudadanos se muestran renuentes a destinar más fondos al agua. Los beneficios de la nueva infraestructura hídrica se obtienen a largo plazo, quizá después de que el político que la proyecta haya dejado su cargo, o por lo menos ese cargo. Aumentar los impuestos o emitir bonos hoy para pagar una costosa obra hídrica cuyo mérito le será reconocido a un sucesor no tiene demasiado sentido político. Por el contrario, pueden destinarse fondos públicos a proyectos más visibles, como parques, escuelas y hospitales, que probablemente se traduzcan en un reconocimiento popular más inmediato. Las tarifas que se cobran para el servicio de agua y saneamiento hasta pueden emplearse para zanjar brechas en otros renglones del presupuesto público.

Pero como ocurre con otros movimientos impulsados por los ciudadanos —principalmente el ambiental—, las prioridades de los políticos seguirán los intereses del compromiso público amplio. Sin embargo, hasta que llegue ese día probablemente o ignoren los temas hídricos o favorezcan la asignación de agua a aquellos seguidores políticos suyos con un interés en el agua.

Para evitar el tratamiento preferencial de los grupos especiales de interés y los amigos de los políticos electos y sostener la inversión en infraestructura, tecnología e innovación, el país decidió mantener la política y a los políticos fuera de la toma de decisiones respecto del agua. Se creó una estructura de regulación centralizada formada por expertos técnicos —la Autoridad del Agua de Israel— y se quitó poder a diversos Ministerios que supervisaban el agua.

A semejanza de la estructura regulatoria nacional, cada ciudad o pueblo cuenta con una empresa de servicio de agua local apolítica. El alcalde designa la junta directiva, pero cada candidato, hombre o mujer, debe contar con aptitudes específicas para resultar nominado. La meta a nivel local es la misma: desvincular a los políticos y la política de la toma de decisiones en materia hídrica[9].

CREAR UNA CULTURA DE RESPETO AL AGUA

En todo Israel existen carteles que les recuerdan a los consumidores su deber de conservar el agua. El papel de cada ciudadano en el ahorro comienza a enseñarse desde los primeros años de la escuela, y el principio arraiga. El público puede estar disconforme con las restricciones hídricas o los reductores de caudal en las duchas, pero entienden el motivo por el cual son necesarios.

Un efecto positivo de la cultura israelí de respeto del agua es que crea una asociación entre el Gobierno y los gobernados. Cuando azotan sequías periódicas, el público entiende lo que se espera de ellos. El cumplimiento con los esfuerzos para reducir el consumo se respeta.

Esta educación permanente para la conservación sirve a los intereses hídricos del país no solo en épocas de escasez. La mentalidad basada en que «estamos todos juntos en la misma situación» ayuda a fomentar el activismo ciudadano para encontrar nuevas maneras de ahorrar agua y no desperdiciarla.

El agua en Israel se encuentra bajo el dominio del Gobierno. Pero la innovación hídrica se ha convertido en el de cualquier persona, empresa u organización dispuesta a innovar en un mercado siempre ávido de nuevas formas de pensar. Este planteamiento profundizó el sentido de asociación en torno a la cuestión del agua entre el Gobierno y el ciudadano.

TODO LO ANTERIOR

Consideremos lo que hace Israel para obtener agua limpia, segura y disponible de manera irrestricta:

Bombea y purifica agua natural de sus acuíferos, pozos y ríos así como del mar de Galilea.

Desaliniza el agua marina.

Perfora pozos profundos para extraer agua salobre.

Desarrolla semillas que prosperan en agua salada.

Trata casi todas sus aguas residuales hasta lograr un alto nivel de pureza y las reutiliza en cultivos.

Capta y utiliza el agua de lluvia.

Desalienta el uso de arreglos paisajísticos consumidores de agua dulce en parques y hogares.

Siembra nubes para aumentar las precipitaciones.

Exige que todos los artículos del hogar (especialmente los inodoros) sean extremadamente eficientes en el consumo de agua.

Reemplaza la infraestructura antes de que comiencen las fugas y, cuando estas aparecen, las arregla de inmediato.

Educa a los niños en las escuelas sobre el valor de la conservación del agua.

Asigna un precio al agua para alentar la eficiencia.

Ofrece incentivos financieros a las tecnologías que ahorran agua.

Experimenta con ideas tendentes a reducir la evaporación.

Transformó la agricultura para desarrollar cultivos eficientes en el consumo de agua.

Emplea el riego por goteo para la mayor parte de sus cultivos.

Esta lista es extraordinaria no solo por ser extensa y abarcadora. Más bien representa la convicción israelí de que no existe una única respuesta a las preocupaciones del país respecto del agua. Obviamente algunas técnicas producen o ahorran más agua que otras. Pero a pesar del excedente que se logra de forma fácil con la desalinización, los profesionales hídricos de Israel han adoptado un planteamiento del tipo enumerado en todo lo anterior, que integra de manera consciente todas las fuentes posibles de agua y todas las tecnologías posibles para la conservación.

«Construir un sistema nacional con redundancia y fuentes de agua super-puestas —dice Shimon Tal, reciente director de la Comisión de Agua de Israel— es caro y requiere experiencia en muchas áreas. Significa que nuestra burocracia debe ser más grande de lo que sería si se utilizara un planteamiento con un enfo-que más reducido. Por otro lado, también es liberador, dado que sabemos que Israel contará con disponibilidad de agua de alta calidad en cualquier momento, que nuestra economía y nuestra agricultura tienen la posibilidad de crecer, de recibir a nuevos inmigrantes y a millones de turistas y que, sobre todo, no necesi-tamos compartir las preocupaciones sobre escasez de agua que tienen perso-nas de todo el mundo y, más en concreto, de toda nuestra región. Puede fallar cualquier parte de nuestro programa en forma individual —una planta desali-nizadora a consecuencia de una guerra o un acuífero por la sequía— y nadie verá interrumpido su suministro de agua»[10].

UTILIZAR LAS TARIFAS DE AGUA PARA EL AGUA

La creación de empresas municipales de servicios en todo Israel le quitó a la autoridad municipal el control local de la gestión del agua y se lo entregó a una junta local de expertos técnicos dedicados solo a ello. Según la nueva estructura de gestión, el cien por cien de las tarifas de esta área se emplean para su propósi-to original: asegurar un sistema hídrico local y nacional de excelencia.

Ya con disponibilidad de ingresos predecibles y suficientes, la Autoridad del Agua de Israel pudo financiar dos metas clave. Primero, quería fondos suficientes para reparar la infraestructura local dañada y, al mismo tiempo, construir un siste-ma nacional para conducir agua desalinizada desde el mar Mediterráneo. Segundo, quería que las empresas municipales utilizaran más tecnología e innovación[11].

Hoy se invierte más en ambas y con los resultados esperados. Se controlaron las pérdidas, y esto permitió devolver miles de millones de litros al suministro nacional cada año. Las empresas se convirtieron en centros de ensayo de alta tec-nología para ideas factibles. Cuando en el sistema hídrico de una ciudad prospera una nueva tecnología, rápidamente se adopta en otras compañías de agua de Israel. Con este planteamiento, cada ciudad cuenta con el potencial para con-vertirse en un laboratorio de innovación hídrica y los empresarios del agua del país saben que tendrán acceso a un nuevo tipo de asociación público-privada.

En general, las empresas de servicios públicos no se destacan por su rápida innovación ni por ser las primeras en adoptar la tecnología. Las de Israel pasaron

de ser tradicionalistas y renuentes al riesgo a convertirse en centros de innovación. Los consumidores también saben que las tarifas de agua se utilizan para
garantizar que el país continúe adelantándose a sus necesidades hídricas.

SE BUSCA INNOVACIÓN

Por consenso popular, el sector hídrico israelí se controla de forma centralizada, y la fijación de precios, la asignación y la planificación están a cargo de una
autoridad gubernamental compuesta por expertos técnicos. De cualquier manera,
la política de Gobierno alienta la innovación impulsada por actores privados, así
como las asociaciones público-privadas.

Solo en la última década se pusieron en marcha más de doscientas iniciativas
relacionadas con el agua en Israel, el equivalente a casi el 10 por ciento de las surgidas en todo el mundo en este periodo[12]. La mayoría de ellas se centran en innovaciones sobre tecnologías existentes, si bien algunas constituyen ideas avanzadas
vinculadas a planteamientos totalmente novedosos sobre el uso del agua o del agua
residual. El Gobierno israelí así como alentó la creación de industrias kibutz en las
décadas de 1960 y 1970, también promovió muchas iniciativas a través de una mentalidad nacional que abraza las nuevas ideas y no estigmatiza los fracasos. Esta
generación de iniciativas también recibe con frecuencia incentivos financieros.

En Israel existe un tipo especial de empresa matriz —la incubadora— para
encontrar innovaciones y solicitar apoyo del Gobierno a fin de hacer despegar las
ideas emprendedoras[13]. De la misma manera, Mekorot, la empresa de servicios de
agua propiedad del Gobierno nacional, no solo otorga financiación a las iniciativas con ideas prometedoras, sino que también colabora, donando hasta miles de
horas de tiempo de funcionarios ejecutivos, con el desarrollo del producto —que
es propiedad de una empresa privada—[14]. Las empresas de servicios públicos
municipales también reciben subsidios del Gobierno para desempeñar un papel
similar en el ensayo de nuevas ideas en entornos reales. Ofrecen la colaboración
de sus ingenieros sin coste y se las alienta a compartir las mejores ideas con otras
empresas de servicios públicos municipales[15].

Al ver al sector privado como un socio para el desarrollo de la economía hídrica sofisticada de Israel, las autoridades regulatorias nacionales evitan algunos de
los impedimentos comunes en otros entornos gubernamentales o burocráticos
del mundo. Las luchas de poder son poco frecuentes en el campo de la innovación
hídrica, al igual que el síndrome «no se inventó aquí», que puede provocar el sa-
botaje de nuevas ideas tanto en esta área como en otras.

Israel también recurre a los activos del Gobierno cuando lo considera necesario y se vuelca en el sector privado cuando busca soluciones que exigen precios

más bajos o mayor innovación. A pesar de la sofisticación de Mekorot en la desalinización, el Gobierno eligió a un consorcio privado para construir la mayoría de las instalaciones desalinizadoras de agua salada dado que consideraba que el sector privado podía proveer agua a menor precio. Aun así, Mekorot fue convocada para compartir su tecnología punta con los contratistas privados para lograr el mejor resultado[16].

Si se considera que el agua se encuentra a menudo bajo el dominio del Gobierno, alentar la participación del sector privado es una política industrial sabia.

MEDIR Y CONTROLAR

A mediados de la década de 1950 Israel aprobó una ley que prohibía que el caudal de agua desde un pozo fuera conducido hacia un hogar, empresa o colonia agrícola sin que primero pasara por un contador de agua[17]. Antes de que los grandes datos informatizados se volvieran comunes —y décadas antes de que ciudades grandes como Londres abandonaran el abono mensual plano a favor de los contadores de agua—, Israel comenzó a compilar información detallada sobre los patrones de consumo de agua y a analizar dichos patrones para detectar tendencias[18]. Con este planteamiento de alto nivel centrado en los datos, los planificadores del área cuentan con aquellos que hacen falta para decidir si deben explorar en busca de agua y cuándo hacerlo, desarrollar recursos y construir instalaciones —todo antes de que el público sepa siquiera que dichas acciones son necesarias—[19].

«Si deseamos manejar nuestros recursos hídricos —dice el doctor Diego Berger, hidrólogo de Mekorot—, es necesario conocer los patrones de uso del consumidor. Israel conoce exactamente la cantidad de agua que se consume y para qué fines. Con este conocimiento, los planificadores pueden tomar decisiones inteligentes»[20].

Además de las grandes decisiones, como expandir la exploración, las empresas de servicios públicos de Israel han podido emplear los patrones de uso para detectar anomalías que indican una pérdida. Cuando los patrones de uso parecen sospechosos, se envía una alerta rápidamente. Si el dueño de casa o el administrador de una propiedad estaban llenando un tanque o una piscina, se cierra el expediente. El agua se utilizaba como corresponde. Pero cuando no se encuentra una explicación conocida, una cuadrilla de reparación está lista para atender la fuga de inmediato. Esto no solo genera ahorro en las cuentas de agua de los consumidores, sino que mantiene las pérdidas de agua en el mínimo posible[21].

Israel no solo realiza un seguimiento de la cantidad, sino que tiende una red igualmente amplia para controlar y compilar información diversa sobre la calidad.

«Con todos los datos sobre el agua que tenemos en nuestro sistema —dice Yossi Shmaya, funcionario ejecutivo de Mekorot—, podemos ver un problema antes de que se desencadene. Sabemos lo que se considera normal en un momento dado del año o con determinada temperatura».

Shmaya se muestra discreto sobre el control de la seguridad hídrica de Israel, pero dice: «No es el único país que debe preocuparse por los ataques contra el agua. Las toxinas pueden provenir de muchas fuentes, no solo de los terroristas. Todos necesitan contar con sistemas que permitan detectar amenazas. Todos deben tener la capacidad de detener de inmediato el flujo de agua contaminada y reemplazarla por una fuente de pureza garantizada para que los consumidores jamás tengan que pensar dos veces sobre la seguridad del agua»[22].

Otros países miden y controlan también. «Lo que hace que Israel sea singular es lo amplia e integral de la solución —explica Diego Berger—. Cuantos más datos se tienen y cuantos más sistemas de alerta temprana se implementan, más fácil es integrar las distintas partes del suministro hídrico»[23].

Planifica hoy hacia el futuro lejano

En todo el mundo los acuíferos que deben haber tardado miles o millones de años en llenarse han sido agotados por la sobreexplotación o contaminación química apenas en las últimas décadas. Los agricultores y las ciudades que dependen de estos depósitos subterráneos pronto necesitarán o reducir sustancialmente sus extracciones —a pesar del coste económico que ello ocasionará— o encontrar otras fuentes de agua.

Debido a la falta de planificación a largo plazo hoy estos acuíferos están en peligro. El país viene desarrollando planes maestros continuos desde la década de 1930 y ya hace varios años que trabaja en su plan hídrico para 2050. «En Israel —dice Michael Miki Zaide, jefe de planificación estratégica de la Autoridad del Agua de Israel— todos deben coordinarse con el plan maestro. En todo el mundo existen muchos lugares que cuentan con planes maestros. No somos los únicos en ese sentido, pero dichos planes rara vez son obligatorios. Aquí planificamos y luego desarrollamos el plan estrictamente»[24].

«Israel realiza una excelente planificación —dice Menachem Priel, jefe del departamento de desalinización de Mekorot—. Pero va más allá: nuestros planes también incluyen la manera de lograr un mejor aprovechamiento de la tecnología de vanguardia. Integramos la planificación y los nuevos planteamientos e ideas. Debido a que planificamos a plazos tan largos, podemos pensar en tecnología e infraestructura que podría necesitarse, pero aún no existe. La perspectiva en décadas nos da el tiempo para desarrollar e integrar estas ideas»[25].

Siempre existirá la posibilidad de que surjan sorpresas. Sequías prolongadas, explosiones poblacionales o nuevas tecnologías intensivas en cuanto al consumo de agua podrían causar un déficit hídrico, a veces abruptamente. Pero la planificación también puede considerar crisis periódicas, de modo que las sorpresas sean menos dolorosas. Un suministro de agua abundante puede ser una ilusión si no existe planificación acerca de en qué medida podría agotarse. Asimismo, el abastecimiento puede interrumpirse de manera abrupta si no se aplican y controlan constantemente las normas de calidad para asegurar su cumplimiento.

Mientras que la gente piensa en términos de meses y años, los planificadores hídricos necesitan plantear las actividades en términos de décadas. Un acuífero o un lago no se secan en un año o dos, pero la polución, la sobreexplotación o el cambio climático pueden representar una condena irreversible para los recursos hídricos en una generación. La planificación de largo alcance requiere de un planteamiento disciplinado para que cada generación legue mejores recursos hídricos a sus herederos.

SE BUSCAN DEFENSORES

En casi todo el mundo, el agua recibe poca atención de los medios y pocas opiniones de parte del público. En general, salvo en los casos de una tubería rota que pierde a chorros como noticia destacada en el telediario de la noche, o una crisis como una sequía prolongada, que suele presentarse como si la escasez de agua llegara sin previo aviso, los distintos medios muestran poco interés. Asimismo, los temas hídricos raramente concitan la preocupación popular. Una ciudadanía informada —incluso líderes empresariales y de la comunidad, así como medios comprometidos— deben ser parte de la planificación y de las soluciones a las necesidades de agua. «El Gobierno es profundamente consciente de los temas energéticos —dice Pat Mulroy, jefe del organismo de recursos hídricos de Las Vegas y las áreas circundantes desde hace muchos años— debido a que las empresas de energía lograron educar a los políticos en cuanto a sus necesidades. El agua la administran las empresas de servicios públicos o los organismos gubernamentales, y no queda nadie para educar a los políticos en cuanto a los problemas hídricos que vendrán»[26].

Como resultado, explica Mulroy, la inversión en agua y planificación solo recibe una parte de la atención del Gobierno y los empresarios, comparada con la que recibe la producción de energía. Para remediar esto, dice, el agua necesita sus propios defensores dentro del Gobierno.

En Israel desde hace mucho tiempo el agua tiene defensores en las altas esferas gubernamentales. Al comienzo el principal defensor de la política hídrica fue el primer ministro David Ben Gurión. Y un sucesor suyo, el tercero en ocupar ese cargo —Levi Eshkol— fue cofundador y jefe durante muchos años de Mekorot, la empresa nacional de servicios hídricos.

Hoy instituciones públicas poderosas como la Autoridad del Agua de Israel, Mekorot y los grupos de agricultores tienen acceso a otros ejecutivos en el Gobierno, como lo tienen muchas de las corporaciones de agua municipales que se distribuyen en más de cincuenta ciudades y comunidades israelíes. Además, los intereses del público respecto del agua cuentan con un funcionario gubernamental de alto rango dedicado al tema; un miembro del Gabinete del primer ministro es responsable de esos asuntos. Si bien cada uno individualmente puede defender las políticas de agua responsables, todos juntos crean un grupo de defensa poderoso y bien conectado que mantiene la atención en la financiación y la planificación adecuada. Contrariamente a otros lugares, esta élite defensora del agua con fuerza institucional y funciones que se complementan, se asegura de que el país no tenga que esperar a que se desate una crisis antes de abordar las necesidades hídricas. Los medios populares de Israel cubren las noticias relacionadas con el agua y el público se encuentra generalmente bien informado sobre los temas hídricos.

Al contar con elocuentes y respetados defensores del agua, la infraestructura hídrica recibe la atención y la financiación necesarias, y los empresarios reciben los incentivos adecuados para desarrollar tecnologías relevantes. Estos defensores han ayudado a Israel a convertirse en líder mundial en tecnología, control y gestión hídricos, al asegurar que las cuestiones relacionadas con el agua siempre estuviesen a la vanguardia en la toma de decisiones políticas en los más altos niveles del Gobierno y la sociedad.

EL MOMENTO DE ACTUAR ES ESTE

Con una inminente crisis hídrica global, la tendencia de Israel a dar pasos audaces puede constituir el aporte más importante de su filosofía respecto del agua a un mundo cada vez más necesitado de este recurso. A sabiendas de que los peligros frecuentemente acechan en el horizonte, adelantarse a una crisis es un elemento central de la gestión israelí. Esta mentalidad también permea al mundo del agua en el país. Por ende, al menos desde la década de 1930 el país se ha estado adelantando a los problemas hídricos antes de que se transformen en crisis.

Cuando solo existían fuentes locales, la comunidad judía comenzó a planificar y luego a construir redes nacionales para transportar el agua desde su origen hasta donde se necesitaba más. Cuando no existía aún un mercado interno para emplear aguas residuales tratadas para la agricultura, Israel empezó a construir infraestructura a nivel nacional para sostener lo que ha llegado a convertirse en el mayor nivel mundial de utilización de agua recuperada. Mientras que opositores poderosos instaban a no construir plantas desalinizadoras, y cuando hubiera sido más fácil seguir con la política hídrica existente, el país tomó la decisión de construir una, muy costosa, que fue rápidamente seguida por otras cuatro. Estas medidas audaces son modelos de las iniciativas necesarias para encarar la escasez de agua en todo el mundo.

«Si existe una lección importante para los demás en la experiencia del país —dice Abraham Tenne, funcionario ejecutivo de la Autoridad del Agua de Israel y reconocido especialista en temas de desalinización y de tratamiento de aguas residuales—, es no esperar hasta recibir todas las respuestas. Nosotros resolvemos las cosas lo suficientemente bien como para comenzar y avanzar en cada proyecto sabiendo que no será perfecto. No tiene que serlo, dado que sabemos que podemos arreglarlo en el camino».

La mentalidad de esperar hasta que todo esté perfecto, según Tenne, genera largas demoras. «Peor aún —asegura—, con frecuencia nada llega a comenzar. La necesidad de agua crece y los recursos de agua natural se agotan con consecuencias ambientales potencialmente terribles. No tomar medidas es también una forma de tomarlas. Es optar por el statu quo»[27].

Con una crisis de agua inminente, el tiempo de actuar es este. Israel ha mostrado la manera de hacerlo.

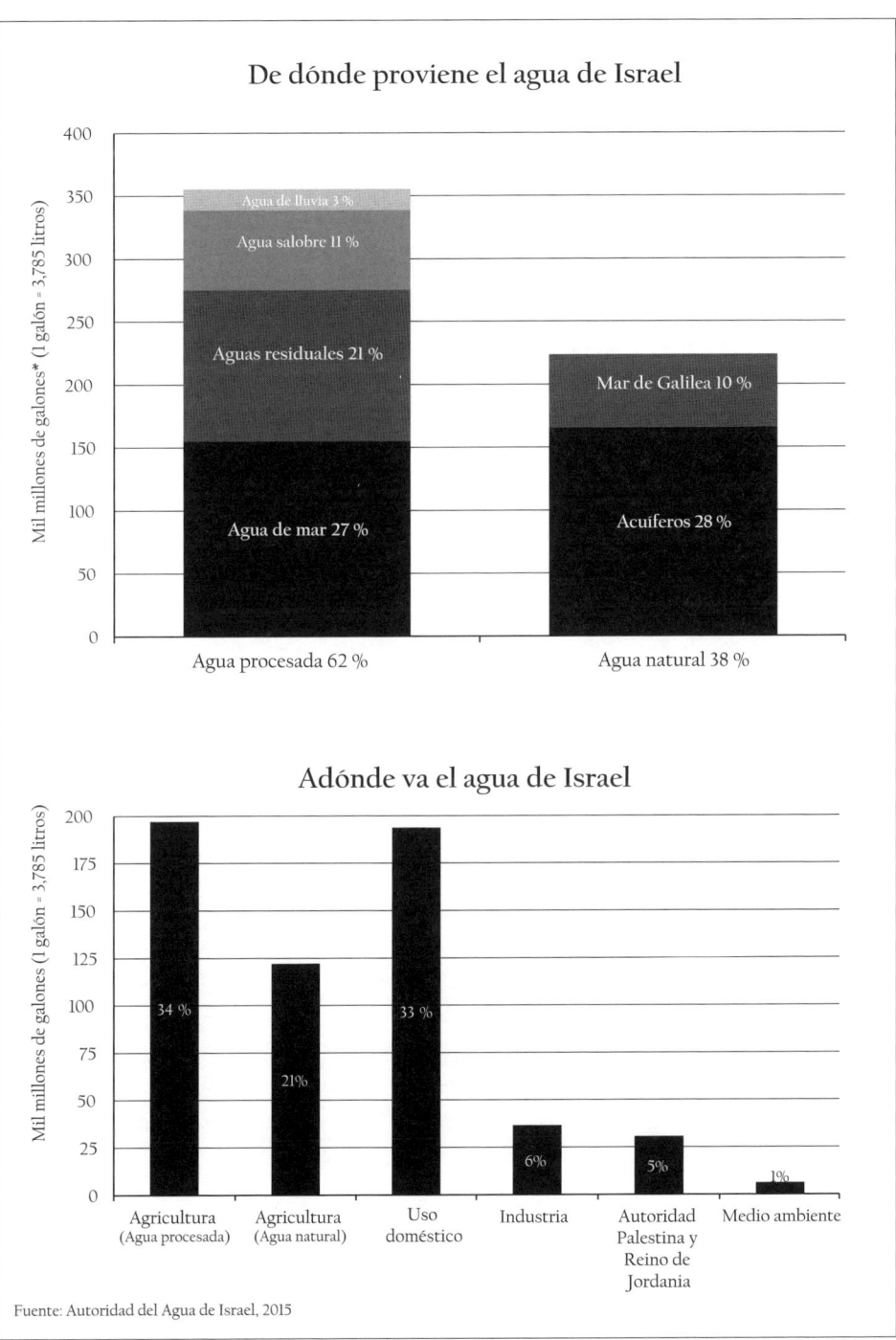

De dónde proviene el agua de Israel

Mil millones de galones* (1 galón = 3,785 litros)

Agua de lluvia 3 %

Agua salobre 11 %

Aguas residuales 21 %

Mar de Galilea 10 %

Agua de mar 27 %

Acuíferos 28 %

Agua procesada 62 %

Agua natural 38 %

Adónde va el agua de Israel

Mil millones de galones (1 galón = 3,785 litros)

34 %

21%

33 %

6%

5%

1%

Agricultura (Agua procesada)

Agricultura (Agua natural)

Uso doméstico

Industria

Autoridad Palestina y Reino de Jordania

Medio ambiente

Fuente: Autoridad del Agua de Israel, 2015

Agradecimientos

Tengo la enorme fortuna de haber contado con la ayuda de mucha gente para aprender y relatar la historia de la crisis hídrica global que adviene y el papel de Israel para ayudar al mundo a evitar lo peor de ella.

En total, entrevisté a más de doscientas veinte personas para el libro, a muchos de ellos más de una vez. Nunca dejó de asombrarme su generosidad con el tiempo que dedicaron a responder mis preguntas y también su voluntad de presentarme a otras personas. En su mayoría, los entrevistados fueron profesionales israelíes en materia hídrica —funcionarios, miembros de organismos reguladores, ejecutivos de empresas de servicios públicos, profesores, gente de negocios, emprendedores, líderes de ONG, ingenieros y otros—. El hilo conductor entre ellos fue un gran orgullo por el papel que había desempeñado Israel en el logro de su independencia hídrica y en compartir ese cúmulo de experiencia con el mundo. Su entusiasmo e integridad fueron inspiradores.

Si bien todos los entrevistados aportaron mucho a este libro, algunos se destacan. Shimon Tal se sentó durante el transcurso de nueve extensas entrevistas, a lo largo de más de un año, a explicarme con paciencia cada faceta del mundo del agua de Israel. Se convirtió en un modelo a imitar en razón de su amabilidad, paciencia y humildad. El doctor Moshe Gablinger no solo me contó historias notables de sus viajes por el mundo con Tahal, sino que también ejerció como mi tutor en Geología y otras áreas científicas relacionadas con el agua. El profesor Uri Shani me ayudó a entender la complejidad tanto de las ciencias del suelo como de las relaciones israelí-palestino-jordanas, entre muchas otras cosas. Naty Barak había estado involucrado en cada parte del surgimiento de la tecnología de riego por goteo y compartió con entusiasmo todo su conocimiento; en el proceso, nuestras familias se hicieron amigas. Westher Hess, la hija de Inez y Walter Clay Lowdermilk, ayudó a dar forma a las historias personales de esta pareja extraordinaria. Yitzhak Blass me facilitó una semblanza más acabada de su padre, Simcha Blass, el primer genio en temas hídricos del Israel moderno.

Muchos colaboraron de otras maneras. Ido Aharoni, cónsul general de Israel en Nueva York, y Nili Shalev, ministro de Economía de Israel para América del Norte, me presentaron en diversas oportunidades a personas clave en el mundo hídrico israelí. David Goodtree me invitó a participar en un seminario sobre el agua en Israel donde conocí a expertos en temas hídricos y también visité las principales obras de infraestructura hídrica. Asaf Shariv no solo me abrió muchas puertas en Israel, sino que también realizó las gestiones para que el presidente Shimon Peres aceptara ser entrevistado durante casi toda una extensa mañana. Oded Distel parece conocer a todos en la industria hídrica de Israel y me presentó a muchos.

Russell Robinson y Zevi Kahanov, de JNF-USA, han sido una fuente inagotable de conocimiento de los temas hídricos en Israel. Zevi falleció a mitad de este proyecto y su ausencia es dolorosa. Doron Krakow, de la Universidad Ben Gurión, me conectó con profesores de diversas disciplinas.

Osnat Maron, el archivista de Mekorot, me hizo llegar archivos llenos de informes para leer, algunos de comienzos de la década de 1950, y también docenas de fotografías que dieron vida a esos informes. Su colega Udi Zuckerman fue quien me abrió las puertas y ofició de traductor con el extraordinario plantel de profesionales, y también se prestó a una entrevista. Asimismo, Olga Slepner me ayudó a navegar por la Autoridad del Agua de Israel y, con buen humor, toleró mis múltiples peticiones de información y aclaraciones. Dillon Hosier, de la oficina del cónsul general de Israel en Los Ángeles, compartió los fundamentos de la relación entre Israel y California y me presentó a personas de ambos Gobiernos. Carolyn Starman Hessel me brindó sabios consejos en hitos cruciales. Dan Doctoroff, Phil Lerner, Yana Lukeman, Mike Pevzner, Michael Sonnenfeldt y Patricia Udell, cada uno contribuyó al proyecto de manera sustancial. Mi hija, Talia Siegel, me orientó respecto del diseño.

Tantos de los entrevistados me inspiraron para que contara esta historia importante. Entre ellos, Shmuel Aberbach, Rotem Arad, Diego Berger, Ilan Cohen, Shoshan Haran, Arie Issar, Eugene Kandel, Baruch *Booky* Oren, Huageng Pan, Chemi Peres, Sandra Shapira, Yossi Shmaya, Tami Shor, Abraham Tenne, Ronen Wolfman y Sivan Ya'ari, entre muchos otros.

También tuve la suerte de que varias personas se ofrecieran como voluntarios para leer y comentar el libro. Sam Adelsberg, Laureine Greenbaum, Oliver Herzfeld, Dan Polisar, Peter Rup y mi hijo, Sam Siegel, ofrecieron comentarios esenciales que me hicieron repensar los supuestos, volver a escribir secciones y capítulos enteros, y reorganizar la estructura del libro. Con cada una de estas seis personas estoy perplejo por su tiempo y dedicación al manuscrito. Este libro es mucho mejor debido a sus ideas y aportaciones.

Además de aquellos que leyeron todo el libro, hubo expertos en distintos temas que realizaron su crítica de capítulos específicos. El profesor Tuvia Friling leyó el capítulo sobre el Acueducto Nacional de Israel; el profesor Ronnie Friedman y Naty Barak, el de tratamiento y reutilización de aguas residuales; el profesor Rafi Semiat, el referido a desalinización, y el doctor David Pargament y el doctor Clive Lipchin, aquel sobre ríos. Cada uno agregó matices y claridad.

Donna Herzog, candidata a un doctorado en Estudios Israelíes, leyó casi todos los capítulos en los que he incluido material histórico y aportó comentarios profundos y sagaces. Me orientó en las colecciones de archivo y me enseñó la forma de utilizarlas. También tradujo muchos documentos importantes del hebreo al inglés. Alguna universidad inteligente la sumará a su cuerpo docente.

Dado el entorno político en el que se encuentra inmersa la cuestión palestino-israelí, me interesaba aprender sobre las reclamaciones mutuas de unos y otros, las penurias y, sobre todo, las oportunidades de cooperación. El exprimer ministro palestino Salam Fayyad generosamente me permitió entrevistarlo tres veces. Almotaz Abadi, de la Autoridad Palestina del Agua, no solo respondió muchas preguntas y me derivó informes, sino que también organizó entrevistas con profesores palestinos, otros funcionarios del agua y los líderes de varias ONG. Nunca conocí al profesor Yousef Abu Mayla —que vive en Gaza—, pero hablamos e intercambiamos correos electrónicos infinidad de veces. Él leyó amablemente un borrador tras otro del capítulo palestino e hizo decenas de comentarios que enriquecieron mucho mi conocimiento. Del lado israelí, entre otros, el profesor Eilon Adar, Gidon Bromberg, el embajador Nadav Cohen y el doctor Clive Lipchin respondieron un sinnúmero de preguntas, cada uno en varias sesiones. Muchas gracias también a Dave Harden, tanto por su servicio a aquellos que lo necesitan como por el conocimiento que compartió.

No puedo imaginar a un autor primerizo más afortunado que yo. Mi agente, Mel Berger, de William Morris Endeavor, se entusiasmó con el proyecto solo con la descripción y rápidamente vendió el libro. Marcia Markland, mi editora (y la persona que adquirió el libro), fue una gran entusiasta del proyecto y, a pesar del caos que debió ocasionar en su agenda, confió en mi juicio y aceptó retirar secciones que ya estaban terminadas para volver a escribirlas en su totalidad. También se convirtió en amiga. No alcanzan las palabras para describir a las personas de Thomas Dunne Books y St. Martin´s Press. Mi agradecimiento a Jeff Capshew, Laura Clark, Tom Dunne, Tracey Guest, Alastair Hayes, Kathryn Hough, Quressa Robinson y Pete Wolverton por tan maravillosa experiencia.

Cuando contraté a Jamie Black como asistente de investigación, nunca hubiera imaginado que alguien pudiera sentir el libro como propio igual que yo. Un joven con dones intelectuales excepcionales, también es un maestro de la organización y la tecnología, habilidades que desplegó a diario en este proyecto. Tenaz y permanentemente en busca de la perfección, Jamie se impulsaba y me impulsaba a replantearme de continuo algún elemento del manuscrito o la investigación. Espero seguir trabajando con él en el futuro.

Finalmente, quiero agradecerle a mi familia; a todos, especialmente a mi esposa, por haber escuchado tantas historias sobre el agua en los últimos años. Nuestros hijos, Alana, Sam y Talia, que, por encima de todas las cosas, colman nuestras vidas de alegría. Rachel Ringlerm, mi esposa y la madre de mis hijos, es mi amiga, compañera e inspiración. Cada día me siento conmovido por su sabiduría, generosidad y belleza. En reconocimiento de ello, le dedico este libro.

RELACIÓN DE ENTREVISTADOS

Los cargos que aquí aparecen corresponden al momento en que se realizó cada entrevista.

Por diversos motivos, algunos de los entrevistados prefirieron permanecer en el anonimato. Dado que ese requerimiento de atribución con reservas les permitió brindar la información con imparcialidad y en contexto, se omitieron sus nombres.

Rashad Al-Sa'ed, profesor de Ingeniería Sanitaria y Ambiental, Universidad de Birzeit.

Almotaz Abadi, asesor, jefe de la Unidad de Coordinación de Asistencia, Autoridad Palestina del Agua.

Alfred Abed Rabo, profesor de Química y Geohidrología, Universidad de Belén.

Shmuel Aberbach, subdirector de Hidrología retirado de Tahal.

Itzhak Abt, exdirector del Departamento de Agricultura, Agua y Ambiente, Centro Peres por la Paz; exdirector del CINADCO, Ministerio de Agricultura.

Yousef Abu Mayla, profesor de Estudios Hídricos y Ambientales, Universidad de Al Azhar, Gaza.

Eilon Adar, director del Instituto Zuckerberg para la Investigación Hídrica; profesor de Investigación en Hidrogeología y Zonas Áridas, Universidad Ben Gurión.

Refael Aharon, director general de Applied Cleantech.

Avi Aharoni, director del área de aguas residuales y reutilización de Mekorot.

Ido Aharoni, cónsul general de Israel en Nueva York.

Zvi Amit, gerente de desarrollo de semillas de Hazera Genetics Ltd.

Rotem Arad, vicepresidente de Alimentos y Bebidas para Estados Unidos, Europa y Japón de Atlantium.

Ruti Arad, hija de Aaron Wiener.

Uzi Arad, yerno de Aaron Wiener; exasesor en seguridad nacional de Israel.

Shaul Arlosoroff, exdirector de Mekorot; exvicecomisionado de recursos hídricos.

Natan Aridan, editor de Estudios Israelíes; Universidad Ben Gurión.

Danny Ariel, gerente del proyecto Caña de Azúcar y Minifundio de Netafim.

David Arison, director de Relaciones Comerciales Globales de Miya Arison Group.

Shaul Ashkenazy, presidente del directorio y exgerente general de Plasson.

Assaf Atar, coarchivista del kibutz Hatzerim.

Shaddad Attili, ministro del Agua de la Autoridad Nacional Palestina; presidente de la Autoridad Palestina del Agua.

Ornit Avidar, fundador y director ejecutivo de Waterways Solutions.

Ram Aviram, profesor de Política Hídrica, colegio Tel Hai; exembajador de Israel, Diplomacia Hídrica.

Dror Avisar, profesor de Hidrología Química y director del laboratorio de Hidrología Química, Universidad de Tel Aviv.

Yehuda Avner, autor del libro *The Prime Ministers*; exembajador de Israel.

Bonnie Azoulay, bióloga acuática de Mekorot.

Miriam Balaban, fundadora y editora de *Desalination and Water Treatment Journal.*

Moshe Bar, director global de Colaboración Externa para Desarrollo de Semillas de Syngenta

Naty Barak, director de Sostenibilidad de Netafim.

Nir Barlev, director ejecutivo de Ra'anana Water Corporation.

Assaf Barnea, director general de Kinrot Ventures.

Jehad Bashir, jefe de la Comisión Técnica Conjunta, Autoridad Palestina del Agua.

Sarit Bason, ingeniera en Desalinización de Mekorot.

Assaf Bassi, gerente de Investigación y Desarrollo (I+D) de Galcon.

Erika Ben-Basat, coordinadora de investigaciones, departamento de I+D, de Amiad.

Ronen Benjamin, director de Operaciones (COO) de Owini, división de Mitrelli; director del proyecto de Angola.

Diego Berger, hidrólogo de la cuenca del lago Kineret de Mekorot.

Nathan Berkman, cofundador de ADAN Technological and Economic Services Ltd.; exdirector ejecutivo de IDE Technologies.

Yitzhak Blass, hijo de Simcha Blass.

Oren Blonder, vicepresidente, Ventas y Comercialización de MemTech.

Saar Bracha, director general de Tahal.

Shmuel Brenner, exsubdirector, Ministerio de Medioambiente de Israel; profesor, Instituto Arava de Estudios Ambientales.

Gidon Bromberg, codirector en Israel de EcoPeace Middle East.

Ilan Cohen, exdirector del Departamento de Presupuesto, Ministerio de Finanzas; estratega de negocios.

Nadav Cohen, embajador, Diplomacia Hídrica, Ministerio de Asuntos Exteriores de Israel

Gabby Czertok, exdirector general de HydroSpin.

Arik Dayan, presidente y director general de Amiad.

Odel Distel, director del programa Israel NewTech, Ministerio de Economía de Israel.

Haim Divon, embajador israelí en los Países Bajos; exdirector del Centro de Cooperación Internacional (MASHAV), Ministerio de Asuntos Exteriores de Israel.

Ze'ev Efrat, director general de Aquarius Spectrum.

Sara Elhanany, directora de la División de Calidad del Agua, Autoridad del Agua de Israel.

Richard Engel, director del Programa de Medioambiente y Recursos Naturales, Consejo Nacional de Inteligencia; brigadier mayor (retirado), Fuerza Aérea de los Estados Unidos.

Miriam Eshkol, viuda del exprimer ministro israelí Levi Eshkol.

Yaqub Eyad, director de Residuos Sólidos y Aguas Residuales para Salfit, Cisjordania; exfuncionario, Autoridad Palestina del Agua.

Salam Fayyad, exprimer ministro, Autoridad Nacional Palestina.

Gilad Fernandes, subdirector general ejecutivo (Economía), Autoridad del Agua de Israel.

Ze'ev Fisher, fundador y director general de Mapal Green Energy Ltd.

Oded Fixler, subdirector general ejecutivo (Ingeniería), Autoridad del Agua de Israel.

Itai Freeman, director general de Pareto Strategies; exgerente, Restauración del Río Habesor; gerente de desarrollo, Parque del Río Beersheba.

Elad Frenkel, director general de Aqwise.

Ronnie Friedman, profesor de Inmunología, Universidad Hebrea de Jerusalén (Facultad de Agricultura).

Tuvia Friling, profesora de Historia de Israel, Universidad Ben Gurión.

Noah Galil, profesor de Ingeniería Civil y Ambiental, Technion (Instituto de Tecnología de Israel).

Moshe Ga'on, director general de Gaon Holdings.

Moshe Gablinger, director de ingeniería en Recursos Hídricos (retirado) de Tahal.

Assaf Gavron, novelista, autor de *Hidromanyah*.

Shlomo Getz, director del Instituto para la Investigación del Kibutz, Universidad de Haifa.

Shabtai Glass, gerente, Asociación Hídrica de la Alta Galilea.

Guilford Glazer, filántropo (guía de Ben Gurión en su visita a la Autoridad del valle del Tennessee).

Nati Glick, director, Siembra de Nubes, Proyectos EMS-Mekorot.

Noam Goldstein, vicepresidente, Operaciones con Potasa, de Dead Sea Works.

Noam Gonen, socio de Trigger-Foresight, división de Deloitte Consulting (autor del estudio «Agamim»).

Don Gopen, gerente del proyecto Shafdan, CDM.

Haim Gvirtzman, profesor de Hidrología, Instituto de Ciencias de la Tierra, Universidad Hebrea de Jerusalén; miembro del Consejo de la Autoridad del Agua de Israel.

Kobi Haber, director de la división de Finanzas y Economía del banco Leumi; exdirector del departamento de Presupuesto, Ministerio de Finanzas.

Dvora HaCohen, profesora de Historia Moderna del Judaísmo, Universidad Bar Ilán.

Suleiman Halasah, vicedirector interino del Centro para la Gestión Transfronteriza del Agua, Instituto Arava de Estudios Ambientales.

Shoshan Haran, fundador y gerente general de Fair Planet; exdirector de Exploración de Rasgos Genéticos de Hazera Genetics Ltd.

Dave Harden, director de misión, USAID para Cisjordania y Gaza.

Leila Hashweh, estudiante de posgrado, Universidad Ben Gurión.

Zvi Herman, exdirector, Centro de Cooperación Internacional para el Desarrollo de la Agricultura (CINADCO), Ministerio de Agricultura.

Donna Herzog, doctoranda en Estudios Israelíes, Universidad de Nueva York.

Westher Hess, hija de Inez Marks Lowdermilk y Walter Clay Lowdermilk.

Daniel Hoffman, socio cofundador de ADAN Technological and Economic Services Ltd.

Dillon Hosier, asesor político del cónsul general de Israel en Los Ángeles.

Avshalom Hurvitz, biólogo y gerente de I+D de GalilAlgae (estanques para peces).

Nelly Icekson-Tal, directora de la planta de tratamiento de aguas residuales de Shafdan de Mekorot.

Rafi Ifergan, director de Tecnología de Mekorot.

Eytan Israeli, consultor, Asociación Israelí de Obras Sanitarias.

Ran Israeli, director general de Bermad.

Arie Issar, profesor emérito de Hidrología Ambiental y Microbiología, Universidad Ben Gurión.

Paula Kabalo, directora del Instituto de Investigación Ben Gurión para el Estudio de Israel y del Sionismo, Universidad Ben Gurión.

Zevi Kahanov, director de JNF Parsons Water Fund.

Adam Kanarek, exgerente general de la planta de tratamiento de aguas residuales de Shafdan de Mekorot.

Eugene Kandel, jefe del Consejo Económico Nacional, oficina del primer ministro de Israel

Itzik Kantor, exgerente general de Plasson.

Yoram Kapulnik, director, Organización para la Investigación Agrícola, Centro Volcani.

Fadil Kawash, excomisionado, Autoridad Palestina del Agua; exnegociador principal palestino en materia hídrica.

Ora Kedem, profesora emérita, Instituto Weizmann; cofundadora, Universidad Ben Gurión

Ruth Keren, jefa de archivo del kibutz Hatzerim.

Kris Kiefer, asesor general, oficina del senador Jeff Flake de los Estados Unidos (Arizona).

Marcus King, director de investigación, Escuela de Asuntos Internacionales Elliot de la Universidad George Washington.

Yoav Kislev, profesor de Economía Agrícola, Universidad Hebrea de Jerusalén.

Karni Krieger, oficina del director general de Mekorot.

Naomi Lauter, amigo de la familia Lowdermilk.

Eytan Levy, director general de Emefcy.

Clive Lipchin, director del Centro para la Gestión Transfronteriza del Agua, Instituto Arava de Estudios Ambientales.

Miriam *Mickey* Loeb, viuda de Sidney Loeb

Fredi Lokiec, vicepresidente ejecutivo, Proyectos Especiales, de IDE Technologies.

Uri Lubrani, exembajador de Israel en Irán.

Joe MacIlvaine, presidente de Paramount Farming Company.

Israel Mantel, funcionario ejecutivo (retirado) de Mekorot.

Doron Markel, director de Monitoreo y Gestión, Lago Kineret y su Cuenca, Autoridad del Agua de Israel.

Sondra Markowitz, amiga de Inez Marks Lowdermilk.

Osnat Maron, jefe de archivo de Mekorot.

Bashar Masri, fundador de Massar International.

Raphael *Rafi* Mehoudar, inventor.

Erez Meltzer, ex-director general de Netafim.

Clemens Messerschmidt, hidrogeóloga.

Medy Michail, exingeniero consultor de Tahal.

Hillel Milo: co-director general de AquaAgro Fund.

Aya Mironi, ejecutivo de Google.

Pat Mulroy, gerente general, Autoridad del Agua del Sur de Nevada (SNWA, por su sigla en inglés).

Baruch Nagar, director de Administración del Agua para Cisjordania y Gaza, Autoridad del Agua de Israel.

Efi Naim, guardaparque del valle de Jule y distrito Norte, KKL-JNF.

Shahar Nuriel, tecnólogo, Departamento de I+D, de Amiad.

Baruch *Booky* Oren, director general de Booky Oren Global Water Technologies Ltd.; expresidente de Mekorot; exdirector de Desarrollo de Negocios de Netafim.

Gili Ovadia, director de la Misión Económica de Israel, Costa Oeste, Estados Unidos.

Huageng Pan, fundador y presidente de Dowell Technological & Environmental Engineering Co.

Tom Pankratz, editor de *Water Desalination Report*.

David Pargament, director general, Autoridad del Río Yarkón.

Amir Peleg, fundador y director general de TaKaDu.

Chemi Peres, director general de Pitango.

Shimon Peres, presidente, Estado de Israel.

Mark Peters, asesor técnico y político principal, USAID Cisjordania y Gaza.

Menahem Priel, director de la división Desalinización y Proyectos Especiales de Mekorot.

Kish Rajan, director, Oficina de Negocios y Desarrollo Económico del gobernador de California.

Mira Rashty, director general de Tel Afek-The National Water Center; propietario de la librería Sippur Pashut.

Sari Razili, director de Operaciones de Galcon.

Ariel Rejwan, vicepresidente, Desarrollo de Negocios, de Mekorot.

Dan Reisner, socio de Herzog Fox & Neeman; negociador principal en temas del agua, negociaciones entre Israel y la Autoridad Nacional Palestina; redactor de los Artículos sobre el Agua del Acuerdo Oslo II y Acuerdo sobre el Agua entre Israel y Jordania.

Guy Reshef, supervisor de Calidad del Agua y Monitoreo, Autoridad del Agua de Israel.

Edward Rifman, mayor, Unidad de Construcción de la Fuerza Aérea de Israel, base Ramon de la Fuerza Aérea.

Russell Robinson, director general de JNF (Estados Unidos).

Meir Rom, estadístico, unidad de la Cuenca del Lago Kineret, de Mekorot.

Rami Ronen, director general de Strauss Water.

Taniv Rophe, subdirector de Planificación, Ministerio de Agricultura y Planificación Rural de Israel.

Ruhakana Rugunda, primer ministro de Uganda.

Mary Rose Ryan, amiga de Inez Marks Lowdermilk y Walter Clay Lowdermilk.

Ofer Sachs, director general, Instituto Israelí de Exportación y Cooperación Internacional

Ariel Sagi, director general de ARI.

David *Dudu* Sapir, ingeniero de Suministro de Agua de Mekorot.

Uri Schor, portavoz, Autoridad del Agua de Israel.

Yehoshua Schwarz, consultor y exfuncionario ejecutivo de Tahal.

Raphael Semiat, profesor de Ingeniería Química, Technion (Instituto de Tecnología de Israel).

Nechemya Shahaf, director general, Autoridad del Río Habesor.

Ami Shaham, gerente general, Autoridad de Drenaje de Aravá.

Gabi Shaham, consultor de asuntos hídricos; ex ingeniero de Tahal.

Amos Shalev, presidente de Bermad.

Nili Shalev, ministro de Economía de Israel para América del Norte.

Yosi Shalhevet, exdirector, Organización de Investigación en Agricultura, Centro Volcani; exrepresentante de la Academia de Ciencias de Israel en China.

Yossi Shmaya, gerente de distrito, Planta Central de Filtrado, de Mekorot.

Uri Shamir, profesor emérito, Technion (Instituto de Tecnología de Israel); director fundador, Grand Water Research Institute.

Uri Shani, expresidente, Autoridad del Agua de Israel; profesor, Universidad Hebrea; empresario; inventor.

Asaf Shariv, cofundador y socio de Amelia Ventures; exdirector general, Centro Peres por la Paz; excónsul general de Israel en Nueva York.

Sandra Shapira, directora de Comunicación Corporativa de Amiad.

Rachel Shaul, directora de Comercialización Corporativa de Netafim.

Amnon Shefi, director general de Hi-Teach.

Avraham Baiga Shochat, exministro de Finanzas de Israel.

Barbara Shivek, asistente de archivo del kibutz Hatzerim.

Tami Shor, subdirector general (regulación), Autoridad del Agua de Israel.

David Siegel, cónsul general de Israel en Los Ángeles.

Davide Signa, experto en Seguridad Alimentaria, Organización de las Naciones Unidas para la Alimentación y la Agricultura (FAO).

Olga Slepner, directora, Oficina del Director General y directora de la Unidad de Relaciones Exteriores, Autoridad del Agua de Israel.

Yossi Smoler, director del Programa Incubadora de Tecnología, Oficina del Director Científico, Ministerio de Economía de Israel.

Ephraim Sneh, exviceministro de Defensa; exjefe de la Administración Civil de Cisjordania.

Arnon Soffer, profesor emérito y fundador, Departamento de Geografía, Universidad de Haifa.

Jeffrey Sosland, profesor, Universidad Americana; autor de *Cooperating Rivals. The Riparian Politics of the Jordan River Basin.*

Efi Stenzler, director general y presidente de KKL.

Andrew Stone, miembro del Parlamento británico; exdirector gerente de Marks & Spencer.

Kelvin Stroud, asesor legislativo, comité ejecutivo del Senado sobre Asuntos Hídricos de la oficina del senador Mark Pryor (Arkansas, Estados Unidos).

Charles Swartz, director de programa, US-Israel Science and Technology Foundation; exdirector de proyecto de MERC.

Alon Tal, profesor de Política Ambiental, Universidad Ben Gurión; fundador, Instituto Aravá; presidente, Partido Verde de Israel.

Danny Tal, comisionado de Impuestos sobre las Actividades Económicas, Ministerio de Economía de Israel; exconsejero económico de Israel, provincia de Cantón, China (2008-2013).

Shimon Tal, excomisionado de recursos hídricos de Israel; exdirector de tecnología de Mekorot.

Abdelrahman Tamimi, director, Grupo de Hidrología de Palestina para el Desarrollo de Recursos Hídricos y Ambientales.

Micha Taub, director de operaciones, planta desalinizadora Sorek, de IDE Technologies.

Abraham Tenne, director de la división de Desalinización, Autoridad del Agua de Israel; presidente, Administración del Agua Desalinizada.

Nirit Ulitzer, cofundador y director de tecnología de CheckLight.

David Waxman, presidente de NiroSoft; exdirector general de IDE Technologies.

Alex Weisberg, exvicedirector de Suministro de Agua de Tahal.

Yirmi Weisberg, exvicepresidente de Tahal.

Uri Werber, fundador y exgerente general de Netafim.

Ronen Wolfman, director financiero y director de Hutchison Water Group; exdirector general de Mekorot; exvicedirector de Presupuesto para Infraestructura, Ministerio de Finanzas de Israel.

Sivan Ya'ari, fundadora y directora general de la ONG Innovation: Africa.

Glenn Yago, fundador del Laboratorio de Innovación Financiera, Instituto Milken.

Meir Yaacoby, jefe de Ingeniería de la ONG Innovation: Africa.

Yossi Yaacoby, director, WaTech, de Mekorot.

Humberto Yaakov, gerente, planta de tratamiento de aguas residuales Yad Hana.

Coronel Grisha Yakubovich, director del departamento de Coordinación Civil, Coordinación de Actividades de Gobierno en los Territorios (COGAT, por su sigla en inglés), Ministerio de Defensa de Israel.

Adi Yefet, director del departamento de Agua, NewTech, Ministerio de Economía de Israel.

Alon Yegens, vicepresidente ejecutivo de Tahal Internacional; director general de Tahal Assets.

Barak Yekutiely, fundador y director general de Aquate.

Joshua Yeres, asesor principal para Desarrollo de Negocios, Empresa de Agua y Saneamiento Hagihon-Jerusalén.

Zohar Yinon, director general, Empresa de Agua y Saneamiento Hagihon-Jerusalén.

Moshe Yizraeli, consultor en asuntos hídricos regionales, Autoridad del Agua de Israel.

Ori Yogev, presidente de WhiteWater; exdirector del departamento de Presupuesto, Ministerio de Finanzas.

Michael *Miki* Zaide, gerente de Planificación Estratégica, Autoridad del Agua de Israel.

Dan Zaslavsky, profesor emérito, Ingeniería Agrícola, Technion (Instituto de Tecnología de Israel); expresidente, Comisión de Agua de Israel.

Jim Zehringer, director, departamento de Recursos Naturales del estado de Ohio (Estados Unidos).

Aviram Zuck, Alta Galilea y Altos del Golán —supervisor de Bosques de KKL-JNF.

Udi Zukerman, director de Negocios Globales y Promoción Empresarial de Mekorot.

Bibliografía seleccionada

Libros

Almogi, Yosef, *Total Commitment*, East Brunswick, Cornwall Books, 1982.

Amir, Giora, *Movil Ha-Mayim. Hayav U'Po'alo shel Aharon Wiener*, kibutz Daliya, Ma'arechet Publishing, 2012.

Avineri, Shlomo, *Herzl. Theodor Herzl and the Foundation of the Jewish State*, Londres, Weidenfeld & Nicolson, 2013.

Avner, Yehuda, *The Prime Ministers. An Intimate Narrative of Israeli Leadership*, New Milford, The Toby Press, 2010.

Becker, Nir, *Water Policy in Israel. Context, Issues and Options*, Dordrecht, Springer, 2013.

Black, Edwin, *The Transfer Agreement. The Dramatic Story of the Pact between the Third Reich and Jewish Palestine*, Northampton, Brookline Books, 1999.

Blass, Simcha, *Mei Meriva u-Ma'as*, Israel, Massada Ltd., 1973.

Doron, Paul H., *Seldom a Dull Moment. Memoirs of an Israeli Water Engineer*, Tel Aviv, Paul H. Doron, 1987.

Drinan, Joanne E., *Water and Wastewater Treatment. A Guide for the Nonengineering Professional*, Boca Raton, CRC Press, 2001.

Elon, Amos, *Herzl*, Nueva York, Holt, Rinehart and Winston, 1975.

Fisher, Franklin M. y Annette Huber-Lee, *Liquid Assets. An Economic Approach for Water Management and Conflict Resolution in the Middle East and Beyond*, Washington D. C., Resources for the Future, 2005.

Friling, Tuvia, *Arrows in the Dark*, Madison, University of Wisconsin Press, 2005.

Gavron, Assaf, *Hidromanyah*, Or Yehuda, Zmora-Bitan, Dvir Publishing House, 2008.

Gavron, Daniel, *The Kibbutz. Awakening from Utopia*, Lanham, Rowman & Littlefield, 2000.

Gidor, Fanny, *Socio-Economic Disparities in Israel*, Piscataway, Transaction Publishers, 1979.

GILBERT, Martín, *In lshmael's House. A History of Jews in Muslim Lands*, New Haven, Yale University Press, 2010.

GOLAN, Galia, *Soviet Policies in the Middle East. From World War Two to Gorbachev*, Cambridge, Cambridge University Press, 1990.

GOLDBERG, Dan, Baruch GORNAT y Daniel RIMON, *Drip lrrigation. Principles, Design, and Agricultural Practices*, Kfar Shmaryahu, Drip lrrigation Scientific Publications, 1976.

GORDIS, Daniel, *Menachem Begin. The Battle for lsrael's Soul*, Nueva York, Schocken, 2014.

GVIRTZMAN, Haim, *Mash'avei Ha-Mayim Be-Yisrael: Perakim Be-hydrologia U've Mada'ei HaSevivah*, Jerusalén, Yad Ben-Zvi Press, 2002.

HACOHEN, Dvora, *Immigrants in Turmoil. Mass lmmigration to Israel and its Repercussions in the 1950s and After*, Syracuse, Syracuse University Press, 2003.

HERZL, Theodor, *Altneuland*, Mineápolis, Filiquarian Publishing, 2007.

LMESON, Anton, *Desertification, Land Degradation, and Sustainability*, Hoboken, Wiley, 2012.

KALLY, Elisha y Gideon FISHELSON, *Water and Peace. Water Resources and the Arab-lsraeli Peace Process*, Westport, Praeger, 1993.

KELLERMAN, Aharon, *Society and Settlement. Jewish Land of Israel in the Twentieth Century*, Albany, State University of New York Press, 1993.

KEREN, Zwi, *Oasis in the Desert. The Story of Kibbutz Hatzerim*, Kibutz Hatzerim, Kibbutz Hatzerim Press, 1988.

LOWDERMILK, lnez Marks, *All in a Lifetime. An Autobiography*, Berkeley, The Lowdermilk Trust, 1985.

LOWDERMILK, Walter Clay, *Palestine, Land of Promise*, Nueva York, Harper & Brothers, 1944 (3.ª ed.).

MAKOVSKY, Michael, *Churchill's Promised Land. Zionism and Statecraft*, New Haven, Yale University Press, 2008.

MCCARTHY, Justin, *The Population of Palestine. Population History and Statistics of the Late Ottoman Period and the Mandate*, Nueva York, Columbia University Press, 1990.

Mekorot. *60 Shanah Le-Kav Ha-Rishon La-Negev*, Tel Aviv, Mekorot, 2007.

METZER, Jacob, *The Divided Economy of Mandatory Palestine*, Cambridge, Cambridge University Press, 1998.

MITHEN, Steven, *Thirst. Water and Power in the Ancient World*, Cambridge, Harvard University Press, 2012.

MORRIS, Benny, *Righteous Victims. A History of the Zionist-Arab Conflict, 1881-2001*, Nueva York, Vintage, 2001.

MORRIS, Yaakov, *Masters of the Desert. 6000 Years in the Negev*, Nueva York, G. P. Putnam's Sons, 1961.

Oz, Amos, *My Michael*, Nueva York, Knopf, 1972. [Hay trad. cast.: *Mi querido Mijael*, Madrid, Siruela, 2015].

Palgi, Michael y Shulamit Reinharz, *One Hundred Years of Kibbutz Life. A Century of Crises and Reinvention*, New Brunswick, Transaction, 2011.

Patten, Howard A., *Israel and the Cold War. Diplomacy, Strategy and the Policy of the Periphery at the United Nations*, Nueva York, I. B. Tauris, 2013.

Postel, Sandra, *Pillar of Sand. Can the Irrigation Miracle Last?*, Nueva York, W. W. Norton & Company, 1999.

Rayman, Paula, *The Kibbutz Community and Nation Building*, Princeton, Princeton University Press, 1981.

Rivlin, Paul, *The Israeli Economy from the Foundation of the State through the 21st Century*, Cambridge, Cambridge University Press, 2011.

Rubin, Barry y Wolfgang G. Schwanitz, *Nazis, Islamists, and the Making of the Modern Middle East*, New Haven, Yale University Press, 2014.

Sachar, Howard M., *A History of Israel. From the Rise of Zionism to Our Time*, Nueva York, Knopf, 1976.

Salzman, James, *Drinking Water. A History*, Nueva York, Overlook Duckworth, 2012.

Segev, Tom, *The Seventh Million. The Israelis and the Holocaust*, Nueva York, Hill & Wang, 1993.

Seltzer, Assaf. *Mekorot. Sipurah Shel Hevrat Ha-Mayim Ha-Le'umit-75 Ha-Shanim Ha-Rishonot*, Jerusalén, Yad Yitzhak Ben-Zvi, 2011.

Senor, Dan y Saul Singer, *Start-Up Nation. The Story of Israel's Economic Miracle*, Nueva York, Twelve, 2009. [Hay trad. cast.: *Start-Up Nation. La historia del milagro económico de Israel*, Madrid, Nagrela Editores, 2012].

Shalhevet, Joseph, *China and Israel. Science in the Service of Diplomacy*, Israel, Joseph Shalhevet, 2009.

Shilo, Zeev y Nissan Navo, *Tahal. Chamishim Ha-Shanim Ha-Rishonim*, Israel, Shinar Publications, 2008.

Shoham, Yael y Ofra Sarig, *Ha-Movil Ha-Artzi: Min Ha-Kineret ve-ad Pe-atei Negev*, Tel Aviv, Mekorot, 1995.

Smith, Charles D., *Palestine and the Arab-Israeli Conflict*, Boston, Bedford/St. Martin's, 2007 (6.ª ed.).

Soffer, Arnon, *Rivers of Fire. The Conflict over Water in the Middle East*, Lanham, Rowman & Littlefield, 1999.

Sosland, Jeffrey, *Cooperating Rivals. The Riparian Politics of the Jordan River Basin*, Albany, State University of New York Press, 2007.

Solomon, Steven, *Water. The Epic Struggle for Wealth, Power and Civilization*, Nueva York, Harper Perennial, 2010.

Strong, James, *Strong's Exhaustive Concordance of the Bible*, Peabody, Hendrickson Publishers, 2009.

TAL, Alon, *Pollution in a Promised Land. An Environmental History of Israel*, Berkeley, University of California Press, 2002.

TAL, Alon y Alfred Abed RABBO, *Water Wisdom. Preparing the Groundwork for Cooperative and Sustainable Water Management in the Middle East*, New Brunswick, Rutgers University Press, 2010.

WIENER, Aaron, *Development and Management of Water Supplies Under Conditions of Scarcity of Resources*, Tel Aviv, Tahal, abril de 1964.

WOLF, Aaron, *Hydropolitics along the Jordan River. Scarce Water and its Impact on the Arab-Israeli Conflict*, Tokio, United Nations University Press, 1995.

YEHOSHUA, Abraham B., *Early in the Summer of 1970*, Nueva York, Schocken, 1971.

CAPÍTULOS DE LIBROS

ALATOUT, Samer, «Hydro-Imaginaries and the Construction of the Political Geography of the Jordan River. The Johnston Mission, 1953-56», en Diana K. Davis y Edmund Burke III (eds.), *Environmental Imaginaries of the Middle East and North Africa*, Athens, Ohio University Press, 2011.

DOWTY, Alan, «Israel's First Decade. Building a Civic State», en Selwyn K. Troen y Noah Lucas (eds.), *Israel. The First Decade of Independence*, Albany, State University of New York Press, 1995.

GLEICK, Peter H. y Matthew HEBERGER, «Water and Conflict. Events, Trends, and Analysis (2011-2012)», en Peter H. Gleick (ed.), *The World's Water*, vol. 8, Oakland, Pacific Institute for Studies in Development, Environment and Security, 2014.

GORDON, A. D., «Our Tasks Ahead», en Arthur Hertzberg (ed.), *The Zionist Idea. A Historical Analysis and Reader*, Filadelfia, Jewish Publication Society, 1997.

KISLEV, Yoav, «Agricultural Cooperatives in Israel, Past and Present», en A. Kimhi y Z. Lerman (eds.), *Agricultural Transition in Post-Soviet Europe and Central Asia after 20 Years*, Halle, Leibniz Institute of Agricultural Development in Transition Economies.

LASTER, Richard y Dan LIVNEY, «Israel. The Evolution of Water Law and Policy», en Joseph W. Dellapenna y Joyeeta Gupta (eds.), *The Evolution of the Law and Politics of Water*, Dordrecht, Springer, 2009.

LOWDERMILK, Walter Clay, «Israel. A Pilot Project for Total Development of Water Resources», en Daniel Jeremy Silver (ed.), *Essays in Honor of Abba Hillel Silver*, Nueva York, MacMillan, 1963.

TAJRISHY, Masoud, «National Report of Iran», en Reza Ardakanian, Hani Sewilam y Jens Liebe (eds.), *Mid-Term Proceedings on Capacity Development for the Safe Use of Wastewater in Agriculture,* Bonn, Programa de la ONU Agua para el desarrollo de la Capacidad en el marco del Decenio, agosto de 2012.

Tajrishy, Masoud y Ahmad Abrishamchi, «Integrated Approach to Water and Wastewater Management for Tehran, Iran», en National Research Council (ed.), *Water Conservation, Reuse, and Recycling. Proceedings of an Iranian-American Workshop,* Washington D. C., The National Academies Press, 2005.

Revistas, artículos extensos y tesis doctorales

Abrahams, Harold J., «The Hezekiah Tunnel», *Journal-American Water Works Association* 70, n.º 8, agosto de 1978, pp. 406-410.

Al-Ansari, Nadhir, N. Alibrahiem, M. Alsaman y Sven Knutsson, «Water Supply Network Losses in Jordan», *Journal of Water Resource and Protection* 6, n.º 2, febrero de 2014, pp. 83-96.

Alatout, Samer, «'States' of Scarcity. Water, Space, and Identity Politics in Israel, 1948-59», *Environmental Planning D: Society and Space* 26, n.º 6, julio de 2008, pp. 959-982.

Alqadi, Khaled A. y Lalit Kumar, «Water Policy in Jordan», *International Journal of Water Resources Development* 30, n.º 2, 2014, pp. 322-334.

Babran, Sediqeh y Nazli Honarbakhsh, «Bohran Vaziat-e Ab Dar Jahan va Iran», *Rahbord,* n.º 48, 2008.

Bartlett, Bruce, «The Crisis of Socialism in Israel», *Orbis* 35, 1991, pp. 53-61.

Berkman, Nathan, «Back in the Old Days», *Israel Desalination Society,* 2007.

Birkett, James D., «A Brief Illustrated History of Desalination. From the Bible to 1940», *Desalination* 50, 1984, pp. 17-52.

Brown, Judith A., «The Earthquake in Western Iran, September 1962», *Geography* 48, n.º 2, abril de 1963, pp. 184-185.

Femia, Francesco y Caitlin Werrell, «Syria. Climate Change, Drought and Social Unrest», *The Center for Climate and Security,* 3 de marzo de 2012.

Gabay, Shoshana, «Restoring Israel's Rivers», Ministerio de Asuntos Exteriores de Israel, 2001.

Gronewold, Andrew D. y Craig A. Stow, «Water Loss from the Great Lakes», *Science* 343, n.º 6175, 7 de marzo de 2014, pp. 1084-1085.

Helfez, Adam, «How Yemen Chewed Itself Dry», *Foreign Affairs,* 23 de julio de 2013.

Herzog, Donna M., *Contested Waterscapes. Constructing Israeli Water and Identity,* tesis doctoral, Universidad de Nueva York, 2015.

Johnson, Lyndon B., «If We Could Take the Salt Out of Water», *The New York Times Magazine,* 30 de octubre de 1960.

Kay, Avi, «From Altneuland to the New Promised Land. A Study of the Evolution and Americanization of the Israeli Economy», *Jewish Political Studies Review* 24, n.º 1-2, 2012, pp. 99-128.

Lowdermilk, Walter Clay, *Water for the New Israel*, inédito, 1967/68.

Mane, Amir, «Americans in Haifa. The Lowdermilks and the American-Israeli Relationship», *Journal of Israeli History* 30, n.º 1, 2011, pp. 65-82.

Maurer, Noel y Carlos Yu, «What Roosevelt Took. The Economic Impact of the Panama Canal, 1903-37», *Harvard Business School*, 06-041, marzo de 2006.

Morag, Nadav, «Water, Geopolitics and State Building. The Case of Israel», *Middle Eastern Studies* 37, n.º 3, 2001, pp. 179-198.

Ofek, Elie y Matthew Preble, «TaKaDu», *Harvard Business School*, Estudio de caso, 514-083, enero de 2014.

Postel, Sandra, «Growing More Food with Less Water», *Scientific American* 284, n.º 2, 2001, pp. 46-59.

Reichman, Shalom, Yossi Katz y Yair Paz, «The Absorptive Capacity of Palestine, 1882-1948», *Middle Eastern Studies* 33, n.º 2, 1997, pp. 338-361.

Reig, Paul, Andrew Maddocks y Francis Gassert, «World's 36 Most Water-Stressed Countries», *World Resources Institute*, 12 de diciembre de 2013.

Ron, Zvi Y. D., «Ancient and Modern Developments of Water Resources in the Holy Land and the Israeli-Arab Conflict. A Reply», *Transactions of the Institute of British Geographers, New Series* 11, n.º 3, 1986, pp. 360-369.

Sneddon, Chris y Coleen Fox, «The Cold War, the US Bureau of Reclamation, and the Technopolitics of River Basin Development, 1950-1970», *Political Geography* 30, 2011, pp. 450-460.

Stemple, John, «Viewpoint. A Brief Review of Afforestation Efforts in Israel», *Rangelands* 20, n.º 2, abril de 1998, pp. 15-18.

Tal, Alon, «Thirsting for Pragmatism. A Constructive Alternative to Amnesty International's Report on Palestinian Access to Water», *Israel Journal of Foreign Affairs* 4, n.º 2, 2010, pp. 59-73.

Tenne, Abraham, Daniel Holfman y Eytan Levi, «Quantifying the Actual Benefits of Large-Scale Seawater Desalination in Israel», *Desalination and Water Treatment* 51, n.º 1-3, julio de 2012, pp. 26-37.

Tindula, Gwen N., Morteza N. Orang y Richard L. Snyder, «Survey of Irrigation Methods in California in 2010», *Journal of Irrigation and Drainage Engineering* 139, n.º 3, agosto de 2013, pp. 233-238.

Voss, Katalyn A., James S. Famiglietti, MinHui Lo, Caroline de Linage, Matthew Rodell y Sean C. Swenson, «Groundwater Depletion in the Middle East from GRACE with Implications for Transboundary Water Management in the Tigris-Euphrates Western Iran Region», *Water Resources Research* 49, n.º 2, pp. 904-914.

—— «U.S., Israel Finally to Build Horizontal Tube Prototype at Ashdod», *Water Desalination Report* 11, n.º 27, 3 de julio de 1975.

WOLFOWITZ, Paul, *Nuclear Proliferation in the Middle East. The Politics and Economics of Proposals for Nuclear Desalting,* tesis doctoral, Universidad de Chicago, 1972.

ZWINGLE, Erla, «Ogallala Aquifer. Well Spring of the High Plains», *National Geographic* 183, n.º 3, pp. 80-109.

INFORMES, DOCUMENTOS Y PRESENTACIONES

Administración de Rehabilitación del Río Jordán, *The Lower Jordan River: Rehabilitation and Landscape Development Master Plan,* Jerusalén, Ram Aviram, enero de 2014.

Agencia de los Estados Unidos para el Desarrollo Internacional, *West Bank/Gaza. Water Resources and Infrastructure Program,* Washington D. C., enero de 2013.

AL-YAQUBI, Ahmad, *Sustainable Water Resources Management of Gaza Coastal Aquifer,* presentación, Segunda Conferencia Internacional sobre Recursos Hídricos y Ambientes Áridos, 2006.

Amnistía Internacional, *Thirsting for Justice. Palestinian Access to Water Restricted,* Londres, Amnesty International Publications, 2009.

——*Troubled Waters-Palestinians Denied Fair Access to Water,* Londres, Amnesty International Publications, 2009.

Anglo-American Committee of Inquiry, *A Survey of Palestine. Prepared in December 1945 and January 1946 for the Information of the Anglo-American Committee of Inquiry,* Jerusalén, Government Printer, 1946-47.

ATTILI, Shaddad, *Israel and Palestine. Legal and Policy Aspects of the Current and Future Joint Management of the Shared Water Resources,* Ramala, Unidad de Apoyo a las Negociaciones de la Organización de Liberación Palestina, 2004.

Auditoría del Estado de Israel, *Report for 2011,* Jerusalén, diciembre de 2011.

Auditoría del Gobierno de los Estados Unidos, *Freshwater. Supply Concerns Continue, and Uncertainties Complicate Planning,* GA0-14-430, Washington D. C., mayo de 2014.

Autoridad del Agua de Israel. *Sea Water Desalination in Israel, Planning, Coping with Difficulties, and Economic Aspects of Long-Term Risks,* Abraham Tenne (ed.), Jerusalén, octubre de 2010.

—— *The Master Plan for Desalination in Israel, 2020,* Abraham Tenne (ed.), Jerusalén, octubre de 2011.

—— *The Water Issue between Israel and the Palestinians. Main Facts,* Jerusalén, febrero de 2012.

—— *The State Department 2012 Human Rights Report. Responses of the Water Authority to the Water Related Palestinian Arguments as Presented in the Report*, Jerusalén, 2012.

—— *Economics Aspects in Water Management in Israel. Policy and Prices*, Gilad Fernández (ed.), Jerusalén, fecha desconocida.

Autoridad Palestina del Agua. *Palestinian Water Sector. Status Summary Report*, Ramala, septiembre de 2012.

—— *Annual Status Report on Water Resources, Water Supply, and Wastewater in the Occupied State of Palestine-2011*, Ramala, 2012.

—— *Water Sector Reform Plan 2014-16 (Final)*, Ramala, diciembre de 2013.

Banco Mundial, *Water, Electricity and the Poor. Who benefits from Utility Subsidies?*, Kristin Komives, Vivien Foster, Jonathan Halpern y Quentin Wodon (eds.), Washington D. C., 2005.

—— *Evaluación de las restricciones al desarrollo del sector del agua en Cisjordania y Gaza, Informe n.º 47657-GZ*, Washington D. C., abril de 2009.

Banco Mundial, Programa de Estudio del Transporte de Agua desde el mar Rojo hasta el mar Muerto, *Dead Sea Study. Draft Final Report*, Washington D. C., abril de 2011.

—— *Preliminary Environmental and Social Assessment*, Washington D. C., julio de 2012.

BLASS, Simcha, *Drip Irrigation*, Tel Aviv, Water Works-Consulting and Design, julio de 1969.

BROOKS, David B.y Julie TROTTIER, *An Agreement to Share Water between Israelis and Palestinians. The FoEME Proposal*, Ammán, Belén y Tel Aviv, Friends of the Earth Middle East, noviembre de 2010.

Ciudad de Williams, *Level 4 Water Restrictions. URGENT NOTICE*, Williams, Arizona, 2014.

Comisión Internacional de Riego y Drenaje, *World Irrigated Area-Region Wise/Country Wise*, Nueva Delhi, 2012.

—— *Sprinkler and Micro Irrigated Areas*, Nueva Delhi, mayo de 2012.

Comisión Parlamentaria [Knéset] de Investigación sobre el Sector del Agua de Israel. *Informe*, Jerusalén, junio de 2002.

Comisión Parlamentaria [Knéset] de Investigación sobre las lecciones que deben aprenderse del Desastre del Puente de Macabeos, *Informe*, Jerusalén, 9 de julio de 2000.

Contralor de Cuentas del Estado de Texas, *Texas Water Report. Going Deeper for the Solution*, Austin, 2014.

COTTON, John S., *Plan for the Development of the Water Resources of the Jordan and Litani River Basins*, Jerusalén, Ministerio de Agricultura, 1954.

Departamento del Interior de los Estados Unidos, Oficina de Agua Salada, *Office of Saline Water's Report (Resumen)*, Washington D. C., 1962.

Electric Power Research Institute, *Water and Sustainability*. (Vol. 4) *U.S. Electricity Consumption for Water Supply and Treatment-The Next Half Century*, Palo Alto, marzo de 2002.

FAFO Research Foundation, *Iraqis in Jordan. Their Number and Characteristics*, Oslo, mayo de 2007.

Fondo Internacional de Desarrollo Agrícola, *Smallholders, Food Security and the Environment*, Roma, 2013.

GAFNI, Wolf, Pinhas MICHAELI, Ahouva BAR-LEV, Yerahmiel BARYLKA y Edward LEVIN, *Beside Streams of Waters. Rain and Water in the Prayers and Ceremonies of the Holiday*, Jerusalén, Jewish National Fund, Keren Kayemeth LeYisrael, Departamento de Organizaciones Religiosas, 1990.

Gobierno de la India, Ministerio de Agricultura, *Report on the Task Force on Microirrigation*, Nueva Delhi, enero de 2004.

Gobierno de Israel, *The Central Arava. Proposals for the Development of Water Resources, Informe 69-093*, Jerusalén, septiembre de 1969.

Gobierno del Reino Hachemita de Jordania, Ministerio de Agua e Irrigación, *Red Sea-Dead Sea Project/Phase 1*, Ammán, enero de 2014.

GVIRTZMAN, Haim, *The Israeli-Palestinian Water Conflict. An Israeli Perspective*, Ramat Gan, Centro Begin-Sadat de Estudios Estratégicos, enero de 2012.

IDE Technologies Ltd., presentación, Gal Zohar, CFO Forum, 2011.

—— *Reference List*, Tel Aviv, 2013.

Instituto Israelí de Exportación y Cooperación Internacional, *Israel 's Agriculture*, Tel Aviv, 2012.

KHARAS, Homi y Geoffrey GERTZ, *The New Global Middle Class. A Cross-Over from West to East*, Washington D. C., Centro Wolfensohn para el Desarrollo en Brookings, 2010.

KING, Marcus DuBois, *Water, U. S. Foreign Policy and American Leadership*, Washington D. C., Escuela de Asuntos Internacionales Elliott de la Universidad George Washington, octubre de 2013.

KISLEV, Yoav, *The Water Economy of Israel*, Jerusalén, Centro Taub de Estudios de Políticas Sociales de Israel, noviembre de 2011.

LOKIEC, Fredi, *South Israel 100 Million m³/year Seawater Desalination Facility. Build, Operate and Transfer (BOT) Project*, Kadima, IDE Technologies Ltd., marzo de 2006.

LOWDERMILK, Walter Clay, *Conquest of the Land through Seven Thousand Years*, Washington D. C., Departamento de Agricultura de los Estados Unidos, 1948.

Lux Research, *Making Money in the Water Industry, LRWI-R-13-4*, Nueva York, diciembre de 2013.

MACGOWAN, Charles F., *History, Function, and Program of the Office of Saline Water*, presentación, Conferencia del Agua de Nuevo México, 1-3 de julio de 1963.

MALIK, Ravinder P. S. y M. S. RATHORE, *Accelerating Adoption of Drip Irrigation in Madhya Pradesh, India*, AgWater Solutions Project, Sri Lanka, IWMI, septiembre de 2012.

MATIMOP. Israeli Industry Center for R&D, *International Cooperation and Government Support for R&D. The Israeli Case Study*, Michel Hivert (ed.), Jerusalén, 2012.

Mekorot, *Masskinot Veh-ah-dat Ha-Yarkon*, Simcha Blass (ed.), Tel Aviv, 18 de marzo de 1954.

—— *Wastewater Reclamation and Reuse*, Batya Yadin, Adam Kanarek y Yael Shoham (eds.), Tel Aviv, 1993.

—— *Mekorot's Association with the Palestinians Regarding Water Supplies*, Tel Aviv, 2014.

Ministerio de Agricultura y Desarrollo Rural, *Irrigation Agriculture-The Israeli Experience*, Anat Lowengart-Aycicegi (ed.), Jerusalén.

—— *Technological Incubator's Program*, presentación, Yossi Smoler, 17 de octubre de 2010.

Ministerio de Asuntos Exteriores de Israel, MASHAV-Agencia israelí de Cooperación para el Desarrollo Internacional, *Informe anual 2013*, Jerusalén.

Ministerio de Economía, Oficina del Director Científico, *Research and Development 2012-14*, Jerusalén, septiembre de 2014.

Netafim, *Irrigation & Strategies for Investment*, presentación, Naty Barak, Agricultural Investment 2011, Londres, 5-6 de octubre de 2011.

—— *Drip Irrigatio-Israeli Innovation that has Changed the World*, presentación, Naty Barak, JNF Summit, Las Vegas, 28 de abril de 2013.

Oficina Central Palestina de Estadística, *Palestine in Figures, 2004*, Ramala, mayo de 2005.

—— *The Statistical Report, Household Environment Study*, Ramala, noviembre de 2013.

Oficina Central de Estadística, *Census of Population 1967. West Bank of the Jordan, Gaza Strip and Northern Sinai Golan Heights*, Jerusalén, 1967.

—— *Israel in Statistics. 1948-2007*, Jerusalén, mayo de 2009.

Oficina del Coordinador Especial de las Naciones Unidas para el Proceso de Paz en el Oriente Medio, *Gaza in 2020. A Liveable Place?*, Jerusalén, UNSCO, agosto de 2012.

Oficina del Director de Inteligencia Nacional, Consejo de Inteligencia Nacional, *Global Water Security, Intelligence Community Assessment*, Washington D. C., Consejo de Inteligencia Nacional, 2 de febrero de 2012.

—— *Global Trends 2025. A Transformed World*, Washington D. C., Consejo de Inteligencia Nacional, noviembre de 2008.

Organización de las Naciones Unidas para la Alimentación y la Agricultura (FAO), *Anuario Estadístico 2013. La agricultura y la alimentación en el mundo*, Roma, 2013.

Organización para la Cooperación y el Desarrollo Económicos (OCDE), *Principales Indicadores de Ciencia y Tecnología*, vol. 2014, 2.ª ed., París, OECD Publishing, 2015.

Programa Mundial de Evaluación de los Recursos Hídricos de las Naciones Unidas, *Informe de las Naciones Unidas sobre el desarrollo de los recursos hídricos en el mundo 2014. Agua y Energía*, París, Organización de las Naciones Unidas para la Educación, la Ciencia y la Cultura, 2014.

PULLABHOTLA, Hemant K., Chandan KUMAR y Shilp VERMA, *Micro-Irrigation Subsidies in Gujarat and Andhra Pradesh. Implications for Market Dynamics and Growth*, Sri Lanka, Programa de IWMI-Tata sobre Políticas Hídricas (ITP), 2012.

República Árabe Egipcia, Ministerio de Agua e Irrigación, *Integrated Water Resources Management Plan*, El Cairo, junio de 2005.

SHARP, Jeremy, *Jordan. Background and U. S. Relationships*, Washington D. C., Biblioteca del Congreso, Servicio de Investigaciones del Congreso, 8 de mayo de 2014.

—— *U.S. Foreign Aid to Israel*, Washington D. C., Biblioteca del Congreso, Servicio de Investigaciones del Congreso, 11 de abril de 2014.

—— *Water Scarcity in Iran. A Challlenge for the Regime?*, Washington D. C., Biblioteca del Congreso, Servicio de Investigaciones del Congreso, 22 de abril de 2014.

SHUVAL, Hillell, *Public Health Aspects of Waste Water Utilization in Israel*, presentación, Purdue Industrial Wastes Conference, 1 de mayo de 1962.

Smart Water Networks Forum Research, *Stated NRW (Non-Revenue Water) Rates in Urban Networks*, Portsmouth, agosto de 2010.

SWIRSKI, Shlomo y Yael HASSON, *Invisible Citizens. Israel Government Policy toward the Negev Bedouin*, Tel Aviv, Centro Adva, 2006.

TOLTS, Mark, *Post-Soviet Aliyah and Jewish Demographic Transformation*, presentación, Fifteenth World Congress of Jewish Studies, 2009.

Trigger Consulting, *Seizing Israel's Opportunities in the Global Water Market*, Tel Aviv, 2005.

ZIMMERMAN, Bennett, Roberta SEID y Michael L. WISE, *The Million Person Gap. The Arab Population in the West Bank and Gaza*, Ramat Gan, Centro Begin-Sadat de Estudios Estratégicos, 2005.

Notas

Introducción. Se avecina una crisis mundial del agua

1. «Who We Are», Consejo Nacional de Inteligencia.
2. *Global Water Security*, Oficina del Director de Inteligencia Nacional, Washington D. C., Consejo de Inteligencia Nacional, 2 de febrero de 2012.
3. *Global Trends 2015. A Transformed World*, Oficina del Director de Inteligencia Nacional, Washington D. C., Consejo Nacional de Inteligencia, noviembre de 2008, p. 51.
4. *Global Water Security, op. cit.*, p. iv.
5. Ibíd., p. iii.
6. «Blackouts Roll through Large Swath of Brazil», Luciana Magalhaes, Reed Johnson, y Paul Kiernan, *The Wall Street Journal*, 19 de enero de 2015.
7. *Global Water Security, op. cit.*, p. iii.
8. Para un abordaje más amplio sobre la seguridad global del agua y la evaluación de la comunidad de inteligencia, ver Marcus Dubois King, *Water, U.S. Foreign Policy and American Leadership*, Washington D. C., Escuela de Asuntos Internacionales Elliott de la Universidad George Washington, octubre de 2013.
9. *Ground-Water Availability in the United States*, Thomas E. Reilly, Kevin F. Dennehy, William M. Alley y William L. Cunning (eds.), Reston, Virginia, U. S. Geological Survey, Departamento del Interior de los Estados Unidos, p. 44.
10. Para un ejemplo del lugar en el que se secó el Acuífero de las Altas Llanuras, ver el perfil que presentó NBC News de un establecimiento agrícola en Amarillo, Texas, que ya no puede bombear agua de lo que alguna vez fue un abundante acuífero subterráneo: «The Last Drop. America's Breadbasket Faces Dire Water Crisis», Brian Brown, NBC News, 6 de julio de 2014.
11. «Ogallala Aquifer. Well Spring of the High Plains», Erla Zwingle, *National Geographic* 183, n.° 3, p. 83.
12. «Groundwater Depletion in the United States (1900-2008)», *Scientific Investigations Report 2013-5079*, Leonard F. Konikow (ed.), Reston, Virginia, U. S. Geological Survey, Departamento del Interior de los Estados Unidos, 2013, 22.

13. «States in Parched Southwest Take Steps to Bolster Lake Mead», Michael Wines, *The New York Times*, 17 de diciembre de 2014.

14. En febrero de 2014, Williams, Arizona, puso en vigencia restricciones hídricas tan severas que incluyeron una prohibición para agua potable o agua sin tratar «para cualquier propósito que no fuese de salud pública o de emergencia» y canceló todos los nuevos permisos para la construcción. Véase *Level 4 Water Restrictions. URGENT NOTICE*, Williams, Arizona, Ciudad de Williams, 2014.

15. «Florida Lawmakers Proposing a Salve for Ailing Springs», Lizette Alvarez, *The New York Times*, 14 de abril de 2014.

16. Organización de las Naciones Unidas, Departamento de Asuntos Económicos y Sociales, *World Population Prospects. The 2012 Revision. Key Findings and Advance Tables*, Nueva York, 2013, p. 1.

17. En las próximas cuatro décadas se estima un crecimiento de la población mundial de 2000 millones de personas, con más de 9000 millones de habitantes para 2050. Estimaciones recientes de la Organización de las Naciones Unidas para la Alimentación y la Agricultura (FAO) indican que, para satisfacer la demanda proyectada, la producción agrícola global deberá crecer un 60 por ciento respecto a los niveles de 2005 a 2007. Véase *Anuario Estadístico 2013. La agricultura y la alimentación en el mundo*, Roma, 2013, p. 123.

18. Homi Kharas y Geoffrey Gertz, *The New Global Middle Class. A Cross-Over from West to East*, Washington D. C., Centro Wolfensohn para el Desarrollo en Brookings, 2010, p. 5.

19. Oficina del Director Nacional de Inteligencia, Global Water Security, *op. cit.*, p. i.

20. Según un informe de las Naciones Unidas de 2014, «los volúmenes de agua que típicamente se requieren de extremo a extremo (desde la extracción a la refinería) para los combustibles derivados del petróleo son 7 a 15 litros de agua por litro de combustible. Para el gas natural, los volúmenes de agua alcanzan aproximadamente entre 20 a 50 litros de agua por barril equivalente de petróleo. [...] Para la fracturación hidráulica, los volúmenes típicos para la inyección de agua son de 8 a 30 millones de litros por pozo». Programa Mundial de Evaluación de los Recursos Hídricos de las Naciones Unidas, *The United Nations World Water Development Report 2014. Water and Energy*, París, Organización de las Naciones Unidas para la Educación, la Ciencia y la Cultura, 2014, p. 30.

21. Los Grandes Lagos son un ejemplo de temperaturas de superficie más altas que generaron pérdidas de agua por mayor evaporación. Andrew D. Gronewold y Craig A. Stow, «Water Loss from the Great Lakes», *Science* 343, 7 de marzo de 2014, pp. 1084-1085.

22. Doron Markel, entrevista del autor, estación de bombeo de Sapir, (Israel), 29 de abril de 2013.

23. Como ejemplo, durante un periodo de treinta años se estima que alrededor de 500 000 soldados y civiles en Camp Lejeune, Carolina del Norte, pudieron haber consumido agua contaminada con agentes cancerígenos provenientes de una empresa de limpieza

en seco en situación irregular y de otras fuentes. Departamento de Salud y Servicios Humanos de los Estados Unidos, Panel presidencial sobre el cáncer, «Reducción del riesgo ambiental de cáncer. ¿Qué podemos hacer ahora? 2008-2009», Informe Anual, Suzanne H. Reuben (ed.), Bethesda, Panel presidencial sobre el cáncer, 2010, p. 78.

24. Investigación del Smart Water Networks Forum, *Stated NRW (Non-Revenue Water) Rates in Urban Networks*, Portsmouth, agosto de 2010, p. 3.

25. La pérdida promedio de agua de Ammán entre 1986 y 2004 fue del 53 por ciento. Véase Nadhir Al-Ansari, N. Alibrahiem, M. Alsaman, y Sven Knutsson, «Water Supply Network Losses in Jordan», *Journal of Water Resource and Protection* 6, n.º 2, febrero de 2014, p. 87. Adana, la quinta ciudad más grande de Turquía sufrió una pérdida de agua del 69 por ciento. Véase Smart Water Networks Forum Research, *op. cit.*

26. David Dunlap, «Far, Far Below Ground, Directing Water to New York City Taps», *The New York Times*, 19 de noviembre de 2014.

27. La población de Israel hacia fines de 2014 era de 8,3 millones de habitantes. Véase Oficina Central de Estadística, *Israel's Population on the Eve of Independence Day*, Jerusalén, 1 de mayo de 2014. El 15 de mayo de 1948 su población era de 806 000 habitantes. Véase Oficina Central de Estadística, *Israel in Statistics: 1948-2007*, Jerusalén, mayo de 2009, p. 2.

28. Según el Banco Mundial, el PIB de Israel (USD corrientes) se incrementó más del doble desde 2005.

29. Benjamin Netanyahu, discurso después de firmar el Acuerdo de Cooperación entre California e Israel, Mountain View, California, 5 de marzo de 2014.

30. Israel fue clasificado por el Instituto de Recursos Mundiales en 2014 como el vigésimo primer país con mayor estrés hídrico del mundo. Pertenece a la categoría más alta – «Estrés extremadamente alto». Paul Reig, Andrew Maddocks y Francis Gassert, «World's 36 Most Water-Stressed Countries», Instituto de Recursos Mundiales, 12 de diciembre de 2013.

31. Israel le suministra a la Autoridad Nacional Palestina cerca de 57 000 millones de litros de agua en Cisjordania (véase Mekorot, *Mekorot's Association with the Palestinians Regarding Water Supplies*, Tel Aviv, 2014, 6, y Autoridad Palestina del Agua, *Annual Status Report on Water Resources, Water Supply, and Wastewater in the Occupied State of Palestine-2011*, Ramala, 2012, p. 28) y casi 9900 millones de litros en Gaza. Véase Yaakov Lappin, «Israel to Double Amount of Water Entering Gaza», *The Jerusalem Post*, 4 de marzo de 2015. Israel actualmente también le suministra a Jordania una cantidad cercana a los 53 000 millones de litros por año. Además, Israel y Jordania también firmaron un acuerdo en febrero de 2015, por el cual Jordania aceptó que Israel adquiriera más de 34 000 millones de litros de agua desalinizada por año de un nuevo proyecto de planta desalinizadora en Áqaba, a cambio de que Israel duplicara el suministro a Jordania a casi 106 000 millones de litros. Véase Sharon Udasin, «Israeli, Jordanian Officials Signing Historic Agreement on Water Trade», *The Jerusalem Post*, 26 de febrero de 2015.

CAPÍTULO 1. UNA CULTURA RESPETUOSA CON EL AGUA

1. Aya Mironi, entrevista del autor, Nueva York, 3 de febrero de 2014.
2. Uri Schor, entrevista del autor, Tel Aviv, 25 de abril de 2013.
3. Para una lista parcial de fuentes religiosas judías sobre las precipitaciones y el agua, véase Wolf Gafni, Pinhas Michaeli, Ahouva Bar-Lev, Yerahmiel Barylka y Edward Levin, *Beside Streams of Waters. Rain and Water in the Prayers and Ceremonies of the Holiday*, Jerusalén, Fondo Nacional Judío, Keren Kayemeth LeYisrael, Departamento de Organizaciones Religiosas, 1990.
4. Números 20, 1-13 y Éxodo 17, 16.
5. Deuteronomio 11, 14 y 28, 12.
6. Deuteronomio 11, 17.
7. James Strong, *Strong's Exhaustive Concordance of the Bible*, Peabody, Hendrickson Publishers, 2009.
8. Para mayor información sobre Theodor Herzl, véase Amos Elon, *Herzl*, Nueva York, Holt, Rinehart y Winston, 1975, y Shlomo Avineri, *Herzl. Theodor Herzl and the Foundation of the Jewish State*, Londres, Weidenfeld & Nicolson, 2013.
9. Yehuda Avner, *The Prime Ministers. An Intimate Narrative of Israeli Leadership*, New Milford, The Toby Press, 2010, p. 105.
10. Theodor Herzl, *The Complete Diaries of Theodor Herzl*, Raphael Patai (ed.), Londres, Herzl Press, 1960, p. 755.
11. Theodor Herzl, *Altneuland*, Mineápolis, Filiquarian Publishing LLC, 2007, p. 51.
12. Ibíd., p. 264.
13. Ibíd., p. 268.
14. Isaías 12, 3.
15. Otras canciones con coreografías acerca del agua incluyen: *Yasem Midbar Le'Agam Mayim* (Un desierto se convertirá en lago), 1944, y *Etz HaRimon* (El árbol de pomelo), 1948.
16. Abraham B. Yehoshua, *Early in the Summer of 1970*, Nueva York, Schocken, 1971.
17. Amos Oz, *My Michael*, Nueva York, Knopf, 1972.
18. Assaf Gavron, entrevista telefónica del autor, 16 de julio de 2014.
19. Estado de Israel, Ley de Control de Perforación Hídrica, 5715-1955, Sección 4.
20. Estado de Israel, Ley de Medición del Agua, 5715-1955, Sección 2(a).
21. Ibíd., Sección 3(a).
22. Estado de Israel, Ley de Drenaje y Control de Inundaciones, 5718-1957, Sección 1.
23. Ibíd., Sección 4(a).
24. Ibíd., Sección 5.
25. Comisión del Agua del Estado de Israel, *The Water Laws of Israel*, M. Virshubski (ed.), Tel Aviv, marzo de 1964, p. i.
26. Estado de Israel, Ley de Recursos Hídricos, 5719-1959, Sección 1.

27. Ibíd., Sección 4.
28. Ibíd., Sección 3.
29. Ibíd., Sección 9(1).
30. Shimon Tal, entrevista telefónica del autor, 11 de marzo de 2013.
31. República de Francia, Código Civil, Artículo 642.
32. Ibíd., Artículo 641.
33. Arnon Soffer, entrevista del autor, Haifa, 2 de mayo de 2013. Desde que el exprimer ministro israelí utilizara la famosa frase «una casa de campo en una jungla», pero en otro contexto, el profesor Soffer probablemente tomó prestada la frase de Barak y la adaptó a sus comentarios sobre el agua.

Capítulo 2. El acueducto nacional

1. Michael Makovsky, *Churchill's Promised Land. Zionism and Statecraft*, New Haven, Yale University Press, 2008, pp. 183-184.
2. Además del temor a un levantamiento musulmán o una «quinta columna» en la India, Palestina u otras áreas bajo control británico, los británicos también tenían en cuenta que la gran cantidad de petróleo que necesitarían para un futuro esfuerzo bélico se encontraba en Iraq y en otros lugares con poblaciones mayormente musulmanas. Tuvia Friling, *Arrows in the Dark. David Ben-Gurion, the Yishuv Leadership, and Rescue Attempts during the Holocaust*, Madison, University of Wisconsin Press, 2005, p. 2.
3. Para una copia del Libro Blanco británico de 1939, véase Charles D. Smith, *Palestine and the Arab-Israeli Conflict*, Boston, Bedford/St. Martin's, 2007, (6.ª ed.), pp. 165-169.
4. Para un estudio exhaustivo sobre la cuestión de la «capacidad de absorción económica» de Palestina, véase Shalom Reichman, Yossi Katz y Yair Paz, «The Absorptive Capacity of Palestine, 1882-1948», *Middle Eastern Studies* 33, n.º 2, 1997, pp. 338-361.
5. Miriam Eshkol, entrevista telefónica del autor, 29 de abril de 2013.
6. Algunos ejemplos de las entidades previas al Estado incluyen la Federación General de Trabajadores de la Tierra de Israel, conocida como Histadrut, que fue fundada en 1920. Keren Hayesod, una organización creada para recaudar fondos para construir entidades públicas como hospitales y escuelas, también se creó en 1920. Solel Boneh fue fundada en 1921 para pavimentar caminos y construir torres de vigilancia, y Bank Hapoalim (Banco de los Trabajadores) se creó ese mismo año. La Universidad Hebrea se estableció en 1925. La Agencia Judía para Palestina se creó en 1929 para facilitar la inmigración y ayudar a absorber a los inmigrantes que llegaban.
7. La elección del nombre Mekorot tuvo un elemento gracioso. Como era común en las organizaciones Yishuv de la época, los fundadores deseaban usar un nombre bíblico que vinculara a la empresa sionista con sus orígenes ancestrales. Un miembro del directorio encontró un versículo de los Salmos que dice «Más que el fragor [Mekolot] de

muchas aguas, más que las poderosas olas del mar, es PODEROSO el Señor en las alturas» (Salmos 93,4), pero transcribió equivocadamente Mekolot como Mekorot, dado que Mekorot significa 'fuentes', un buen nombre para una empresa de exploración hídrica. Cuando un miembro del directorio un poco más avezado en temas bíblicos notó la confusión en la lectura del texto en una reunión posterior de la empresa, el director que había hecho su propuesta inicialmente la defendió y ganó la discusión. Assaf Seltzer, *Mekorot. Sipurah Shel Hevrat Ha-Mayim Ha-Le'umit- 75 Ha-Shanim Ha-Rishonot*, Jerusalén, Yad Yitzhak Ben-Zvi, 2011, p. 35.

8. Ibíd., pp. 30-32.
9. Haim Gvirtzman, *Mash'abe ha-mayim be-Yisrael: perakim be-hidrologyah uve-mada'e ha-sevivah*, Jerusalén, Yad Ben-Zvi Press, 2002, p. 190.
10. Aharon Kellerman, *Society and Settlement. Jewish Land of Israel in the Twentieth Century*, Albany, State University of New York Press, 1993, pp. 245-247.
11. Simcha Blass, *Mei Meriva u-Ma'as*, Israel, Massada Ltd., 1973, pp. 125-128.
12. Ibíd., p. 125.
13. Donna M. Herzog, *Contested Waterscapes. Constructing Israeli Water and Identity*, tesis doctoral, Universidad de Nueva York, 2015, p. 70.
14. Blass, *op. cit.*, pp. 129-130.
15. Elisha Kally y Gideon Fishelson, *Water and Peace. Water Resources and the Arab-Israeli Peace Process*, Westport, Praeger, 1993, pp. 6-7.
16. Para ver una narración del viaje de Lowdermilk a Israel con el Departamento de Agricultura de los Estados Unidos, véase Walter Clay Lowdermilk, *Conquest of the Land through Seven Thousand Years*, Washington D. C., Departamento de Agricultura de los Estados Unidos, 1948.
17. Walter Clay Lowdermilk, *Palestine, Land of Promise*, Nueva York, Harper & Brothers, 1944, p. 5.
18. Ibíd., p. 4.
19. Ibíd., pp. 148-161.
20. Harper & Brothers publicó por primera vez el libro *Palestina, tierra de promisión* de Walter Clay Lowdermilk en 1944.
21. Amir Mane, «Americans in Haifa. The Lowdermilks and the American-Israeli Relationship», *Journal of Israeli History* 30, n.º 1, 2011, p. 71. *Palestina, tierra de promisión* también se tradujo a siete idiomas, incluidos el hebreo y el yidis.
22. R. L. Duffus, «Practical View of Palestine», revisión de *Palestina, tierra de promisión*, Walter Clay Lowdermilk (ed.), *The New York Times*, 21 de mayo de 1944, reseña de libros del domingo.
23. Extracto del comentario sobre *Palestina, tierra de promisión* en el *New York Herald Tribune*: «El señor Lowdermilk brinda un informe, y muy emocionante por cierto, sobre los planes de los sionistas. Es emocionante porque el señor Lowdermilk tiene un punto de vista especial. ¡Examina el experimento en Palestina no como judío ni con mayor

aprehensión por los problemas de los judíos respecto de cualquier otra persona de instintos humanitarios normales, sino como conservacionista del suelo! La tesis audaz del señor Lowdermilk es que un apoyo más firme del experimento palestino —de hecho, la promoción y expansión íntegra de este experimento— sería en última instancia de gran beneficio para todo Oriente Medio, mientras que le brindaría alcance a la aspiración de los judíos». Philip Wagner, «The Miracle That Is Going on in Palestine. The Jews Restore Fertility Where the Desert Had Crept In», comentario de *Palestina, tierra de promisión*, Walter Clay Lowdermilk (ed.), *The New York Herald Tribune*, 12 de abril de 1944, sección semanal de comentario de libros.

24. Lowdermilk, «Palestina, tierra de promisión», *op. cit.*, p. 227.
25. Ibíd.
26. Ibíd., p. 229.
27. Guilford Glazer, entrevista telefónica del autor, 12 de diciembre de 2012.
28. Inez Marks Lowdermilk, *All in a Lifetime. An Autobiography*, Berkeley, The Lowdermilk Trust, 1985, p. 229.
29. Ibíd.
30. Westher Hess, entrevista telefónica del autor, 2 de abril de 2014.
31. Makovsky, *op. cit.*, p. 238.
32. La posición británica sobre Palestina en 1945: «Es indispensable para la seguridad imperial en Medio Oriente [...] que Gran Bretaña administre Palestina como un todo indiviso. [...] Palestina y Transjordania deben conformar el centro de nuestro sistema de seguridad de Medio Oriente. [...] La Comisión para la Defensa de Medio Oriente sostiene la opinión unánime de que la partición de Palestina desde el punto de vista militar desencadenaría un desastre irremediable». Ministro residente en Medio Oriente, *Imperial Security in the Middle East*, 2 de julio de 1945, p. 7.
33. Existieron varios enfoques por parte de distintos grupos sionistas en cuanto a cómo desafiar a la autoridad británica. Ben Gurión y los sionistas laboralistas en general alentaban la negociación y los medios políticos. El Irgún, o IZL, y la Banda de Stern, o Leji, preferían la confrontación más violenta. Para más información sobre los abordajes opuestos, véase Howard M. Sachar, *A History of Israel. From the Rise of Zionism to Our Time*, Nueva York, Knopf, 1976, pp. 249-278.
34. Para una lectura más profunda de la visión de David Ben Gurión acerca del Néguev, véase David Ben Gurión, «Introduction», en *Masters of the Desert. 6000 Years in the Negev*, Yaakov Morris (ed.), Nueva York, G. P. Putnam's Sons, 1961, pp. 11-16.
35. Kellerman, *op. cit.*, pp. 248-249.
36. Blass, *op. cit.*, pp. 141-143.
37. Uri Werber, entrevista del autor, kibutz Hatzerim (Israel), 5 de mayo de 2013.
38. Blass, *op. cit.*, p. 142.
39. Ibíd., p. 145.
40. Mekorot, *60 Shanah Le-Kav Ha-Rishon La-Negev*, Tel Aviv, 2007.

41. El Censo de Palestina de 1931 registró la población de la región de Beersheba en 51 082, de los cuales 47 981 eran nómades y 3101 vivían en asentamientos. Véase Gobierno de Palestina, *Census of Palestine 1931*, vol. II. Palestine, Part II, Tables, E. Mills (ed.), Alexandria, 1933, pp. 2-3. Para 1948 la población estimada era de 70 000, la mayoría beduinos. Véase Shlomo Swirski y Yael Hasson, *Invisible Citizens. Israel Government Policy toward the Negev Bedouin*, Tel Aviv, Centro Adva, 2006, p. 9. Por consiguiente, la población efectiva en 1947 oscilaba entre esos dos valores. Tomando la cifra de 1948, con una superficie de 12 173 km², la densidad poblacional del Néguev en 1948 era de casi seis personas por kilómetro cuadrado.

42. Uri Shamir, profesor e hidrólogo de Technion, describió el testimonio de Blass como «hidrología sionista», más ideología que ingeniería o ciencia, aun cuando Blass terminara teniendo razón. Uri Shamir, entrevista del autor, Cesarea (Israel), 1 de mayo de 2013.

43. Para un análisis de la Guerra árabe-israelí de 1948, véase Benny Morris, *Righteous Victims. A History of the Zionist-Arab Conflict, 1881 – 2001*, Nueva York, Vintage, 2001, pp. 215-258.

44. Para más información sobre la expulsión de los judíos de los países árabes tras la creación del Estado de Israel, véase Martin Gilbert, *In Ishmael's House. A History of Jews in Muslim Lands*, New Haven, Yale University Press, 2010, pp. 217-281.

45. Oficina Central de Estadística, *Israel in Statistics. 1948-2007*, Jerusalén, mayo de 2009, p. 2.

46. Las cifras totales de inmigración para los primeros tres años y medio de Israel son: en 1948, 101 828; en 1949, 239 954; en 1950, 170 563; en 1952, 175 279. Ministerio de Asuntos Exteriores, *Population of Israel. General Trends and Indicators*, Jerusalén, 24 de diciembre de 1998.

47. Nadav Morag, «Water, Geopolitics and State Building. The Case of Israel», *Middle Eastern Studies* 37, n.º 3, 2001, pp. 179-198.

48. Daniel Gordis, *Menachem Begin. The Battle for Israel's Soul*, Nueva York, Schocken, 2014, p. 111.

49. Chris Sneddon y Coleen Fox, «The Cold War, the US Bureau of Reclamation, and the Technopolitics of River Basin Development, 1950-1970», *Political Geography* 30, 2011, p. 457.

50. W. H. Lawrence, «Eisenhower Sends Johnston to Mid-East to Ease Tension. Film Official Will Press for Israeli-Arab Accord and Economic Development», *The New York Times*, 16 de octubre de 1953.

51. Para un acercamiento y análisis de la misión Johnston, véase Jeffrey Sosland, *Cooperating Rivals. The Riparian Politics of the Jordan River Basin*, Albany, State University of New York Press, 2007, pp. 37-61.

52. Blass, *op. cit.*, pp. 203-204.

53. John S. Cotton, *Plan for the Development of the Water Resources of the Jordan and Litani River Basins*, Jerusalén, Ministerio de Agricultura, 1954, p. 62.

54. Para un análisis de las revisiones al Plan de Johnston, véase Samer Alatout, «Hydro-Imaginaries and the Construction of the Political Geography of the Jordan River. The Johnston Mission, 1953-56», en *Environmental Imaginaries of the Middle East and North Africa*, Diana K. Davis y Edmund Burke III (eds.), Athens, Ohio University Press, 2011.

55. «Israel Inaugurates Yarkon-Negev Pipeline Amid Great Festivities», Agencia Judía de Telégrafos, 29 de julio de 1955.

56. Seltzer, *op. cit.*, 128.

57. Bezalel Amikam, «Ish Ha-Mayim», *AI HaMishmar*, 27 de agosto de 1982.

58. David Ben Gurión, carta a Simcha Blass, 3 de marzo de 1956.

59. Yael Shoham y Ofra Sarig, *Ha-Movil Ha-Artzi. Min Ha-Kineret ve-ad Pe-atei Nesev*, Tel Aviv, Mekorot, 1995.

60. Noel Maurer y Carlos Yu, «What Roosevelt Took. The Economic Impact of the Panama Canal, 1903-37», *Harvard Business School*, documento de trabajo 06-041, marzo de 2006, p. 3.

61. En 1961, dos años después del inicio de la construcción del Acueducto Nacional de Israel, la población del área metropolitana de Beersheba era de 97 200. Actualmente es de 664 000. Oficina Central de Estadística, *Statistical Abstract of Israel 2014*, Jerusalén, 2014.

62. El autor desea agradecer a Daniel Hoffman por las ideas vertidas en este párrafo.

63. Seltzer, *op. cit.*, p. 132.

64. Aaron Wiener (1912-2007) también fue un brillante ingeniero hidráulico. En entrevistas con su hija y su yerno, Ruti y Uzi Arad, quedó claro que Wiener, una persona de bajo perfil, sufría al trabajar con Blass, una persona irritable.

65. «Hi'gia Professor Lowdermilk», Davar, 7 de junio de 1964.

Capítulo 3. Administración del sistema nacional de agua

1. Estado de Israel, Ley de Recursos Hídricos, 5719-1959, Sección 125-1 26(a).

2. Uri Shani, entrevista telefónica del autor, 17 de marzo de 2013.

3. David Pargament, entrevista del autor, Tel Aviv, 26 de abril de 2013.

4. Yoav Kislev, *The Water Economy of Israel*, Jerusalén, Centro Taub de Estudios de Política Social de Israel, noviembre de 2011, p. 104.

5. Olga Slepner, correo electrónico al autor, 23 de abril de 2014.

6. Oded Fixler, entrevista del autor, Tel Aviv, 6 de mayo de 2013.

7. Shani, *op. cit.*

8. «Israel Spells Out 2010 Tariff Plan», *Global Water Intelligence*, 19 de noviembre de 2009.

9. Nir Barlev, entrevista telefónica del autor, 9 de abril de 2013.

10. Ibíd.

11. Continúa la controversia por las empresas municipales de servicios públicos, con alcaldes y sus aliados que intentan recuperar para los primeros el control local sobre el

agua. Avi Bar-Eli, «Be'lakhatz Ha-Reshuyot Ha-Mekomiyot-Lapid Hit'kapel Ve'Shi-na et Khok Ta'agidei Ha'Mayim», *The Marker*, 7 de enero de 2014.

12. Shimon Tal, entrevista telefónica del autor, 6 de marzo de 2013.

13. Nir Barlev, entrevista telefónica del autor, 11 de abril de 2013.

14. Taniv Rophe, entrevista telefónica del autor, 7 de octubre de 2013.

15. Shimon Tal, *op. cit.*, 6 de marzo de 2013.

16. Ibíd.

17. Algunas ciudades del mundo con pérdidas de agua injustificadas del 40 por ciento y más, incluyen: Nueva Delhi (53 por ciento), Dublín (40), Glasgow (44), Hyderabad (50), Yakarta (51), Montreal (40) y Sofía (62 por ciento), entre otras. Smart Water Networks Forum Research, *Stated NRW (Non-Revenue Water) Rates in Urban Networks*, Portsmouth, agosto de 2010.

18. Olga Slepner, correo electrónico al autor, 26 de noviembre de 2014.

19. Abraham Tenne, entrevista del autor, Tel Aviv, 25 de abril de 2013.

20. Slepner, *op. cit.*

21. Barlev, *op. cit.*, 11 de abril de 2013.

22. Ibíd.

23. Ibíd.

24. Zohar Yinon, entrevista del autor, Jerusalén, 24 de abril de 2013.

25. Ibíd.

Capítulo 4. Revolución(es) en la granja

1. Simcha Blass, *Mei Meriva u-Ma'as*, Israel, Massada Ltd., 1973, pp. 330-331.

2. Para conocer la historia del riego en el antiguo Oriente Medio, véase Sandra Postel, *Pillar of Sand. Can the Irrigation Miracle Last?*, Nueva York, W. W. Norton & Company, 1999, pp. 13-39.

3. Sandra Postel, «Drip Irrigation Expanding Worldwide», *News Watch*, 25 de junio de 2012.

4. Ibíd.

5. Ministerio de Agricultura y Desarrollo Rural, *Irrigation Agriculture. The Israeli Experience*, Anat Lowengart-Aycicegi (ed.), Jerusalén, p. 6.

6. En 1962 el sector agrícola de Israel consumió el 78 por ciento del suministro total de agua. Aaron Wiener, *Development and Management of Water Supplies under Conditions of Scarcity of Resources*, Tel Aviv, Tahal, abril de 1964.

7. Programa Mundial de Evaluación de los Recursos Hídricos de las Naciones Unidas, *The United Nations World Water Development Report 2014: Water and Energy*, París, Organización de las Naciones Unidas para la Educación, la Ciencia y la Cultura, 2014, p. 56.

8. *Netafim, lrrigation and Strategies for Investment*, presentación, Naty Barak, Agricultural Investment 2011, Londres, 5-6 de octubre de 2011.

9. Simcha Blass, *Drip lrrigation*, Tel Aviv, Water Works- Consulting and Design, julio de 1969, p. 3.

10. Tras ver obstaculizada su carrera académica, el miembro del cuerpo docente Dan Goldberg se dedicó a la consultoría para países de América del Sur y del Caribe en el uso del riego por goteo para el cultivo de banano. Véase Yossi Shalhevet, entrevista telefónica del autor, 3 de octubre de 2014. Goldberg dedicó su vida a promover el riego por goteo y fue coautor de un libro sobre el tema. Véase Dan Goldberg, Baruch Gornat, y D. Rimon, *Drip lrrigation. Principles, Design, and Agricultural Practices*, Kfar Shmaryahu (ed.), Israel, Drip Irrigation Scientific Publications, 1976.

11. Uri Werber, entrevista del autor, kibutz Hatzerim (Israel), 5 de mayo de 2013.

12. Zwi Keren, *Oasis in the Desert. The Story of Kibbutz Hatzerim*, Israel, Kibbutz Hatzerim Press, 1988, pp- 159-164.

13. Werber, *op. cit.*

14. Ibíd.

15. Daniel Gavron, *The Kibbutz Awakening from Utopia*, Washington D. C., Rowman & Littlefield Publishers, 2000, pp. 124-125.

16. Ruth Keren, entrevista del autor, kibutz Hatzerim (Israel), 5 de mayo de 2013.

17. Los tres kibutz que fundaron empresas de riego por goteo en la década de 1970 que competían con Netafim fueron: kibutz Gvat (Plastro), kibutz Na'an (Na'an) y kibutz Dan (Dan). Na'an y Dan se fusionaron en 2001; en adelante funcionaron como NaanDan. Hubo otras, principalmente de distintos kibutz, que se sumaron al negocio del riego por goteo, pero con menor éxito. De ese segundo grupo, la empresa más exitosa fue Metzerplas, del kibutz Metzer. Continúa en el negocio del riego por goteo.

18. Naty Barak, entrevista del autor, Nueva York, 21 de marzo de 2013.

19. Plastro fue adquirida por John Deere y funcionó bajo el nombre de John Deere Water hasta que se vendió nuevamente a una empresa de capitales privados. Véase Yoram Gabison, «FIMI wins auction for control of John Deere Water», Haaretz, 17 de febrero de 2014. NaanDan es propiedad de Jain Irrigation, una empresa grande de la India. Véase NaanDanJain, «About Us», disponible en ‹www.naandanjain.com/Company/Irrigation-Solutions› [última consulta: febrero de 2017].

20. Werber, *op. cit.*

21. Erez Meltzer, entrevista telefónica del autor, 23 de enero de 2013.

22. Werber, *op. cit.*

23. Visita del autor, 5 de mayo de 2013.

24. Barbara Shivek, entrevista del autor, kibutz Hatzerim (Israel), 5 de mayo de 2013.

25. Salvo en casos especiales, el servicio militar es universal en Israel. Al cumplir los 18 años, los hombres prestan servicio durante tres años y las mujeres, durante dos.

26. Rafi Mehoudar, entrevista del autor, Tel Aviv, 18 de abril de 2013.

27. Postel, «Drip Irrigation Expanding Worldwide», *op. cit.*

28. «Netafim, Drip Irrigation. Israeli Innovation That Has Changed the World», presentación de Naty Barak, JNF Summit, Las Vegas, 28 de abril de 2013, p. 19.

29. Naty Barak, *op. cit.*

30. Rafi Mehoudar, *op. cit.*

31. El profesor Aharon Friedman, de la Universidad Hebrea, explica la fisiología vegetal y el rendimiento de la siguiente manera: «Las plantas se benefician más cuando hay disponibilidad hídrica, dado que pueden darse el lujo de perder agua por evaporación a través de los estomas al tiempo que mantienen la respiración y la fotosíntesis. Ante la escasez de agua, los estomas permanecen abiertos durante periodos más cortos; por consiguiente, se reducen la respiración y la fijación de dióxido de carbono (CO_2) que se manifiesta en un crecimiento más lento y un menor rendimiento». Aharon Friedman, correo electrónico al autor, 3 de octubre de 2014.

32. John Seewer, «Toledo, Ohio Water Contamination Leaves Residents Scrambling to Buy Bottled Water», *Huffington Post*, 2 de octubre de 2014.

33. Danny Ariel, entrevista del autor, Tel Aviv, 28 de octubre de 2013.

34. Mehoudar, *op. cit.*

35. Uri Shani, entrevista telefónica del autor, 4 de julio de 2013.

36. Ibíd.

37. Hazera Genetics, *Hazera. History of Success*, 2011.

38. Shoshan Haran, entrevista telefónica del autor, 1 de julio de 2013.

39. Nili Shalev, correo electrónico al autor, 5 de septiembre de 2014.

40. Zvi Amit, correo electrónico al autor, 2 de febrero de 2015.

41. Moshe Bar, entrevista telefónica del autor, 26 de diciembre de 2013.

42. Shoshan Haran, entrevista telefónica del autor, 1 de julio de 2013.

43. Zvi Amit, entrevista telefónica del autor, 10 de julio de 2013.

44. Blass, *Drip Irrigation, op. cit.*, 3.

45. Amit, entrevista citada.

46. Bar, *op. cit.*

47. Haran, *op. cit.*

48. Ami Shaham, entrevista del autor, Aravá Central (Israel), 23 de abril de 2013.

49. Arie Issar, entrevista del autor, Jerusalén, 24 de abril de 2013. Para más información sobre el desarrollo de los recursos hídricos en Aravá Central del Néguev, véase Gobierno de Israel, *The Central Arava. Proposals for the Development of Water Resources, Informe 69-093*, Jerusalén, septiembre de 1969, y Gobierno de Israel, *The Central Arava Irrigation Water Development Scheme, Informe 69-173*, Jerusalén, noviembre de 1969.

50. Naty Barak, entrevista telefónica del autor, 7 de noviembre de 2013.

51. Comisión Internacional de Riego y Drenaje, *Sprinkler and Micro Irrigated Areas*, Nueva Delhi, mayo de 2012).

52. Comisión Internacional de Riego y Drenaje, *World Irrigated Area-Region Wise/Country Wise*, Nueva Delhi, 2012.

53. Comisión Internacional de Riego y Drenaje, *Sprinkler and Micro Irrigated Areas, op. cit.*

54. El 15 por ciento de los campos irrigados utiliza riego por aspersión, pero los agricultores seguirán con la práctica del riego por inundación mientras sigan recibiendo el agua a un coste casi igual a cero. Sin incentivo para asumir el coste de comprar equipos de riego, siguen vigentes prácticas de gran derroche de agua, aun en lugares que padecen estrés hídrico. Por ejemplo, según el Texas Water Resource Institute, los agricultores texanos solo emplean el riego por goteo en el 3 por ciento de los cultivos del estado. Hasta que los agricultores no se vean obligados a incluir el coste real del agua en su agricultura, esto continuará. Todd Woody, «How Israel Beat a Record-Breaking Drought, With Water to Spare», *Takepart*, 6 de octubre de 2014.

55. Shani, *op. cit.*

56. Si California fuese un país, sería uno de los mayores usuarios del riego por goteo. Actualmente emplea estos sistemas de irrigación en el 39 por ciento de los campos bajo riego, inclusive el 75 por ciento de los viñedos. Gwen N. Tindula, Morteza N. Orang y Richard L. Snyder, «Survey of Irrigation Methods in California in 2010», *Journal of Irrigation and Drainage Engineering* 139, n.º 3, agosto de 2013, pp. 233-235.

57. Postel, «Drip Irrigation Expanding Worldwide», *op. cit.*

58. Yuval Azulai, «Kibbutz Naan Sells NaanDanJain Irrigation», *Globes*, 14 de mayo de 2012.

59. Barak, *op. cit.*, 18 de marzo de 2013.

60. Según el Banco Mundial, «los subsidios a los clientes de servicios públicos constituyen una característica principal de los servicios de agua y electricidad en el mundo. En algunos casos, el subsidio al servicio es posible a través de grandes asignaciones de ingresos públicos generales, ya sea en forma de proyectos de capital o transferencias periódicas para cubrir la falta de ingresos. [...] Otras empresas de servicios públicos simplemente absorben las pérdidas financieras de los subsidios generales o específicos, con lo que gradualmente erosionan los fondos de capital y dilatan los costes de reparaciones y mantenimiento para el futuro». *Agua, electricidad y pobreza. ¿Quién se beneficia de los subsidios a los servicios públicos?*, Kristin Komives, Vivien Foster, Jonathan Halpern y Quentin Wodon (eds.), Washington D. C., Banco Mundial, 2005, p. 1.

61. Uri Shamir, «Management of Water Systems under Uncertainty», discurso, Conferencia WATEC, Tel Aviv, 22 de octubre de 2013.

62. Existe consenso universal en la India en que el riego por goteo se encuentra entre las mejores herramientas para controlar el uso del agua, mejorar el rendimiento y abordar la pobreza. Véase Gobierno de la India, Ministerio de Agricultura, *Report on the Task Force on Microirrigation*, Nueva Delhi, enero de 2004, pp. vii-xxix, pero existe controversia respecto de la eficacia de los subsidios para el riego por goteo y la manera de lograr el mejor resultado económico. Véase Hemant K. Pullabhotla, Chandan Kumar

y Shilp Verma, *Micro-Irrigation Subsidies in Gujarat and Andhra Pradesh. Implications for Market Dynamics and Growth*, Sri Lanka, Programa de IWMI-TATA sobre Políticas Hídricas, 2012. Véase también Ravinder P. S. Malik y M. S. Rathore, *Accelerating Adoption of Drip Irrigation in Madhya Pradesh, India, AgWater Solutions Project*, Sri Lanka, IWMI, septiembre de 2012, pp. 15-32.

63. Archana Chaudhary, «Netafim to Build Largest India's Drip-Irrigation Project», *Bloomberg*, 23 de enero de 2014.

64. Barak, *op. cit.*, 18 de marzo de 2013.

CAPÍTULO 5. TRANSFORMANDO LOS RESIDUOS EN AGUA

1. Hillel I. Shuval, «Public Health Aspects of Waste Water Utilization in Israel», presentación, The Purdue Industrial Wastes Conference, 1 de mayo de 1962.

2. Ibíd., p. 4.

3. Avi Aharoni, entrevista del autor, Tel Aviv, 6 de enero 2014.

4. Para un relato magnífico del origen del tratamiento de aguas residuales municipales, véase Steven Solomon, *Water. The Epic Struggle for Wealth, Power and Civilization*, Nueva York, Harper Perennial, 2010, pp. 249-265. Véase también James Salzman, *Drinking Water. A History*, Nueva York, Overlook Duckworth, 2010, pp. 85-97.

5. Eytan Levy, entrevista telefónica del autor, 21 de marzo de 2013.

6. Joanne E. Drinan, *Water & Wastewater Treatment. A Guide for the Nonengineering Professional*, Boca Ratón, CRC Press, 2001, pp. 159-168.

7. Ibíd., pp. 169-173.

8. Ibíd., pp. 175-204.

9. Ibíd., pp. 207-220.

10. Adam Kanarek, entrevista del autor, Tel Aviv, 18 de octubre de 2013.

11. Ibíd.

12. Shuval, *op. cit.*, p. 9.

13. Ibíd., p. 7.

14. La planta de Shafdan trata aproximadamente 360 millones de litros de agua residual tratada por día. Nelly Ickeson-Tal, entrevista del autor, Rishon LeZion (Israel), 17 de octubre de 2013.

15. Ibíd.

16. Moshe Gablinger, entrevista telefónica del autor, 21 de abril de 2014.

17. Ori Yogev, entrevista del autor, Tel Aviv, 19 de abril de 2013.

18. Aharoni, *op. cit.*

19. Shuval, *op. cit.*, p. 4.

20. Mekorot, *Wastewater Reclamation and Reuse*, Batya Yadin, Adam Kanarek y Yael Shoham (eds.), Tel Aviv, 1993), pp. 9-14.

21. Mientras espera a que se termine la tubería al Néguev, el Ministerio de Salud se convenció de que el agua de SAT de Shafdan era segura para el consumo en cantidades limitadas. Durante la mayor parte de la década de 1980, el Ministerio le permitió a SAT de Shafdan suministrar hasta el 5 por ciento del agua potable de la nación. Para 1989, cuando comenzó a operar la tubería del Néguev, el Ministerio decidió que sería mejor separar el agua residual del agua dulce, y la práctica llegó a su fin. Israel Mantel, entrevista del autor, Tel Aviv, 6 de mayo de 2013.

22. Aharoni, *op. cit.*

23. Taniv Rophe, entrevista telefónica del autor, 7 de octubre de 2013.

24. Aharoni, *op. cit.*

25. Ibíd.

26. En 2010 las exportaciones agrícolas de Israel alcanzaron un total de 2100 millones de dólares. «Israel's Agriculture at a Glance», en Arie Regev (ed.), *Israel's Agriculture*, Tel Aviv, Instituto Israelí de Exportación y Cooperación Internacional, 2012, p. 8.

27. Shimon Tal, entrevista del autor, Tel Aviv, 18 de octubre de 2013.

28. Avi Aharoni, correo electrónico al autor, 5 de octubre de 2014.

29. Yossi Schreiber, entrevista telefónica del autor, 21 de septiembre de 2014.

30. A medida que Israel comenzó a construir su infraestructura para el agua residual, un gran número de emigrantes que abandonaron la antigua Unión Soviética se reubicaron en el país. Los Estados Unidos ofrecieron préstamos con garantía para colaborar en la absorción de los inmigrantes: entendían que si bien esos créditos garantizados no eran exclusivos para la infraestructura nacional de aguas residuales, parte de ellos se emplearían para ayudar a obtener financiación a menor coste del sistema de agua residual. Israel recibió financiación a lo que en última instancia fue coste cero para el contribuyente estadounidense, dado que ninguno de los prestadores jamás invocó las garantías del préstamo.

31. Schreiber, *op. cit.*

32. Ibíd.

33. Rophe, *op. cit.*

34. Ibíd.

35. Uri Schor, entrevista del autor, Tel Aviv, 25 de abril de 2013.

36. Olga Slepner, correo electrónico al autor, 27 de noviembre de 2014.

37. Shaul Ashkenazy, entrevista telefónica del autor, 6 de octubre de 2013.

38. Ibíd.

39. Slepner, *op. cit.*

40. Aharoni, *op. cit.*

41. Electric Power Research Institute, *Water and Sustainability*, vol. 4: *U.S. Electricity Consumption for Water Supply and Treatment. The Next Half Century*, Palo Alto, marzo de 2002, p. vi.

42. Levy, *op. cit.*

43. Noah Galil, entrevista del autor, Haifa, 7 de enero de 2014.

44. Ibíd.

45. Refael Aharon, correo electrónico al autor, 5 de febrero de 2015.

46. Si bien existe un gran volumen de sal en el agua residual debido a la que se agrega normalmente en los procesos de cocción, podría ser aún más alto en Israel. Las leyes dietéticas judías incluyen el ritual de salar toda la carne previamente a su cocción. La sal se lava, pero fluye hacia las aguas residuales de Israel.

47. Dan Zaslavsky, entrevista del autor, Haifa, 7 de enero de 2014.

48. Steven Mithen, *Thirst. Water and Power in the Ancient World*, Cambridge, Harvard University Press, p. 63.

49. Ibíd., 44-74.

50. Dror Avisar, entrevista del autor, Tel Aviv, 6 de enero de 2014.

51. Ibíd.

52. Sara Elhanany, entrevista del autor, Tel Aviv, 25 de abril de 2013.

53. Avisor, *op. cit.*

54. Aly Thomson, «Birth Control Pill Threatens Fish Populations», *The Canadian Press*, 13 de octubre de 2014.

55. Avisar, *op. cit.*

56. Elhanany, *op. cit.*

57. Oren Blonder, correo electrónico al autor, 5 de octubre de 2014.

58. Elhanany, *op. cit.*

59. Efi Stenzler, entrevista del autor, Nueva York, 1 de febrero de 2013.

60. Para ver un análisis sobre el impacto global de la desertificación, véase Anton Imeson, *Desertification, Land Degradation, and Sustainability*, Hoboken, Wiley, 2012.

61. Stenzler, *op. cit.*

62. Rophe, *op. cit.*

63. Sharon Udasin, «Israel, Greek, Cypriot Environment Ministries to Cooperate on Mediterranean Pollution Prevention», *The Jerusalem Post*, 14 de mayo de 2014.

CAPÍTULO 6. DESALINIZACIÓN: CIENCIA, INGENIERÍA Y ALQUIMIA

1. «Weizmann Institute Erects Plant in Palestine to Desalt for Drinking Purposes», Agencia judía de Telégrafos, 1 de marzo de 1948.

2. Ora Kedem, entrevista telefónica del autor, 17 de diciembre de 2013.

3. Shimon Peres, entrevista del autor, Tel Aviv, 25 de abril de 2013.

4. Lyndon B. Johnson, «If We Could Take the Salt Out of Water», *The New York Times Magazine*, 30 de octubre de 1960.

5. James D. Birkett, «A Brief Illustrated History of Desalination. From the Bible to 1940», *Desalination*, n.º 50, 1984, p. 17.

6. Lyndon B. Johnson, *op. cit.*

7. Charles F. MacGowan, «History, Function, and Program of the Office of Saline Water», presentación, Conferencia del Agua de Nuevo México, 1-3 de julio de 1963, pp. 24-33.

8. Para ver un ejemplo del apoyo de Lyndon Johnson a las leyes sobre recursos hídricos, especialmente cuando se agregaba un componente de desalinización, referirse a la Ley de Plantas de Prueba de 1958, Public Law 85-883, que en principio propuso el senador Clinton Anderson, de Nuevo México.

9. Lyndon B. Johnson, discurso en la Ciudad de Nueva York en la cena del Instituto Weizmann de Ciencias, Nueva York, 6 de febrero de 1964.

10. Dana Adams Schmidt, «Johnson Speech Infuriates Arabs. They Attack Offer to Help Israel Utilize Sea Water», The *New York Times*, 8 de febrero de 1964.

11. Memorando de conversación telefónica entre Robert W. Komer, representante en el Consejo de Seguridad Nacional, y George W. Ball, subsecretario de Estado, en Washington D. C. el 2 de junio de 1964. *Foreign Relations of the United States, 1964-1968*, vol. XVIII: *Arab-Israeli Dispute, 1964-67*, documento 66.

12. Peres, *op. cit.*

13. Nathan Berkman, entrevista del autor, Tel Aviv, 25 de octubre de 2013.

14. Ibíd.

15. Véanse, por ejemplo, las anotaciones en el diario de Ben Gurión el 16 de agosto de 1954, 20 de agosto de 1954, 7 de febrero de 1956, 11 de junio de 1957 y 8 de abril de 1961, entre muchas otras.

16. «Israel to Remove Sea Water Brine», *The New York Times*, 9 de noviembre de 1958.

17. «Science. Salt Water into Fresh», *Time*, 3 de septiembre de 1956.

18. David Ben Gurión, *Diario*, 16 de agosto de 1954.

19. Para una narración contemporánea y extensa de Zarchin y su teoría, véase Yaakov Morris, *Masters of the Desert. 6000 Years in the Negev*, Nueva York, G. P. Putnam's Sons, 1961, pp. 240-252.

20. David Ben Gurión, *Diario*, 30 de septiembre de 1955. David Ben Gurión también registró en su diario los costes de la implementación tanto del plan Zarchin para la desalinización del agua (congelamiento) o la posibilidad de purificar el agua salada por medio de piletas de calentamiento en varias etapas. David Ben Gurión, *Diario*, 7 de febrero de 1956.

21. Yosef Almogi, *Total Commitment*, East Brunswick, Cornwall Books, 1982, pp. 198-199.

22. Alexander Zarchin estaba tan convencido de que su proceso era superior al de otros planes que estudiaba el Gobierno, que publicó un extenso artículo en *Haaretz* el 20 de noviembre de 1963, titulado «Purifying Water Instead of the National Water Carrier». El artículo fue una aguda crítica del Acueducto Nacional de Israel, en el que relató que había dirigido cartas a los ministros que se oponían a la construcción del sistema nacional de agua. Zarchin proponía descartar el Acueducto Nacional de Israel y que en su lugar se instalaran plantas de purificación de agua salada en el Néguev,

con el argumento de costes relativos, salinidad y degradación ambiental. En cierta medida, su planteamiento fue acertado, solo que décadas más tarde.

23. Berkman, *op. cit.*

24. Ibíd.

25. Avi Kay, «From Altneuland to the New Promised Land. A Study of the Evolution and Americanization of the Israeli Economy», *Jewish Political Studies Review* 24, n.º 1-2, 2012, p. 103.

26. Nota editorial, en *Foreign Relations of the United States, 1964-1968*, vol. XXXIV: *Energy Diplomacy and Global Issues*, documento 130. Asimismo, en la entrevista del autor con Miriam Eshkol, viuda de Levi Eshkol, ella expresó que su esposo solía decir que «el agua es para el país lo que la sangre para el ser humano». Miriam Eshkol, entrevista telefónica del autor, 29 de abril de 2013.

27. Memorando de conversación, Washington D. C., 1 de junio de 1964, en *Foreign Relations of the United States, 1964-1968*, vol. XVIII: *Arab-Israeli Dispute, 1964-67*, documento 65.

28. Ibíd.

29. Memorando de Robert W. Komer, Representante en el Consejo de Seguridad Nacional, al presidente Lyndon Johnson, Washington D. C., 28 de mayo de 1964, en ibid., documento 63.

30. MacGowan, *op. cit.*

31. Lyndon B. Johnson, *Diario*, 2 de junio de 1964.

32. Carta de Dean Rusk, secretario de Estado, a Glenn Seaborg, presidente de la Comisión de Energía Atómica, Washington D. C., 9 de diciembre de 1964, en *Foreign Relations of the United States, 1964-1968*, vol. XXXIV: *Energy Diplomacy and Global Issues*, documento 136.

33. Nota editorial, en ibid., documento 149.

34. Nota editorial, en ibid., documento 151.

35. «Bunker and Eshkol Confer about Desalting Plant», *The New York Times*, 19 de diciembre de 1966.

36. Memorando de Walt Rostow, asistente especial del presidente Lyndon Johnson, Washington D. C., 5 de enero de 1968, en *Foreign Relations of the United States, 1964-1968*, vol. XX: *Arab-Israeli Dispute, 1967-68*, documento 33.

37. Memorando de Conversación, rancho LBJ, Texas, 8 de enero de 1968, Sesión III, en ibid., documento 41.

38. Memorando de Henry Kissinger, asistente para Asuntos de Seguridad Nacional del presidente Richard Nixon, Washington D. C., 10 de febrero de 1969, en *Foreign Relations of the United States, 1969-1976*, vol. XXIV: *Middle East Region and Arabian Peninsula, 1969-1972*, Jordania, septiembre de 1970, documento 4.

39. Archivos Nacionales, materiales de la presidencia de Nixon, Archivos NSC, Archivos Institucionales NSC (Archivos-H), Caja H-141, memorando del Estudio de Seguridad Nacional, NSSM 30.

40. Memorando de Theodore Eliot, secretario ejecutivo del Departamento de Estado de Henry Kissinger, asistente del presidente para Asuntos de Seguridad Nacional, Washington D. C., 6 de diciembre de 1972, en *Foreign Relations of the United States, 1969-1976*, vol. XXIV: *Middle East Region and Arabian Peninsula, 1969-1972*, Jordania, septiembre de 1970, documento 35.

41. En la entrevista mantenida con el autor, Nathan Berkman dijo no recordar el discurso de Johnson en el Instituto Weizmann, pero mencionó que cuando Eshkol volvió a Israel en 1964 toda la comunidad de la desalinización en el país se dedicaba al desarrollo de un programa que calificara para la financiación. Berkman dijo que había circulado una broma en su departamento, tras la visita de Eshkol a Washington D. C. en 1964, que los Estados Unidos proporcionarían cien millones de dólares para proveer la planta y que Israel proporcionaría el agua salada. A pesar de la broma, dijo, todos sabían que Israel solo obtendría los fondos si desarrollaba una idea innovadora.

42. Berkman, *op. cit.*

43. Nathan Berkman, «Back in the Old Days», *Israel Desalination Society*, 2007.

44. Jeremy Sharp, Ayuda Extranjera de los Estados Unidos a Israel, Washington D. C., Biblioteca del Congreso, Servicio de Investigaciones del Congreso, abril de 2014, p. 28.

45. «U. S., Israel Finally to Build Horizontal Tube Prototype at Ashdod», *Water Desalination Report* 11, n.º 27, 3 de julio de 1975.

46. Memorando de Eliot a Kissinger, *op. cit.*

47. Berkman, entrevista, *op. cit.*

48. IDE se fusionó con Israel Chemicals en la década de 1980. Véase IDE Technologies Ltd., presentación, Gal Zohar, CFO Forum, 2011. Israel Chemicals, que pertenece a Israel Corporation, se vendió a Ofer Brothers Group en 1999. Véase Orna Raviv, «Israel Corp Sale Completed; Ofer Family Expected to Restructure Group», *Globes*, 15 de abril de 1999. Delek Group adquirió el 50 por ciento de IDE en 2000.

49. Fredi Lokiec, entrevista del autor, Kadima (Israel), 1 de mayo de 2013.

50. «Carlsbad Desalination Plant to Utilize IDE Technologies' Reverse Osmosis Solution», *Water World*, 2 de enero de 2013.

51. IDE Technologies, *Toanjin SDIC Project. China's Largest Desalination Plant.*

52. IDE Technologies, *Gujarat Reliance Project. India's Largest Desalination Plant.*

53. IDE Technologies, *Sorek Project. The World's Largest and Most Advanced SWRO Desalination Plant.*

54. Ronen Wolfman, entrevista telefónica del autor, 20 de febrero de 2014.

55. Ibíd.

56. Rafi Semiat, entrevista del autor, Haifa, 2 de mayo de 2013.

57. Ibíd.

58. En la entrevista del autor con Tami Schor, funcionario ejecutivo de la Autoridad del Agua de Israel, este mencionó que siempre existen soluciones de corto plazo

para mejorar la producción de agua, como por ejemplo, abrir pozos cerrados, agregar un nivel de purificación (costoso) a las fuentes de agua contaminadas, y así sucesivamente. Su punto era que no es un planteamiento sostenible aun cuando produzca beneficios positivos a corto plazo. Tami Schor, entrevista del autor, Tel Aviv, 6 de enero de 2014.

59. Ilan Cohen, entrevista telefónica del autor, 29 de marzo de 2013.
60. Avraham Baiga Shochat, entrevista del autor, Tel Aviv, 8 de enero de 2014.
61. Alan Philps, «Drought Forces Israel to Import Turkish Water», *The Telegraph*, 28 de junio de 2000.
62. Ram Aviram, entrevista del autor, Nueva York, 7 de febrero de 2013.
63. Uri Shani, entrevista telefónica del autor, 17 de marzo de 2013.
64. Ronen Wolfman, entrevista del autor, Ramat Gan, Israel, 24 de octubre 2013.
65. Ibíd.
66. Miriam Balaban, entrevista telefónica del autor, 3 de octubre de 2013.
67. El nombre de Coalinga es un vestigio de su función original. Cuando se construyó el sistema de ferrocarril de California en 1880 todos los trenes funcionaban con carbón. Debido a que Coalinga era la primera de las estaciones de reabastecimiento de carbón donde las locomotoras de vapor cargaban el combustible para alimentar los trenes, el lugar recibió el nombre de Coaling A (abastecimiento de carbón A), en la línea de Coaling B y Coaling C. Cuando el ferrocarril pasó a funcionar a base de petróleo, el pequeño pueblo perdió relevancia, pero ya parecía contar con un nombre. Coaling A se convirtió en Coalinga.
68. *Mickey* Loeb, entrevista del autor, Omer (Israel), 16 de enero de 2014.
69. Eilon Adar, entrevista del autor, Beersheba (Israel), 21 de abril de 2013.
70. Loeb, *op. cit.*
71. Entrevista con Berkman, *op. cit.*
72. Loeb, *op. cit.*
73. Tom Pankratz, entrevista telefónica del autor, 12 de agosto de 2014.
74. «Market Data, Technologies Used», *Water Desalination Report.*
75. Fredi Lokiec, *South Israel 100 Million m³/Year Seawater Desalination Facility. Build, Operate and Transfer (BOT) Project*, (Kadima, IDE Technologies Ltd., marzo de 2006. Para 2015 la planta desalinizadora de Ashkelón había producido más de 946 000 millones de litros de agua limpia, con lo que estableció un récord mundial. «IDE's Israel Seawater RO Desalination Plant Sets World Record for Water Production», *WaterWorld*, 10 de febrero de 2015.
76. Tom Pankratz, veterano de la industria de desalinización, dijo: «Lo extraordinario que tiene Israel respecto de la desalinización es que construyó plantas sólidas, confiables y que producen agua de alta calidad. Hicieron un uso brillante de la variabilidad de las tarifas de electricidad y las plantas desalinizadoras producen más durante la noche y en periodos de baja demanda para aprovechar esa variabilidad eléctrica.

Nadie en el mundo se acercó tanto al uso de electricidad en periodos de baja demanda como lo hizo Israel. Puede parecer fácil, pero se requiere un impresionante acto de equilibrio para mantener las plantas operativas y planificar el momento en el que se tendrá acceso a la electricidad». Pankratz, *op. cit.*

77. Abraham Tenne, correo electrónico al autor, 30 de julio de 2014.
78. Shimon Tal, entrevista del autor, Tel Aviv, 18 de abril de 2013.
79. Ilan Cohen, *op. cit.*
80. Abraham Tenne, Daniel Hoffman y Eytan Levi, «Quantifying the Actual Benefits of Large-Scale Seawater Desalination in Israel», *Desalination and Water Treatment* 51, 1-3 de julio de 2012, pp. 26-37.
81. Daniel Hoffman, experto en desalinización, escribe: «Creo que el principal beneficio para la salud de combinar el agua desalinizada de alta calidad con agua de fuentes naturales (acuíferos y mar de Galilea) no será la reducción de cloruros y de sodio, sino la reducción de los niveles de nitratos y contaminantes industriales que se encuentran actualmente presentes en los acuíferos (y continúan aumentando debido a las actividades humanas desarrolladas en la superficie, encima de estos). Los niveles actuales de nitratos en la mayoría de los pozos del Acuífero Costero, por ejemplo, superan el límite europeo de 45-50 ppm, y ciertamente están por encima del límite de los Estados Unidos, que es de 10 ppm. El que establece la norma israelí para el agua potable actualmente es de 70 ppm. Los altos niveles de nitratos son un peligro para las mujeres embarazadas y podrían ocasionar lo que se conoce como el "síndrome del bebé azul"». Daniel Hoffman, correo electrónico al autor, 16 de agosto de 2014.
82. Tenne, Hoffman y Levi, *op. cit.*, 26- 27.
83. Véase Introducción, nota 31.
84. Organización de las Naciones Unidas, «Human Settlements on the Coast. The Ever More Popular Coasts», *United Nations Atlas of the Oceans*.
85. Cohen, *op. cit.*

CAPÍTULO 7. RENOVACIÓN DEL AGUA DE ISRAEL

1. Juegos Macabeos, «History», disponible en: ‹www.maccabiah.com ›.
2. Chuck Slater, «First-Hand Report of Maccabiah Tragedy», *The New York Times*, 3 de agosto de 1997.
3. Serge Schmemann, «2 Die at Games in Israel as Bridge Collapses», *The New York Times*, 15 de julio de 1997.
4. Comisión Parlamentaria [Knéset] de Investigación sobre las lecciones que deben aprenderse del Desastre del Puente de Macabeos, documento, Jerusalén, 9 de julio de 2000,).
5. «Death Tied to Pollution», *The New York Times*, 28 de julio de 1997.

6. Serge Schmemann, «Israelis Turn Self-Critical as Mishap Kills Two», *The New York Times*, 18 de julio de 1997.
7. David Pargament, correo electrónico al autor, 10 de septiembre de 2014.
8. Existen muchos ejemplos de reverencia a la tierra y sus criaturas en la Biblia hebrea. Para ver algunos ejemplos: Levítico 25, 23-24; Isaías 24, 4-6; Isaías 43, 20-21; Jeremías 2, 7; Ezequiel 34, 2-4; Salmos 24, 1 y Salmos 96,10-13.
9. Véase «Our Tasks Ahead» (1920) de A. D. Gordon, en el que el pionero sionista convoca a volver a la naturaleza y a la labranza del suelo de la patria judía: «El pueblo judío ha sido totalmente desconectado de la naturaleza y encerrado entre los muros de la ciudad durante dos mil años. [...] Carecemos del hábito de la labranza, y es la labranza lo que vincula a un pueblo con su suelo y su cultura nacional». A. D. Gordon, «Our Tasks Ahead», en Arthur Hertzberg (ed.), *The Zionist Idea. A Historical Analysis and Reader*, Filadelfia, Jewish Publication Society, 1997.
10. John Stemple, «Viewpoint. A Brief Review of Afforestation Efforts in Israel», *Rangelands* 20, n.º 2, abril de 1998, pp. 15-18.
11. Ley de Recursos Hídricos, 5719-1959.
12. Ley de Autoridades de Arroyos y Cuerpos de Agua, 5724-1965. Además, los ríos fueron tratados en la Ley de Drenaje y Control de Inundaciones, 5718-1957, aun cuando no estuviese específicamente centrada en la ecología de los ríos del país.
13. Shoshana Gabay, «Restoring Israel's Rivers», Ministerio de Asuntos Exteriores, 2001.
14. Mekorot, *Masskinot Veh-ah-dat Ha-Yarkon*, Simcha Blass (ed.), Tel Aviv, 18 de marzo de 1954. Un río costero es aquel que fluye hacia el mar. El río más largo de Israel es el río Jordán, que desemboca en el mar Muerto.
15. Alon Tal, *Pollution in a Promised Land. An Environmental History of Israel*, Berkeley, University of California Press, 2002, pp. 8-9.
16. David Pargament, entrevista del autor, Tel Aviv, 26 de abril de 2013.
17. David Pargament, correo electrónico al autor, 14 de marzo de 2015.
18. Ibíd.
19. David Pargament, correo electrónico al autor, 22 de noviembre de 2014.
20. Pargament, entrevista, *op. cit.*
21. Ibíd.
22. El nombre completo del río es Hebrón-Besor-Beersheba. En distintos tramos recibe el nombre de una de esas tres localidades, pero «los tres ríos» son parte del mismo sistema fluvial.
23. Richard Laster y Dan Livney, «Basin Management in the Context of Israel and the Palestinian Authority», en Nir Becker (ed.), *Water Policy in Israel. Context, Issues and Options*, Dordrecht, Springer, 2013, p. 232.
24. Nechemya Shahaf, entrevista del autor, Beersheba (Israel), 21 de abril de 2013.
25. Ibíd.
26. Fondo Nacional Judío, *Blueprint Negev-Business Plan*, inédito, Nueva York, 2004.

27. Russell Robinson, entrevista del autor, Nueva York, 9 de marzo de 2013.

28. Itai Freeman, entrevista telefónica del autor, 10 de septiembre de 2014.

29. Ibíd.

30. Auditoría del Estado de Israel, *Report for 2011*, Jerusalén, Auditoría del Estado de Israel, diciembre de 2011.

31. Para un ejemplo de una ley semejante, véase Agencia de Protección Ambiental de los Estados Unidos, *The Food Quality Protection Act Background*, disponible en ‹www.epa.gov/pesticides/regulating/laws/fqpa/backgrnd.htm› [Última consulta: febrero de 2017].

32. Auditoría del Estado de Israel, *op. cit.*

33. Eytan Israeli, entrevista del autor, kibutz Kfar Blum (Israel), 29 de abril de 2013.

34. Para más información sobre la misión Johnston, véase Jeffrey Sosland, *Cooperating Rivals. The Riparian Politics of the Jordan River Basin*, Albany, State University of New York Press, 2007, pp. 37-61.

35. Jeffrey Sosland, entrevista telefónica del autor, 10 de diciembre de 2013.

36. Jeffrey Sosland, Cooperating Rivals, *op. cit.*, p. 179.

37. Ram Aviram, entrevista del autor, Nueva York, 7 de febrero de 2014.

38. Ibíd.

39. Shimon Tal, entrevista del autor, Tel Aviv, 18 de octubre de 2013.

40. Mike Rogoff, «The Ancient Galilee Boat», *Haaretz*, 19 de diciembre de 2012.

41. Diego Berger y Meir Rom, entrevista del autor, estación de bombeo de Sapir (Israel), 29 de abril de 2013.

42. Una preocupación probablemente exclusiva de Israel, recientemente identificada por el control del lago, fue la presencia de caracoles microscópicos no autóctonos. Si bien no constituían una amenaza para la salud del lago o la de aquellos que ingirieran el agua bombeada del mar de Galilea, los moluscos son un alimento prohibido para quienes observan los preceptos judíos respecto a la dieta. Se introdujeron en el lago peces no autóctonos especiales para que se alimentaran de los diminutos caracoles, de modo que los judíos observantes de la religión no tuvieran reparos en consumir el agua potable de la canilla. Bonnie Azoulay, entrevista del autor, Planta de Filtración de Eshkol (Israel), 30 de abril de 2013.

43. Yossi Shamaya, entrevista del autor, Planta de Filtración de Eshkol (Israel), 30 de abril de 2013.

44. Azoulay, *op. cit.*

45. El proceso de siembra de nubes de lluvia lo inventó en los Estados Unidos el hermano mayor del escritor Kurt Vonnegut, Bernard, y fue la fuente de inspiración para la novela apocalíptica del hermano menor *Cuna de Gato*. El yoduro de plata fue renombrado «hielo-9» en la novela. Wolfgang Saxon, «Bernard Vonnegut, 82, Physicist Who Coaxed Rain from the Sky», *The New York Times*, 27 de abril de 1999.

46. Nati Glick, entrevista telefónica del autor, 13 de junio de 2013.

47. Dan Zaslavsky, entrevista del autor, Haifa, 7 de enero de 2014.

48. Joshua Schwarz, entrevista telefónica del autor, 7 de octubre de 2014.
49. Azoulay, *op. cit.*
50. Tal, *op. cit.*

CAPÍTULO 8. TRANSFORMANDO EL AGUA EN UN NEGOCIO GLOBAL

1. Oded Distel, entrevista del autor, Nueva York, 7 de marzo de 2013.
2. Booky Oren, entrevista del autor, Nueva York, 20 de marzo de 2013. Además de Oren, Ilan Cohen fue el otro prodigio que el profesor Dov Pekelman convocó para su consultora.
3. Dalia Tal, «Netafim VP Baruch Oren to Be Appointed Mekorot Chairman», *Globes*, 7 de septiembre de 2003.
4. Oren, *op. cit.*
5. Agencia de Protección Ambiental de los Estados Unidos, *Frequently Asked Questions. Pricing Water Services,* disponible en ‹water.epa.gov/infrastructure/sustain/pricing_faqs.cfm› [Última consulta: 10 febrero de 2017).
6. Oren, *op. cit.*
7. Fanny Gidor, *Socio-Economic Disparities in Israel*, Piscataway, Transaction Publishers, 1979, p. 52.
8. Ministerio de Agricultura, «Israel's Agriculture at a Glance», en Arie Regev (ed.), *Israel's Agriculture*, Tel Aviv, Instituto Israelí de Exportación y Cooperación Internacional, 2012, p. 8.
9. «Industrial Palestine», *The Economist*, 15 de agosto de 1942.
10. Paul Rivlin, *The Israeli Economy from the Foundation of the State through the 21st Century*, Cambridge, Cambridge University Press, 2011, p. 19.
11. Jacob Metzer, *The Divided Economy of Mandatory Palestine*, Cambridge, Cambridge University Press, 1998, p. 122.
12. La población de Israel a 15 de mayo de 1948, era de 806 000 habitantes. Véase Oficina Central de Estadística, *Israel in Statistics. 1948- 2007*, Jerusalén, mayo de 2009, p. 2. Su población en 1952 era de un 1 630 000. Véase Ministerio de Asuntos Exteriores de Israel, *Population of Israel. General Trends and Indicators*, Jerusalén, 24 de diciembre de 1998.
13. Para más información sobre el papel de las reparaciones, la ayuda extranjera y las donaciones de Alemania Occidental en la economía israelí, véase Bruce Bartlett, «The Crisis of Socialism in Israel», *Orbis* 35, 1991, pp. 53-61.
14. Alan Dowty, «Israel's First Decade. Building a Civic State», en Selwyn K. Troen y Noah Lucas (eds.), *Israel. The First Decade of Independence*, Albany, State University of New York Press, 1995, pp. 46.
15. Mark Tolts, «Post-Soviet Aliyah and Jewish Demographic Transformation», presentación, Fifteenth World Congress of Jewish Studies, 2009, p. 3.
16. Ibíd., pp. 14-15.

17. Dan Senor y Saul Singer, *Start-Up Nation. La historia del milagro económico de Israel*, Madrid, Nagrela Editores, 2012.

18. Según el Banco Mundial, Israel destinó el 5,6 por ciento de su PIB al área de defensa en 2013, por encima de cualquier otro país miembro de la OCDE. Véase Banco Mundial, Gasto Militar (porcentaje del PIB). En 2009, según un estudio de la Oficina Central de Estadística, Israel destinó el 18,7 por ciento de su presupuesto nacional a defensa, tres veces más que Gran Bretaña y cinco veces más que Alemania. Véase Moti Bassok, «Israel Shells Out Almost a Fifth of National Budget on Defense, Figures Show», *Haaretz*, 14 de febrero de 2013.

19. Organización para la Cooperación y el Desarrollo Económicos, *Principales Indicadores Científicos y Tecnológicos 2014*, París, OECD Publishing, 2015 (2.ª ed.).

20. Inbal Orpaz, «R&D Culture. Israeli Enterprise, Chinese Harmony», *Haaretz*, 7 de enero de 2014.

21. David Waxman, entrevista telefónica del autor, 21 de febrero de 2013.

22. Lux Research, *Making Money in the Water Industry*, LRWI-R-13-4, Nueva York, Lux Research, diciembre de 2013, p. 2.

23. Waxman, *op. cit.*

24. Oren, *op. cit.*

25. Ori Yogev, entrevista del autor, Tel Aviv, 19 de abril de 2013.

26. Ilan Cohen, entrevista telefónica del autor, 29 de marzo de 2013; Oren, *op. cit.*, y Yogev, *op. cit.*

27. Fue un grupo prestigioso el que aunó esfuerzos con Waterfronts. Entre sus integrantes figuraron (los cargos que figuran a continuación corresponden aproximadamente al año 2005): Avner Adin, profesor de la Universidad Hebrea; Ilan Cohen, director general de la Oficina del primer ministro; Raanan Dinur, director del Ministerio de Comercio e Industria; Kalman Kaufman, socio en la iniciativa de Israel Seed Partners; *Booky* Oren, presidente de Mekorot; Mira Rashty, director de Operaciones de WhiteWater; Bob Rosenbaum, consultor de comercialización; David Waxman, exdirector general de IDE; Dan Wilensky, fundador de Applied Materials, y Ori Yogev, presidente de WhiteWater.

28. Mira Rashty, entrevista telefónica del autor, 9 de mayo de 2013.

29. Trigger Consulting, *Seizing Israel's Opportunities in the Global Water Market*, Noam Gonen (ed.), Tel Aviv, Trigger Consulting, 2005.

30. Noam Gonen, entrevista telefónica del autor, 2 de abril de 2013.

31. «Gov't Launches New Water R&D Program», *Globes*, 30 de octubre de 2007.

32. Ibíd.

33. Como dijo el líder del Yishuv, Arthur Ruppin: «No se trataba de si era preferible el asentamiento grupal al asentamiento individual; la cuestión era si se adoptaba el asentamiento grupal o nada». Paula Rayman, *The Kibbutz Community and Nation Building*, Princeton, Princeton University Press, 1981, p. 12.

34. Michael Palgi y Shulamit Reinharz, *One Hundred Years of Kibbutz Life. A Century of Crises and Reinvention*, New Brunswick, Transaction, 2011, p. 2.

35. Gabriel Kahaner, *History of the Amiad Factory. In the Words of the Founder*, 18 de diciembre de 2007.

36. Amiad Water Systems Limited, *Resultados de doce meses al 31 de diciembre de 2013*, p. 8.

37. Ibíd.

38. Ran Israeli, entrevista del autor, Tel Aviv, 23 de octubre de 2013.

39. Ibíd.

40. Amos Shalev, entrevista del autor, Tel Aviv, 24 de octubre de 2013.

41. Ibíd.

42. Ariel Sagi, correo electrónico al autor, 4 de agosto de 2013.

43. Plasson, *Company Profile of the Plasson Group*, disponible en ‹www.plasson.com/content/page/Profile-Plasson-group› [Última consulta: febrero de 2017].

44. Booky Oren, correo electrónico al autor, 10 de noviembre de 2014.

45. Rotem Arad, entrevista del autor, Tel Aviv, 24 de octubre de 2013.

46. Ibíd.

47. El precio de venta de la empresa de Peleg, YaData, no se divulgó, pero se cree que Microsoft la adquirió por decenas de millones de dólares. Amir Peleg era dueño del 60 por ciento de la empresa. Guy Grimland, «Microsoft Buys Startup YaData», *Haaretz*, 28 de febrero de 2008.

48. Amir Peleg, entrevista del autor, Tel Aviv, 23 de octubre de 2013.

49. Elie Ofek y Matthew Preble, «TaKaDu», *Harvard Business School*, Estudio de caso 514-083, enero de 2014.

50. Joshua Yeres, entrevista del autor, Jerusalén, 24 de abril de 2013.

51. Zohar Yinon, entrevista del autor, Jerusalén, 24 de abril de 2013.

52. Ofek, *op. cit.*

53. David Benovadia, «Using Water to Power Itself», *ISRAEL21c*, 16 de enero de 2012.

54. Ministerio de Economía, Oficina del Director Científico, *Research and Development 2012-14*, Jerusalén, Oficina del Director Científico, septiembre de 2014.

55. Ibíd.

56. Yossi Smoler, entrevista telefónica del autor, 18 de marzo de 2014.

57. Ibíd.

58. Ministerio de Economía, Oficina del Director Científico, «Technological Incubator's Program», Yossi Smoler (ed.), presentación, 17 de octubre de 2010.

59. Yossi Yaacoby, entrevista del autor, Tel Aviv, 6 de mayo de 2013.

60. Oren Blonder, entrevista telefónica del autor, 25 de marzo de 2014.

61. Yaacoby, *op. cit.*

62. Adi Yefet, correo electrónico al autor, 18 de marzo de 2014.

63. *Booky* Oren, entrevista, *op. cit.*

64. Distel, *op. cit.*

65. Cohen, *op. cit.*

Capítulo 9. Israel, Jordania, y los palestinos: cómo encontrar
una solución regional al problema del agua

1. Ver Introducción, nota 31.
2. Según Mekorot, «el coste para Mekorot de proveer agua potable (incluyendo la extracción, purificación, control, bombeo y transporte de agua, así como la construcción de todas las plantas y la operación, el mantenimiento, etcétera) hasta la entrada a la ciudad es en promedio de 4,16 NIS/m³ (USD 1,2/ m³), mientras que todos los clientes de Cisjordania pagan en promedio solo 2,85 NIS/m³ (USD 0,8/m³) por el agua que reciben de Mekorot». *Mekorot's Association with the Palestinians Regarding Water Supplies*, Tel Aviv, Mekorot, 2014, p. 13.
3. Clive Lipchin, entrevista del autor, Nueva York, 19 de junio de 2014.
4. Oficina del Coordinador Especial de las Naciones Unidas para el proceso de paz en Oriente Medio (OCENU), *Gaza in 2020. A Liveable Place?*, Jerusalén, UNSCO, agosto de 2012, p. 12.
5. Shimon Tal, entrevista del autor, Tel Aviv, 18 de octubre de 2013.
6. Haim Gvirtzman, *The Israeli-Palestinian Water Conflict. An Israeli Perspective*, Ramat Gan, Centro Begin-Sadat de Estudios Estratégicos, enero de 2012, p. 3.
7. Ibíd., pp. 2-3.
8. Oficina Central de Estadística, *Census of Population 1967. West Bank of the Jordan, Gaza Strip and Northern Sinai Golan Heights,* Jerusalén, p. ix.
9. Gvirtzman, *op. cit.*, p. 3
10. Gidon Bromberg, correo electrónico al autor, 13 de marzo de 2015.
11. Ephraim Sneh, exjefe de la Administración civil de Israel en Cisjordania y posteriormente dos veces viceministro de Defensa de Israel, dice que la gestión del agua en Cisjordania giró inicialmente en torno al suministro de agua de mejor calidad y mayor volumen, pero que durante un periodo hacia fines de la década de 1970 y comienzos de la de 1980, con el fuerte crecimiento de la actividad de asentamiento, hubo interés en tomar agua palestina. Dice que esta iniciativa frecuentemente, aunque no siempre, se veía frustrada por la oposición política, los informes de los medios y los cambios en el control del Gobierno nacional. En cualquier caso, en lo que respecta al interés de Israel en tomar agua palestina, relata que las conversaciones internas se terminaron después de que Cisjordania se conectara a la red de agua residencial de Israel. Véase Ephraim Sneh, entrevista telefónica del autor, 20 de junio de 2014. Por su parte, Clemens Messerschmidt, un alemán que realiza estudios doctorales en hidrogeología y que vive en Cisjordania, cree que el principal interés de Israel en su ocupación de Cisjordania no es la seguridad sino el contar con un medio de controlar y utilizar los recursos hídricos palestinos. Véase Clemens Messerschmidt, entrevista telefónica del autor, 9 de julio de 2014.
12. Autoridad Palestina del Agua, *Annual Status Report on Water Resources, Water Supply, and Wastewater in the Occupied State of Palestine-2011*, Ramala, 2012, p. 44. A los fines de este capítulo, las estadísticas poblacionales oficiales de Palestina se aceptan a valor

nominal a pesar del desacuerdo respecto de su validez. Los estudios difieren de las cifras de población de la Oficina Central Palestina de Estadística, y argumentan que fueron infladas tanto para obtener más ayuda como para proyectar un nivel de vida inferior per cápita. Bennett Zimmerman, Roberta Seid y Michael L. Wise, *The Million Person Gap. The Arab Population in the West Bank and Gaza*, Ramat Gan, Centro Begin-Sadat de Estudios Estratégicos, 2005.

13. Según la Autoridad Palestina del Agua, «el suministro de Cisjordania depende en gran medida de la importación de agua de Mekorot [la empresa nacional de agua de Israel]», y esa fuente comprende más del 55 por ciento del agua residencial de Cisjordania. Autoridad Palestina del Agua, *op. cit.*, pp. 28-32.

14. Alan Tal, entrevista, *op. cit.*

15. Según la embajada de los Estados Unidos en Tel Aviv, en junio de 2008, «la tensión entre Hamás y Fatah en la Autoridad Nacional Palestina comenzó a sentirse en la Autoridad Palestina del Agua (PWA, por su sigla en inglés), que hasta entonces se había resistido a la politización». Embajada de los Estados Unidos en Tel Aviv, Israel, «Trilateral Water Meeting: Planning to Meet Scarcity», *WikiLeaks*, 08TELAVIV1400, 30 de junio de 2008.

16. Almotaz Abadi, entrevista del autor, Ramala, 9 de enero de 2014.

17. Acuerdo interino israelí-palestino sobre Cisjordania y la Franja de Gaza, Washington D. C., 28 de septiembre de 1995, anexo III: *Protocol Concerning Civil Affairs, Apéndice 1. Power and Responsibilities for Civil Affairs*, artículo 40: *Water and Sewage.*

18. Bashar Masri, entrevista telefónica del autor, 4 de marzo de 2015.

19. Anne-Marie O'Connor y William Booth, «Israel to Let Water Flow to West Bank Development at Center of Political Feud», *The Washington Post*, 28 de febrero de 2015.

20. Posteriormente, cuando el entrevistado tuvo la oportunidad de confirmar esta cita de lo que había sido una entrevista «con fuente de atribución directa» *(on the record)*, el entrevistado admitió haberla dicho, pero agregó una reserva que no había dado en la entrevista original: que solo se refirió al periodo comprendido entre 1993 y 1995 y a las discusiones técnicas que se realizaban entonces. También pidió que estos comentarios con reservas tampoco se le atribuyeran citando su nombre. En esa misma entrevista original también dijo: «Sigo convencido de que trabajar juntos a nivel técnico facilitaría encontrar las soluciones adecuadas si las políticas de ambos lados promueven un entorno apropiado».

21. Alon Tal, entrevista telefónica del autor, 19 de septiembre de 2013.

22. Abadi, *op. cit.*

23. UNSCO, *op. cit.*, pp. 11-12.

24. Yousef Abu Mayla, entrevista telefónica del autor, 16 de septiembre de 2013.

25. Ahmad Al-Yaqubi, «Sustainable Water Resources Management of Gaza Coastal Aquifer», presentación, Second International Conference on Water Resources and Arid Environment, 2006, p. 2.

26. La Oficina Central Palestina de Estadística estimó que la población de la ciudad de Gaza en 2014 era de 606 749 habitantes y que la población total de Gaza era de 1 760 037 habitantes. Oficina Central Palestina de Estadística, *Estimated Population in the Palestinian Territory Mid-Year by Governorate, 1997-2016*.

27. Yousef Abu Mayla, correo electrónico al autor, 30 de mayo de 2014.

28. Ver nota 475.

29. Fadel Kawash, entrevista telefónica del autor, 22 de diciembre de 2013.

30. Oficina Central de Estadística de Israel, *op. cit.*, p. ix.

31. Oficina Central de Estadística de Palestina, *op. cit.*

32. UNSCO, *op. cit.*, p. 8.

33. Abdelrahman Tamimi, entrevista del autor, Ramala, 9 de enero de 2013.

34. UNSCO, *op. cit.*, pp. 11-12.

35. Israel siguió suministrándole a Gaza casi 5000 millones de litros de agua por año después de que retirara sus asentamientos en 2005. En 2015 Israel anunció que duplicaría su suministro de agua a cerca de 10 000 millones de litros por año. Tovah Lazaroff, Sharon Udasin y Yaakov Lappin, «Israel Helps Relieve Water Crisis in Gaza Strip by Doubling Supply», *The Jerusalem Post*, 3 de marzo de 2015.

36. Kawash, *op. cit.*

37. Zvi Herman, entrevista telefónica del autor, 5 de agosto de 2014.

38. Ibíd.

39. Shannon McCarthy, correo electrónico al autor, 15 de octubre de 2014.

40. Nadav Cohen, entrevista del autor, Tel Aviv, 20 de octubre de 2013.

41. Ibíd.

42. Además de los programas CINADCO y MEDRC, existieron otros programas valiosos que mejoraron la cooperación hídrica palestino-israelí y palestino-jordano-israelí, que por cuestiones de espacio no se pueden abordar en el texto principal. El programa EXACT ayudó a crear una base de datos producida por profesionales en materia de agua israelíes, palestinos y jordanos para un uso conjunto. MERC ayudó a facilitar el diálogo entre israelíes y palestinos sobre problemas centrales respecto del agua. Y el Proyecto de Transporte de agua desde el mar Rojo al mar Muerto acercó a los profesionales del agua de Israel, Jordania y Palestina.

43. Avi Aharoni, correo electrónico al autor, 7 de julio de 2014.

44. Olga Slepner, correo electrónico al autor, 27 de noviembre de 2014.

45. Banco Mundial, «Estudio del Transporte de agua desde el mar Rojo al mar Muerto», *Draft Feasibility Study Report*, Washington D. C., julio de 2012, p. 12.

46. Uri Shani, entrevista del autor, Nueva York, 10 de diciembre de 2013.

47. Algunos ambientalistas expresaron su preocupación por el hecho de que el agregado de una gran cantidad de salmuera al mar Muerto podría derivar en uno de los muchos problemas ambientales aún teóricos. El agua nueva podría evaporarse más rápidamente de lo calculado y crear un microclima húmedo con consecuencias

indeseadas. O, debido a la diferencia de densidad, la salmuera podría no mezclarse con el agua del mar Muerto y podría crearse una laguna estratificada, también con efectos desconocidos. Otro de los temores guardaba relación con lo que podría ocurrir una vez que la descarga de salmuera alcanzara su máxima intensidad después de muchos años, con la particular preocupación de que los minerales recientemente agregados al agua pudieran, con el paso del tiempo, tornar blanca la superficie del lago. Y si no fuese blanca, otros temían que el nuevo mar Muerto menos salado pudiera albergar proliferaciones de algas y volverse rojo o verde. Julia Amalia Heyer y Samiha Shafy, «Dead Sea. Environmentalists Question Pipeline Rescue Plan», *Spiegel Online*, 19 de diciembre de 2013.

48. Shani, *op. cit.*

49. Ibíd.

50. Seth M. Siegel, «A Middle East Accord-No Diplomats Needed», *The Wall Street Journal*, 6 de enero de 2014.

51. Shani, *op. cit.*

52. Alan Tal y Alfred Abed Rabbo, *Water Wisdom. Preparing the Groundwork for Cooperative and Sustainable Water Management in the Middle East*, New Brunswick, Rutgers University Press, 2010.

53. Alfred Abed Rabbo, entrevista telefónica del autor, 5 de octubre de 2014.

54. Adar, *op. cit.* El comentario del profesor Adar puede contribuir a un importante esfuerzo por determinar el precio del agua para ayudar en la resolución de conflictos. Véase Franklin M. Fisher y Annette Huber-Lee, *Liquid Assets. An Economic Approach for Water Management and Conflict Resolution in the Middle East and Beyond*, Washington D. C., Resources for the Future, 2005.

55. Lipchin, *op. cit.*

56. Ibíd.

57. Si bien los palestinos ya tienen permisos para construir plantas de tratamiento de aguas residuales, se construyeron pocas. Cohen, *op. cit.*

58. Leila Hashweh, entrevista telefónica del autor, 2 de julio de 2014.

59. Si bien las condiciones que describe el informe 2009 del Banco Mundial cambiaron en diversos aspectos durante los años mencionados, el estudio destaca lo que todavía parecen ser restricciones al desarrollo en el Área C. Banco Mundial, *West Bank and Gaza. Assessment of Restrictions on Palestinian Water Sector, Informe n.° 47657-GZ*, Washington D. C., abril de 2009, pp. 34, 54, 55, 59 y 135.

60. Gidon Bromberg, entrevista telefónica del autor, 1 de marzo de 2015.

61. Lipchin, *op. cit.*

Capítulo 10. La hidrodiplomacia. Israel usa el agua para el compromiso global

1. Si bien la Unión Soviética había apoyado brevemente a Israel y había votado por su categoría de Estado en las Naciones Unidas, pronto se volvió implacablemente hostil,

considerándolo como una avanzada de Occidente. Para conocer la historia de las relaciones entre la URSS e Israel, así como las políticas de la URSS en Oriente Medio, véase Galia Golan, *Soviet Policies in the Middle East. From World War Two to Gorbachev*, Cambridge, Cambridge University Press, 1990.

2. Zeev Shilo y Nissan Navo, *Taha.: Chamishim Ha-Shanim Ha-Rishonim*, Israel, Shinar Publications, 2008, pp. 241-242.

3. Ibíd., p. 243.

4. Yosi Shalhevet, entrevista telefónica del autor, 3 y 13 de octubre de 2014. El doctor Shalhevet también compartió generosamente una copia de la traducción al inglés de sus memorias durante su estancia en China. En inglés se titula *China and Israel. Science in the Service of Diplomacy.*

5. Danny Tal, entrevista telefónica del autor, 22 de octubre de 2014.

6. Huageng Pan, entrevista del autor, Nueva York, 10 de marzo de 2013.

7. Sharon Udasin, «Bennett Announces Water City for Israeli Technologies in Shougang, China», *The Jerusalem Post*, 24 de noviembre de 2014.

8. El 92 por ciento del consumo de agua dulce en Irán entre 2000 y 2010 correspondió a su sector agrícola. Organización de las Naciones Unidas para la Alimentación y la Agricultura, *Food and Nutrition in Numbers, 2014*, Roma, 2014, p. 48.

9. Jeremy Sharp, *Water Scarcity in Iran. A Challenge for the Regime?*, Washington D. C., Biblioteca del Congreso, Servicio de Investigación del Congreso, 22 de abril de 2014.

10. Sediqeh Babran y Nazli Honarbakhsh, «Bohran Vaziat-e Ab Dar Jahan va Iran», *Rahbord* n.º 48, 2008 (en persa).

11. Masoud Tajrishy, «National Report of lran», en Reza Ardakanian, Hani Sewilam y Jens Liebe (eds.), *Mid-Term Proceedings on Capacity Development for the Safe Use of Wastewater in Agriculture*, Bonn, Programa ONU-Agua para el desarrollo de la capacidad en el marco del Decenio, agosto de 2012, p. 123.

12. Masoud Tajrishy y Ahmad Abrishamchi, «Integrated Approach to Water and Wastewater Management for Tehran, Iran», en *Water Conservation, Reuse and Recycling. Proceedings of an Iranian-American Workshop, editado por National Research Council*, Washington D. C., The National Academies Press, 2005, p. 224.

13. Shmuel Aberbach, entrevista telefónica del autor, 10 de marzo de 2014.

14. Arie Issar, entrevista del autor, Jerusalén, 24 de abril de 2013.

15. Arie Lova Eliav, carta al *New York Times*, 1 de marzo de 1979.

16. Judith A. Brown, «The Earthquake Disaster in Western Iran, September 1962», *Geography* 48, n.º 2, abril de 1963, pp. 184-185.

17. Howard A. Patten, *Israel and the Cold War. Diplomacy, Strategy and the Policy of the Periphery at the United Nations*, Nueva York, I. B. Tauris, 2013, p. 42.

18. Ibíd., p. 43.

19. Alex Weisberg, entrevista telefónica del autor, 18 de abril de 2014.

20. Aberbach, *op. cit.*

21. Moshe Gablinger, entrevista telefónica del autor, 16 de abril de 2014.

22. Issar, *op. cit.* Arie Issar desempeñó varios cargos en Irán para ayudar a construir y expandir su sistema hídrico. Trsa su larga estancia para colaborar en la reconstrucción del sistema de agua de Qazvin después del devastador terremoto, recibió una cálida carta del doctor Iraj Vahidi, el viceministro de Agua y Energía de Irán. La carta decía: «El Ministerio de Agua y Energía tiene el honor de agradecer sus preciados servicios en campo de la hidrogeología durante su estancia en Irán. Su cercana y sincera cooperación que aparentemente afecta a cada persona iraní jamás será olvidada. Con motivo de su partida, me complace ofrecerle un humilde obsequio como recuerdo de su estancia en Irán». El presente era una alfombra turcomana. Iraj Vahidi, carta a Arie Issar, 28 de julio de 1965.

23. Gablinger, *op. cit.*

24. Issar, entrevista, *op. cit.*

25. Uri Lubrani, entrevista telefónica del autor, 4 de mayo de 2014.

26. Moshe Gablinger, correo electrónico al autor, 17 de abril de 2014.

27. Patten, *op. cit.*, pp. 42-43.

28. Nathan Berkman, «Back in the Old Days», *Israel Desalination Society*, 2007.

29. IDE Technologies, *Reference List*, Tel Aviv, 2013.

30. Fredi Lokiec, entrevista del autor, Kadima (Israel), 1 de mayo de 2013.

31. Yehuda Avner, *The Prime Ministers. An Intimate Narrative of Israeli Leadership*, New Milford, Toby Press, 2010, pp. 104-107.

32. *Altneuland*, Theodor Herzl, Mineápolis, Filiquarian Publishing, 2007, p. 193.

33. Avner, *op. cit.*, p. 105.

34. Haim Divon, entrevista telefónica del autor, 25 de junio de 2014.

35. Yehuda Avner, entrevista telefónica del autor, 19 de marzo de 2013.

36. Ministerio de Asuntos Exteriores de Israel, MASHAV Agencia israelí de Cooperación para el Desarrollo Internacional, *Annual Report 2013*, Jerusalén, pp. 18-23.

37. MASHAVAgencia israelí de Cooperación para el Desarrollo Internacional, *About MASHAV*, disponible en ‹mfa.gov.il/MFA/mashav/AboutMASHAV/Pages/Background.aspx› [Última consulta: febrero de 2017].

38. Divon, *op. cit.*

39. Netafim y las demás empresas israelíes de riego por goteo han cambiado sustancialmente las vidas de los agricultores pobres de todo el mundo y principalmente en la India. Pero Tahal diseñó y construyó la infraestructura que permite que el agua fluya por el sistema de riego por goteo en muchos de esos países.

40. Paul H. Doran, *Seldom a Dull Moment. Memoirs of an Israeli Water Engineer*, Tel Aviv, 1987, pp. 202-414.

41. Joshua Schwarz, correo electrónico al autor, 9 de noviembre de 2014.

42. Saar Bracha, entrevista telefónica del autor, 5 de octubre de 2013.

43. Ibíd.

44. India es el principal comprador de equipo militar de Israel. En octubre de 2014 India cerró una negociación de 520 millones de dólares para adquirir misiles israelíes. En los primeros nueve meses de 2014 el comercio bilateral alcanzó un récord de 3400 millones. Tova Cohen y Ari Rabinovitch, «Under Modi, Israel and India Forge Deeper Business Ties», *Reuters*, 23 de noviembre de 2014.

45. Tahal estaba a cargo de la creación de un plan maestro para las fuentes de agua en Rajastán. Shilo y Navo, *op. cit.*, p. 244.

46. Ibíd., pp. 244-248.

47. Según el sitio web de MVV, «MVV Water Utility Pvt Ltd. es un consorcio de SPML Infra, Tahal Consulting Engineers y la empresa municipal de agua más grande de Israel, Hagihon Jerusalem Water and Wastewater Works, que se formó para realizar una mejora en el nivel de servicio para el suministro de agua en las áreas del proyecto de Mehrauli y Vasant Vihar».

48. Alon Yegnes, entrevista telefónica del autor, 5 de noviembre de 2014.

49. Moshe Gablinger, entrevista telefónica del autor, 23 de octubre de 2014.

50. Sivan Ya'ari, entrevista telefónica del autor, 19 de octubre de 2014.

51. Ruhakana Rugunda, entrevista telefónica del autor, 24 de octubre de 2014.

52. Ya'ari, *op. cit.*

53. Meir Ya'acoby, entrevista telefónica del autor, 20 de octubre de 2014.

54. Ya'ari, *op. cit.*

Capítulo 11. Nadie está exento. California y el peso de la opulencia

1. Caroline Stauffer, «Election-Year Water Crisis Taking a Toll on Brazil's Economy», *Reuters*, 31 de octubre de 2014.

2. Luciana Magalhaes, Reed Johnson y Paul Kiernan, «Blackouts Roll through Large Swath of Brazil», *The Wall Street Journal*, 19 de enero de 2015.

3. Claire Rigby, «Sao Paulo. Anatomy of a Failing Megacity. Residents Struggle as Water Taps Run Dry», *The Guardian*, 25 de febrero de 2015.

4. Sin incluir el uso ambiental, el 80 por ciento del agua de California se utiliza para la agricultura, un porcentaje más alto de lo que utilizan normalmente los países miembros de la OCDE. Jeff Guo, «Agriculture is 80 percent of water use in California. Why aren't farmers being forced to cut back?», *The Washington Post*, 3 de abril de 2015.

5. Dan Keppen, entrevista telefónica del autor, 4 de junio de 2013.

6. Hillel Koren, «California, Israel to Join on Renewable Energy», *Globes*, 15 de noviembre de 2009.

7. El gobernador Edmund G. Brown Jr. proclamó el estado de emergencia por sequía el 17 de enero de 2014. Oficina del gobernador Edmund G. Brown Jr., «Governor

Brown Declares Drought State of Emergency», disponible en ‹gov.ca.gov/news. php?id=18379› [Última consulta: febrero de 2017].

8. Acuerdo de cooperación entre California e Israel, Mountain View, 5 de marzo de 2014.
9. Edmund G. Brown, discurso posterior a la firma del Acuerdo de Cooperación entre California e Israel, Mountain View, 5 de marzo de 2014.
10. Benjamin Netanyahu, discurso posterior a la firma del Acuerdo de Cooperación entre California e Israel, Mountain View, 5 de marzo de 2014.
11. Glenn Yago, entrevista telefónica del autor, 23 de octubre de 2010.
12. Kish Rajan, entrevista telefónica del autor, 25 de noviembre de 2014.
13. Rebecca Salinas, «Texas Drought Will Lighten Up by Winter, Report Says», *My San Antonio*, 22 de agosto de 2014.
14. Udi Zuckerman, entrevista del autor, Tel Aviv, 6 de enero de 2014.
15. Controlador de Cuentas del Estado de Texas, *Texas Water Report. Going Deeper for the Solution*, Austin, 2014.
16. Rick Perry, entrevista del autor, Tel Aviv, 22 de octubre de 2013.
17. Administración Nacional Oceánica y Atmosférica, *Another Warm Winter Likely for Western U.S., South May See Colder Weather*.
18. Auditoría del Gobierno de los Estados Unidos, *Freshwater. Supply Concerns Continue, and Uncertainties Complicate Planning*, GAO-14-430, Washington D. C., mayo de 2014, p. 28.
19. Gwen N. Tindula, Morteza N. Orang y Richard L. Snyder, «Survey of Irrigation Methods in California in 2010», *Journal of Irrigation and Drainage Engineering* 139, n.º 3, agosto de 2013, p. 237.
20. Agencia de Protección Ambiental de los Estados Unidos, *2012 Guidelines for Water Reuse*, EPA/600/R-12/618, Washington D. C., septiembre de 2012, 5-1.

CAPÍTULO 12. FILOSOFÍA RECTORA

1. Shimon Peres, entrevista del autor, Tel Aviv, 25 de abril de 2013.
2. Haim Gvirtzman, entrevista del autor, Tel Aviv, 23 de octubre de 2013.
3. Uri Shani, entrevista telefónica del autor, 17 de marzo de 2013.
4. Gilad Fernandes, entrevista del autor, Tel Aviv, 28 de octubre de 2013.
5. Ibíd.
6. Ronen Wolfman, entrevista del autor, 24 de octubre de 2013.
7. Yossi Shmaya, entrevista del autor, Valle de Beit Netofa (Israel), 30 de abril de 2013.
8. Ori Yogev, entrevista telefónica del autor, 19 de marzo de 2013.
9. Si aún existe una debilidad reconocida en el esfuerzo por despolitizar los sistemas de agua nacionales y locales, es que una figura política, un ministro del Gabinete, siga decidiendo quién dirige la Autoridad del Agua, y los jefes de gobierno municipales

sigan designando a los miembros del Consejo municipal de la empresa de agua. En ambos casos existe el potencial, en teoría y probablemente en la práctica, de intervenciones y favoritismos políticos. Por lo menos hasta el día de hoy, la Autoridad del Agua y las muchas corporaciones de servicios públicos municipales funcionan bien en general, con visión de futuro, y como organizaciones públicas que reconocen el mérito.

10. Shimon Tal, entrevista del autor, Tel Aviv, 6 de enero de 2014.

11. Nir Barlev, entrevista telefónica del autor, 11 de abril de 2013.

12. Yossi Yaacoby, entrevista del autor, Tel Aviv, 6 de mayo de 2013.

13. Yossi Smoler, entrevista telefónica del autor, 18 de marzo de 2014.

14. Yaacoby, *op. cit.*

15. Zohar Yinon, entrevista del autor, Jerusalén, 24 de abril de 2013.

16. Menachem Priel, entrevista del autor, Tel Aviv, 6 de mayo de 2013.

17. Ley de medidores de agua, 5715-1955.

18. Walter Clay Lowdermilk, el muy viajado experto en recursos hídricos y suelo, autor en 1944 del libro *Palestina, tierra de promisión*, que se describe en el capítulo 2, escribió hacia finales de la década de 1960: «El Estado de Israel realizó un inventario de todos sus recursos de la tierra y el agua que es más exhaustivo y completo que el de cualquier otro país que conozca». Walter Clay Lowdermilk, *Water for the New Israel*, fines de la década de 1960.

19. Además de controlar con esfuerzo los patrones de uso, Israel ha intentado repetidamente determinar la cantidad de agua natural disponible, ya sea de lluvia, de los acuíferos de Israel o de otras fuentes. El profesor Uri Shani puso un renovado énfasis en esta herramienta de planificación cuando fue jefe de la Autoridad del Agua de Israel. Al determinar que las fuentes naturales de agua del país eran menos de las estimadas, se le asignó una mayor prioridad a la necesidad de desarrollar alternativas hechas por el hombre al agua natural de Israel. Shani, *op. cit.*

20. Diego Berger, correo electrónico al autor, 30 de abril de 2013.

21. Barlev, *op. cit.*

22. Shmaya, *op. cit.*

23. Berger, *op. cit.*

24. Michael Zaide, entrevista del autor, Tel Aviv, 25 de abril de 2013.

25. Priel, *op. cit.*

26. Pat Mulroy, entrevista telefónica del autor, 15 de julio de 2013.

27. Abraham Tenne, entrevista del autor, Tel Aviv, 25 de abril de 2013.

NAGRELA
editores

Este libro
se terminó de imprimir
en abril de 2024